Zweckverbände für Wasserversorgung
und Abwasserbeseitigung
in den neuen Bundesländern

Europäische Hochschulschriften
Publications Universitaires Européennes
European University Studies

Reihe II
Rechtswissenschaft

Série II Series II
Droit
Law

Bd./Vol. 3221

PETER LANG
Frankfurt am Main · Berlin · Bern · Bruxelles · New York · Oxford · Wien

Marko Grunert

# Zweckverbände für Wasserversorgung und Abwasserbeseitigung in den neuen Bundesländern

## Gründungsfehler, Heilungsgesetze und Schlußfolgerungen

PETER LANG
Europäischer Verlag der Wissenschaften

Die Deutsche Bibliothek - CIP-Einheitsaufnahme

Grunert, Marko:

Zweckverbände für Wasserversorgung und Abwasserbeseitigung in den neuen Bundesländern : Gründungsfehler, Heilungsgesetze und Schlußfolgerungen / Marko Grunert. - Frankfurt am Main ; Berlin ; Bern ; Bruxelles ; New York ; Oxford ; Wien : Lang, 2001
(Europäische Hochschulschriften : Reihe 2, Rechtswissenschaft ; Bd. 3221)
Zugl.: Halle, Univ., Diss., 2001
ISBN 3-631-38088-7

3
ISSN 0531-7312
ISBN 3-631-38088-7



www.peterlang.de

# Vorwort

Die vorliegende Arbeit wurde im Wintersemester 2000/2001 von der Juristischen Fakultät der Martin-Luther-Universität Halle-Wittenberg als Dissertation angenommen. Rechtsprechung und Literatur konnten bis März 2001 berücksichtigt werden.

Mein Dank gilt zunächst meinem Doktorvater, Herrn Prof. Dr. Michael Kilian für wertvolle Anregungen und Unterstützung bei der Erstellung der Arbeit. Dank gebührt auch Herrn Prof. Dr. Martin Schulte und Frau Prof. Dr. Monika Böhm für die zügige Erstellung des Zweit- bzw. Drittgutachtens.

Besonders danken möchte ich meinen Eltern, die meinen Werdegang in jeder nur erdenklichen Hinsicht gefördert haben. Ihnen widme ich dieses Buch.

Rostock, im April 2001 *Marko Grunert*

**Inhaltsverzeichnis**

**Literaturverzeichnis**


| | |
|---|---|
| Anders, Sönke | Die fehlerhafte Zweckverbandsgründung in der Rechtsprechung des Sächsischen Oberverwaltungsgerichtes<br>in: LKV 1999, 50 |
| Armbrust, Willi<br>Beier, Siegfried | Kommentar zum Gesetz über die örtlichen Volksvertretungen in der DDR vom 12. Juli 1973<br>Berlin 1979 |
| Arnim, Hans Herbert v. | Gemeindliche Selbstverwaltung und Demokratie<br>in: AöR 1988, 1 |
| Azzola, Axel u. a. | Kommentar zum Grundgesetz für die Bundesrepublik Deutschland<br>2. Auflage<br>Neuwied - Frankfurt 1989 |
| Bachof, Otto | Teilrechtsfähige Verbände im öffentlichen Recht<br>in: AöR 1983, 277 |
| Badura, Peter | Staatsrecht<br>2. Auflage<br>München 1996 |
| Baumbach, Adolf<br>Hueck, Alfred | Gesetz betreffend die Gesellschaften mit beschränkter Haftung<br>Kommentar<br>15. Auflage<br>München 1988 |
| Bayer, Walter | Vertretungsbefugnisse des Bürgermeisters / Landrat, Anmerkung zu Thüringer OLG, Urteil v. 1. 7. 1997 – 5 U 1165 / 96<br>in: OLG – NL 1997, 174 |

| | |
|---|---|
| Benda, Karl<br>Maihofer, Werner<br>Vogel, Hans-Jochen | Handbuch des Verfassungsrechts der Bundesrepublik Deutschland<br>2. Auflage<br>Berlin – New York 1994 |
| Bergemann, Karl – Otto | Die rechtsgeschäftliche Vertretung der Gemeinden in den neuen Bundesländern<br>in: LKV 1995, 169 |
| Bettermann, Karl-August | Zur Verfassungsbeschwerde gegen Gesetze und zum Rechtsschutz des Bürgers gegen Rechtssetzungsakte der öffentlichen Gewalt<br>in: AöR 1961, 129 |
| Blaum, Kurt | Die weiteren Kommunalverbände<br>in: DVBl. 1951, 161 |
| Blodig, Hermann | Die Selbstverwaltung als Rechtsbegriff<br>Wien – Leipzig 1894 |
| Bluhm, Harriet | Zulässigkeit privatrechtlicher Entgelte in der Abwasserentsorgung<br>in: LKV 1999, 498 |
| Bodanowitz, Jan | Organisationsformen für die kommunale Abwasserbeseitigung<br>Köln 1993 |
| Böckenförde,<br>Ernst-Wolfgang | Demokratie als Verfassungsprinzip<br>in : Handbuch des Staatsrechts der Bundesrepublik Deutschland<br>Hrsg.: Isensee, Josef<br>Kirchhoff, Paul<br>Band 1, S. 887<br>Heidelberg 1990 |

| | |
|---|---|
| Brauchitsch, Max v. | Zweckverbandsgesetz vom 19. Juli 1911<br>in : Verwaltungsgesetze für Preussen<br>7. Band, 19. Auflage<br>Berlin 1930 |
| Bretzinger, Otto N.<br>Büchner – Uhder, Willi | Kommunalverfassung – DDR<br>Handbuch für die kommunale Praxis in den neuen Bundesländern<br>Baden-Baden1991 |
| Brohm, Winfried | Gemeindliche Selbstverwaltung und Staatliche Raumplanung<br>in: DÖV 1989, ,429 |
| Brück, W.<br>Reiher, R. | Rekommunalisierung und Neuorganisation der Wasserver– und Abwasserentsorgung in den neuen Bundesländern am Beispiel der Stadt Brandenburg<br>in: Kommunalwirtschaft 1995, 375 |
| Brox, Hans | Allgemeines Schuldrecht<br>11. Auflage<br>München 1990 |
| Brüning, Christoph | Der Private bei der Erledigung kommunaler Aufgaben insbesondere der Abwasserbeseitigung und Wasserversorgung<br>Berlin 1997 |
| Büchner-Uhder; Willi<br>Duckwitz, Günther u. a. | Verwaltungsrecht<br>Berlin 1979 |
| Creifelds, Carl | Rechtswörterbuch<br>10. Auflage<br>München 1990 |

| | |
|---|---|
| Cromme, Franz | Kommunalrechtlicher Rahmen für die Sanierung von Zweckverbänden<br>in: LKV 1998, 161 |
| Cromme, Franz | Nachträgliche Heilung ungewollter Zweckverbände<br>in: LKV 1999, 122 |
| Cronauge, Ulrich | Kommunale Unternehmen<br>2. Auflage<br>Berlin 1995 |
| Darsow, Thomas | Gründung von Zweckverbänden<br>in: LKV 1999, 308 |
| Darsow, Thomas<br>Gentner, Sabine<br>Glaser, Klaus Michael<br>Meyer, Herbert | Schweriner Kommentierung der Kommunalverfassung des Landes Mecklenburg - Vorpommern<br>Schwerin 1995 |
| Dennewitz, Bodo | Verwaltung und Verwaltungsrecht<br>Wien 1944 |
| Dierkes, Mathias | Materielle Privatisierung der Abwasserentsorgung nach sächsischem Wasserrecht<br>in: SächsVBl. 1996, 269 |
| Dierkes, Mathias | Privatrechtliche Ausgestaltung des Benutzungsverhältnisses in der öffentlichen Abwasserbeseitigung<br>SächsVBl. 1997, 166 |
| Dierksmeier, Hans-Herrmann | Nicht-rechtsfähige kommunale Zusammenschlüsse des öffentlichen Rechts zur Förderung der kommunalen Gemeinschaftsarbeit<br>Diss. Münster 1965 |
| Dietlein, Johannnes | Wege aus dem Zweckverband<br>in: LKV 1999, 41 |

| | |
|---|---|
| Dolzer, Rudolf<br>Vogel, Klaus | Bonner Kommentar zum Grundgesetz<br>Heidelberg 1998 |
| Donhauser, Peter | Formen und Möglichkeiten gemeindlicher Zusammenarbeit zur Stärkung der Verwaltungskraft<br>Diss., Regensburg 1970 |
| Dreier, Horst | Grundgesetz<br>Kommentar<br>Band I, II<br>Tübingen 1998 |
| Driehaus, Hans-Joachim | Kommunalabgabenrecht<br>Kommentar<br>Herne-Berlin 1998 |
| Droste – Lehnen, Bernadette | Die authentische Interpretation; dogmengeschichtliche Entwicklung und aktuelle Bedeutung<br>Baden – Baden 1990 |
| Duvenbeck, Wilhelm | Interkommunale Zusammenarbeit und Art. 28 Abs. 2 GG<br>Diss., Münster 1966 |
| Ehlers, Dirk | Die wirtschaftliche Betätigung der öffentlichen Hand in der Bundesrepublik Deutschland<br>in: JZ 1990, 1089 |
| Eichhorn, Peter<br>Bockret, Carl | Verwaltungslexikon<br>1. Auflage<br>Baden-Baden 1985 |
| Ellcringmann, Rudolf | Begriff und Wesen der körperschaftlichen Selbstverwaltung<br>Berlin 1936 |
| Ellwein, Thomas<br>Buck, Lydia | Wasserversorgung und Abwasserbeseitigung<br>Landsberg 1995 |

| | |
|---|---|
| Ellwein, Thomas<br>Buck, Lydia | Privatisierung in der Wasserversorgung und Abwasserbeseitigung<br>Stuttgart 1995 |
| Fikentscher, Wolfgang | Schuldrecht<br>8. Auflage<br>Berlin – New York 1992 |
| Fleiner, Fritz | Institutionen des Deutschen Verwaltungsrechts<br>8. Auflage<br>Tübingen 1928 |
| Forsthoff, Ernst | Lehrbuch des Verwaltungsrechts<br>Band 1<br>10. Auflage<br>München 1973 |
| Friauf, Karl Heinrich | Gesetzesankündigung und rückwirkende Gesetzgebung im Steuer- und Wirtschaftsrecht<br>in: Betriebsberater 1972, 673 |
| Fuest, Winfried<br>Kroker, Rolf | Privatisierung öffentlicher Aufgaben<br>Köln 1981 |
| Gern, Alfons | Deutsches Kommunalrecht<br>2. Auflage<br>Baden – Baden 1997 |
| Gieseke, Paul<br>Wiedemann, Werner<br>Czychowski, Manfred | Wasserhaushaltsgesetz unter Berücksichtigung der Landeswassergesetze und des Wasserstrafrechts<br>6. Auflage<br>München 1992 |
| Göbel, Kurt | Natürliche Personen und Juristische Personen als Mitglieder in Zweckverbänden<br>in: Die Fundstelle, Stuttgart 1976, 274 |

| | |
|---|---|
| Goette, Wulf | Fehlerhafte Personengesellschaftsverhältnisse in der Rechtsprechung des Bundesgerichtshofs<br>in: DStR 1996, 266 |
| Gönnenwein, Otto | Gemeinderecht<br>Tübingen 1963 |
| Göttrup, Hendrik | Die kommunale Leistungsverwaltung – Grundlagen der gemeindlichen Zusammenarbeit<br>Stuttgart – Berlin 1973 |
| Götz, Volkmar | Bundesverfassungsgericht und Grundgesetz<br>in: Festgabe aus Anlaß des 25-jährigen Bestehens des Bundesverfassungsgerichts<br>Hrsg.: Drath, Martin<br>Band II; S. 421<br>Tübingen 1976 |
| Grabitz, Eberhard | Vertrauensschutz als Freiheitsschutz<br>in: DVBl. 1973, 675 |
| Grafe, Walter | Das nordrhein-westfälische Gesetz über kommunale Gemeinschaftsarbeit<br>in: DÖV 1961, 523 |
| Grimm, Dieter | Verfahrensfehler als Grundrechtsverstöße<br>in: NVwZ 1985, 865 |
| Hachenburg, Max | Gesetz betreffend die Gesellschaft mit beschränkter Haftung<br>Groß - Kommentar<br>8. Auflage<br>Berlin - New York 1990 |
| Hasselbach, Kai<br>Hirte, Heribert | Vertretungsbefugnis des Bürgermeisters, Anmerkung zu OLG Naumburg, Urteil v. 15. 2. 1991, 7 U 66 / 95<br>in: OLG – NL 1996, 122 |

Hasselbach, Kai — Nochmals – Vertretungsbefugnisse des Bürgermeisters, Anmerkung zu OLG Dresden, Urteil v. 14. 3. 1996, 5 – U 1190 / 95
in: OLG – NL 1997, 6

Haug, Winfried — Die kommunalen Zweckverbände nach altem und neuem Recht
in: DÖV 1965, 119

Hauser, Werner — Die Wahl der Organisationsform kommunaler Einrichtungen
Köln 1987

Hendler, Reinhard — Das Prinzip der Selbstverwaltung
in: Handbuch des Staatsrechts der Bundesrepublik Deutschland
Hrsg.: Isensee, Josef
Kirchhof, Paul
Band IV, S. 1133
Heidelberg 1990

Hoffmann–Riem, Wolfgang — Organisationsrecht als Steuerungsressource
in: Verwaltungsorganisationsrecht als Steuerungsressource
Hrsg.: Schmidt-Aßmann, Eberhard
Hoffmann-Riem, Wolfgang
S. 355
Baden – Baden 1997

Hofmann, Rainer — Privatisierung kommunaler Verwaltungsaufgaben – Rechtliche Rahmenbedingungen am Beispiel Baden – Württemberg
in: VBl.BW 1994, 121

Hofmann, Harald
Muth, Michael
Theisen, Rolf – Dieter — Kommunalrecht in Nordrhein – Westfalen
9. Auflage
Witten 1997

Holle, Ludwig | Kommunale Zweckverbände in Preußen
Diss., Münster 1912

Hoppe, Werner | Die kommunale Verfassungsbeschwerde vor den Landesverfassungsgerichten
in: Landesverfassungsgerichtsbarkeit
Teilband II – Zuständigkeiten und Verfahren der Landesverfassungsgerichte
Hrsg.: Starck, Christian
Stern, Klaus
Bachof, Otto
S. 257
Baden – Baden 1983

Hufen, Friedhelm | Fehler im Verwaltungsverfahren
3. Auflage
Baden-Baden 1998

Hüppe, Agnes
Zwölfer, Michael | Rechtliche und wirtschaftliche Stabilisierung der Aufgabenträger im Abwasserbereich im Land Brandenburg
in: LKV 1998, 436

Hüting, Ralf
Koch, Bernd | Zur Zulässigkeit privatrechtlicher Entgelte im Rahmen der Abwasserbeseitigung
in: LKV 1999, 132

Jakobs, Michael | Der Grundsatz der Verhältnismäßigkeit
in: DVBl. 1985, 97

Jarass, Hans D.
Pieroth, Bodo | Grundgesetz für die Bundesrepublik Deutschland
Kommentar
4. Auflage
München 1997

Jesteadt, Bernhard | Kommunale Gemeinschaftsarbeit im Spannungsverhältnis der Gemeinden und Gemeindeverbände
Diss., Marburg 1966

Jellinek, Georg — Allgemeine Staatslehre
2. Auflage
Berlin 1905

Jellinek, Walter — Verwaltungsrecht
Neudr. d. 3. Auflage
Bad Homburg – Berlin – Zürich 1966

Just, Michael — Die Heilung der Gründungsfehler bei Zweckverbänden
in: LKV 1999, 113

Katz, Alfred — Staatsrecht
10. Auflage
Heidelberg 1991

Keil — Die Grundsätze des öffentlichen Rechts und der preußische Entwurf einer Landgemeinde – Ordnung für die sieben östlichen Provinzen der Monarchie
in: AöR 1891, S. 345

Kiesgen – Millgramm, Martina — Das neue Kommunalabgabengesetz in Sachsen-Anhalt
in: Finanzwirtschaft 1997, 121

Kinne, Hugo — Die Autonomie der Kommunalverbände in Preußen
Berlin 1908

Kirschner, Manfred — Vollstreckungsbefugnis für Zweckverbände
in: Finanzwirtschaft 1997, 66

Klingshirn, Heinrich — Kommunale Zusammenarbeit auf öffentlich – rechtlicher Grundlage in Bayern
Diss., München 1964

Kloepfer, Michael — Vorwirkung von Gesetzen
München 1974

| | |
|---|---|
| Klowait, Jürgen | Die Beteiligung privater Dritter an der Abfallentsorgung<br>Diss., Baden – Baden 1995 |
| Klüber, Hans | Die kommunalen Zweckverbände und die sonstigen Gemeinschaftsorganisationen<br>in: Handbuch der kommunalen Wissenschaft und Praxis<br>Hrsg.: Peters, Hans<br>Band 1, S. 541<br>1. Auflage<br>Berlin – Göttingen – Heidelberg 1956 |
| Klüber, Hans | Ein Gesetz über interkommunale Zusammenarbeit – zu dem in Nordrhein – Westfalen vorgelegten Regierungsentwurf<br>in: Demokratische Gemeinde 1959, 68 |
| Klügel, Volker | Gesetz zur Änderung des Gesetzes über kommunale Gemeinschaftsarbeit des Landes Sachsen – Anhalt vom 4. 7. 1996<br>in: LKV 1997, 197 |
| Klügel, Volker | Rückwirkende Heilung von Gründungsfehlern bei der Bildung von Zweckverbänden in Sachsen – Anhalt<br>in: LKV 1998, 169 |
| Kohlhosser, Helmut | Fehlerhafte Zweckverbände und allgemeine Grundsätze des Verbandsrechts<br>in: NJW 1997, 3265 |
| König, Klaus<br>Schuppert, Gunnar Folke<br>Heimann, Jan | Vermögenszuordnung: Aufgabentransformation in den neuen Bundesländern<br>Baden - Baden 1994 |

Kopp, Ferdinand O. | Verwaltungsverfahrensgesetz
Kommentar
6. Auflage
München 1996

Kopp, Ferdinand O. | Verwaltungsgerichtsordnung
Kommentar
10. Auflage
München 1994

Kopp, Ferdinand O. | Die Heilung von Mängeln des Verwaltungsverfahrens und das Nachschieben von Gründen im Verwaltungsprozess
in: VerwArch 1970, 219

Kraft, Ernst Thomas | Die Eigengesellschaften
in: Handbuch der kommunalen Wissenschaft und Praxis,
Hrsg.: Peters, Hans
Band 5, S. 168
Berlin – Heidelberg – New York – Tokyo 1984

Kreissl, Stephan | Zur Vertretungsmacht des Bürgermeisters in den neuen Bundesländern beim Abschluss privatrechtlicher Verträge
in: LKV 1997, 120

Kumanoff, Anton
Schwarzkopf, Anett | Zulässigkeit und Grenzen der kommunalen Zusammenarbeit in Zweckverbänden
in: SächsVBl. 1995, 145

Kumanoff, Anton
Schwarzkopf, Anett
Fröse, Armin | Organisation des Benutzungsverhältnisses und der Vergütungsbeziehungen bei der Trinkwasserversorgung
in: LKV 1998, 417

| | |
|---|---|
| Kunze, Richard<br>Hekking, Klaus | Gesetz über kommunale Zusammenarbeit<br>für Baden – Württemberg<br>Kommentar<br>Stuttgart 1981 |
| Leibholz, Gerhard<br>Rinck, Hans-Justus<br>Hesselberger, Dieter | Grundgesetz für die Bundesrepublik Deutschland<br>Kommentar an Hand der Rechtsprechung des<br>BVerfG<br>Band II, 7. Auflage<br>Köln 1993 |
| Loebell,<br>Friedrich – Wilhelm v. | Das neue Recht der kommunalen<br>Gemeinschaftsarbeit in Nordrhein – Westfalen<br>in: SKV 1961, 141 |
| Loesch, Achim v. | Privatisierung öffentlicher Unternehmen<br>2. Auflage<br>Baden – Baden 1987 |
| Loeser, Roman | System des Verwaltungsrechts<br>Band 2 Verwaltungsorganisation<br>Baden – Baden 1994 |
| Lübking, Uwe<br>Beck, Wolfgang | Gemeindeordnung für das Land Sachsen – Anhalt<br>Berlin 1994 |
| Mampel, Siegfried | Die sozialistische Verfassung der DDR<br>Kommentar<br>3. Auflage<br>Goldbach 1997 |
| Mangoldt, Herrmann v.<br>Klein, Friedrich | Das Bonner Grundgesetz<br>Band I<br>Berlin – Frankfurt 1957 |

| | |
|---|---|
| Maslaton, Martin | Der Referentenentwurf zum Gesetz zur Erleichterung der Sicherheitsgründung von Zweckverbänden und zur Änderung des Sächsischen Gesetzes über kommunale Zusammenarbeit<br>in: LKV 2001, 163 |
| Maunz, Theodor<br>Dürig, Günther u. a. | Grundgesetz<br>Kommentar<br>München 1980 |
| Maurer, Hartmut | Allgemeines Verwaltungsrecht<br>8. Auflage<br>München 1992 |
| Maurer, Hartmut | Kontinuitätsgewähr und Vertrauensschutz<br>in: Handbuch des Staatsrechts der Bundesrepublik Deutschland<br>Hrsg.: Isensee, Josef<br>Kirchhof, Paul<br>Band 3, S. 211<br>Heidelberg 1988 |
| Mayer, Otto | Deutsches Verwaltungsrecht<br>Unveränd. Nachdr. der 1924 ersch. 3. Auflage<br>Berlin 1969 |
| Meyer-Landrut, Joachim<br>Miller, Georg<br>Niehus, Rudolf J. | Gesetz betreffend die Gesellschaften mit beschränkter Haftung<br>Kommentar<br>Berlin – New York 1981 |
| Millgramm, Karl – Heinz | Der Handlungsrahmen des Gesetzgebers bei Heilungsgesetzen<br>in: SächsVBl. 1998, 125 |
| Müller, Horst Joachim | Zum Einfluss der Verwaltungsverfahrensgesetze auf das verwaltungsgerichtliche Verfahren<br>in: NJW 1978, 1354 |

| | |
|---|---|
| Münch, Ingo v.<br>Kunig, Philip | Grundgesetz<br>Kommentar<br>Band 2 , 2. Auflage<br>München 1983<br>Band 3, 3. Auflage<br>München 1996 |
| Münch, Ingo v.<br>Schmidt-Aßmann,<br>Eberhard | Besonderes Verwaltungsrecht<br>9. Auflage<br>Berlin – New York 1992 |
| Mutius, Albert v. | Das Selbstverwaltungsrecht der Gemeinden<br>in: JURA 1982, 28 |
| Neuwiem, Erhard | Die kommunalen Zweckverbände in Preußen<br>Liegnitz 1919 |
| Nisipeanu, Peter | Abwasserecht<br>München 1991 |
| Nisipeanu, Peter | Privatisierung der Abwasserbeseitigung<br>Berlin 1998 |
| Obermayer, Klaus | Grundzüge des Verwaltungsrecht und des Verwaltungsprozeßrechts<br>3. Auflage<br>Stuttgart – München – Hannover 1988 |
| Oebbecke, Janbernd | Zweckverbandsbildung und Selbstverwaltungsgarantie<br>Köln u.a. 1982 |
| Ossenbühl, Fritz | Funktion des Gesetzes im Demokratischen Rechtsstaat<br>in: Staatsrecht der Bundesrepublik Deutschland<br>Hrsg.: Isensee, Josef<br>Kirchhof, Paul<br>Band 3, S. 281<br>Heidelberg 1996 |

| | |
|---|---|
| Oppenländer, Frank<br>Dolde, Klaus – Peter | Auswirkungen veränderter Verhältnisse auf den Zweckverband als Freiverband<br>in: DVBl. 1995, 637 |
| Pagenkopf, Hans | Einführung in die Kommunalwissenschaft<br>2. Auflage<br>Münster 1961 |
| Pagenkopf, Hans | Kommunalrecht<br>Band 1 Verfassungsrecht<br>2. Auflage<br>Berlin – Bonn - München 1975 |
| Palandt, Otto | Bürgerliches Gesetzbuch<br>Kommentar<br>52. Auflage<br>München 1993 |
| Pencereci, Turgut<br>Bluhm, Harriet | Die rechtliche und wirtschaftliche Situation unwirksam gegründeter Zweckverbände<br>in: LKV 1998, 172 |
| Petz, Helmut | Aufgabenübertragung und kommunales Selbstverwaltungsrecht<br>in: DÖV 1991, 320 |
| Pieroth, Bodo<br>Schlink, Bernhard | Staatsrecht II<br>7. Auflage<br>Heidelberg 1991 |
| Pieroth, Bodo | Die neuere Rechtsprechung des Bundesverfassungsgerichts zum Grundsatz des Vertrauensschutzes<br>in: JZ 1984, 971 |
| Püttner, Günter | Öffentliche Unternehmen als Instrument staatlicher Politik<br>in: DÖV 1983, 697 |

| | |
|---|---|
| Püttner, Günther | Kommunale Selbstverwaltung<br>in: Handbuch des Staatsrechts der Bundesrepublik Deutschland<br>Hrsg.: Isensee, Josef<br>Kirchhof, Paul<br>Band 4, S. 1171<br>Heidelberg 1990 |
| Rasch, E. | Zur Entstehung und Auflösung von Körperschaften des öffentlichen Rechts<br>in: DVBl. 1970, 765 |
| Rebmann, Kurt<br>Rixecker, Roland<br>Säcker, Franz Jürgen | Münchener Kommentar zum Bürgerlichen Gesetzbuch<br>Band 5<br>3. Auflage<br>München 1997 |
| Rehm, Franz Karl | Zweckverbandsgesetz für Baden- Württemberg<br>Stuttgart 1964 |
| Reichel, Thorsten | Privatisierung in der kommunalen Abwasserbeseitigung – ein Vorteil ?<br>Baden – Baden 1998 |
| Rengeling, Hans- Werner | Formen interkommunaler Zusammenarbeit<br>in: Handbuch der kommunalen Wissenschaft und Praxis<br>Hrsg.: Püttner, Günther<br>Band 2, S.385<br>2. Auflage<br>Berlin – Heidelberg – New York 1982 |
| Reuter, Christian | Bürgermeister deutscher Gemeinden ohne Außenvertretungsmacht ?<br>in: DtZ 1997, 15 |
| Rothe, Karl-Heinz | Das Recht der interkommunalen Zusammenarbeit in der Bundesrepublik Deutschland<br>Göttingen 1965 |

| | |
|---|---|
| Rudolph, Karl – Ulrich | Steuerungsprobleme der kommunalen Abwasserbeseitigung<br>in: ZAU 1990, 248 |
| Sachs, Michael | Grundgesetz<br>Kommentar<br>2. Auflage<br>München 1999 |
| Schattenfroh, Max | Zweckverbandsgesetz vom 7. Juni 1939<br>in: Das neue Reichsrecht<br>Hrsg.: Pfundtner, Hans<br>Neubert, Reinhard<br>3. Band<br>Berlin 1933 – 1944 |
| Schauwecker, Heinz | Der Zweckverband als kommunale Unternehmensverfassung in der privaten und öffentlichen Wirtschaft<br>in: Festschrift für Dr. Erich Polthoff zur Vollendung des 75. Lebensjahres<br>S. 219<br>Baden – Baden 1989 |
| Scheiper, Brigitte | Finanzhilfen des Landes Brandenburg im Abwasserbereich<br>in: LKV 1997, 200 |
| Scheuer, Ulrich | Vorraussetzungen und Errichtung öffentlicher Körperschaften (außerhalb des Kommunalrechts)<br>in: Gedächtnisschrift Hans Peters<br>Hrsg.: Conrad, Hermann<br>Jahrreiß, Hermann u. a.<br>Berlin-Heidelberg-New York 1967<br>S. 797 ff. |
| Schink, Alexander | Kommunale Selbstverwaltung im kreisangehörigen Raum<br>in: Verw.Arch. 1990, 385 |

| | |
|---|---|
| Schlempp, Dieter | Gesetz über die kommunale Selbstverwaltung in der DDR<br>Wiesbaden 1990 |
| Schmidt, Karsten | Gesellschaftsrecht<br>3. Auflage<br>Köln – Berlin – Bonn – München 1997 |
| Schmidt – Aßmann, Eberhard | Verwaltungslegitimation als Rechtsbegriff<br>in: AöR 1991, 329 |
| Schmidt – Aßmann, Eberhard | Kommunale Selbstverwaltung „ nach Rastede“ – Funktion und Dogmatik des Art. 28 Abs. 2 GG in der neuen Rechtsprechung<br>in : Festschrift für Horst Sendler zum Abschied aus seinem Amt als Präsident des Bundesverwaltungsgerichts<br>Hrsg.: Franßen, Everhardt u. a.<br>S. 121<br>München 1991 |
| Schmidt – Eichstaedt, Gerd | Gesetz über die kommunale Selbstverwaltung der Gemeinden und Landkreise in der DDR<br>Köln 1990 |
| Schmidt – Jortzig, Edzard | Kommunalrecht<br>Stuttgart – Berlin – Köln – Mainz 1982 |
| Schmidt – Jortzig, Edzard | Kommunale Organisationshoheit<br>Göttingen 1979 |
| Schnapp, Friedrich E. | Zur Dogmatik und Funktion des staatlichen Organisationsrechts<br>in: Rechtstheorie 1978, 275 |
| Schnettler, Albert | Betriebe, öffentliche Haushalte und Staat<br>Berlin 1964 |

Schoch, Friedrich | Rechtsfragen der Privatisierung von Abwasserbeseitigung und Abfallentsorgung in: DVBl.: 1994, 1

Schoch, Friedrich | Der Beitrag des kommunalen Wirtschaftsrechts zur Privatisierung der öffentlichen Aufgaben in: DÖV 1993, 377

Schoch, Friedrich | Zur Situation der kommunalen Selbstverwaltung nach der Rastede – Entscheidung des Bundesverfassungsgerichts in: VerwArch 1990, 18

Schoen, Paul | Das Recht der Kommunalverbände in Preußen in: Staatsrecht der preußischen Monarchie Ergänzungsband Hrsg.: Rönne, Ludwig v. Leipzig 1897

Scholz, Rupert | Neue Entwicklungen im Gemeindewirtschaftsrecht in: DÖV 1976, 441

Schulze, Dieter | Probleme der Kosten und der finanziellen Belastung der Bürger in der kommunalen Abwasserentsorgung in: KStZ 1996, 1

Schützenmeister, Hans – Oskar | Rechtsformen und Rechtsstellung von kommunalen Unternehmen in der Gemeindeordnung 2. Auflage München 1999

Seydel, Peter | Die kommunalen Zweckverbände Göttingen 1955

Sieder, Frank; Zeitler, Herbert; Dahme, Heinz | Wasserhaushaltsgesetz und Abwasserabgabengesetz Kommentar München 1997

Sorgenicht, Klaus | Verfassung der Deutschen Demokratischen

| | |
|---|---|
| Weichelt, Wolfgang u. a | Republik<br>Kommentar<br>Band 2<br>Berlin 1969 |
| Sponer, Wolf-Uwe | in: LKV 2001, 160 |
| Stelkens, Paul<br>Bonk, Heinz<br>Sachs, Michael | Verwaltungsverfahrensgesetz<br>Kommentar<br>5. Auflage<br>München 1998 |
| Steimle, Theodor | Das Zweckverbandsgesetz vom 7. Juni 1939<br>Kommentar<br>Berlin 1940 |
| Stern, Klaus | Zur Grundlegung einer Lehre des öffentlich-rechtlichen Vertrages<br>in VerwArch 1958, 106 |
| Stern, Klaus | Das Staatsrecht der Bundesrepublik Deutschland<br>Band I<br>2. Auflage<br>München 1984<br>Band II<br>2. Auflage<br>München 1980 |
| Stern, Klaus | Zur Problematik rückwirkender Gesetze<br>in: Festschrift für Theodor Maunz zum 80. Geburtstag<br>Hrsg.: Lerche, Peter<br>Zacher, Hans<br>Badura, Peter<br>S. 381<br>München 1981 |

Stier – Somlo, Fritz | Handbuch des kommunalen Verfassungsrechts in Preußen
2. Auflage
Mannheim – Berlin – Leipzig 1928

Stober, Rolf | Kommunalrecht
Heidelberg 1987

Stober, Rolf | Die privatrechtlich organisierte öffentliche Verwaltung
in: NJW 1984, 449

Stuible – Treder, Jutta | Vorverband – oder körperschaft im öffentlichen Recht
in: DÖV 1987, 58

Tebarth, Gerhard | Entwicklung und Organisationsformen der zwischengemeindlichen Zusammenarbeit in der DDR
Diss. Köln 1976

Theobald, Wolfram | Probleme des Zweckverbandsrechts als Grundlage kommunaler Gemeinschaftsarbeit
Diss., Köln 1968

Tomerius, Stephan | Zur Haftung der Kommunen bei unwirksamer Gründung eines Zweckverbandes
in: LKV 1997, 404

Turegg, Kurt Egon v. | Lehrbuch des Verwaltungsrechts
3. Auflage
Berlin 1956

Unruh, Georg – Christoph v. | Demokratie und kommunale Selbstverwaltung
in: DÖV 1986, 217

| | |
|---|---|
| Unruh, Georg – Christoph v. | Buchbesprechung zu: Der Parlamentscharakter der Gemeindevertretung<br>Hrsg.: Ott, Yvonne<br>Baden – Baden 1994<br>in: NJW 1995, 2838 |
| Vierhaus, Hans – Peter | Abgabenerhebungsrecht von Zweckverbänden in den neuen Bundesländern<br>in: LKV 1996, 322 |
| Vietmaier, Hans | Vertretungsmacht des Bürgermeisters bei fehlendem Ratsbeschluss<br>in: LKV 1995, 178 |
| Vitzthum, Wolfgang Graf | Gemeinderechtliche Grenzen der Privatisierung kommunaler Wirtschaftsunternehmen<br>in: AöR 1979, 581 |
| Waechter, Kai | Kommunalrecht<br>3. Auflage<br>Köln – Berlin – Bonn – München 1997 |
| Wagener, Frido | Gemeindeverbandsrecht in Nordrhein – Westfalen<br>Kommentar<br>Köln - Berlin 1967 |
| van der Wall, Henriette<br>Kramer, Andreas | Die Wasserwirtschaft in der DDR<br>Bonn 1993 |
| Wellenstein, Andreas | Privatisierungspolitik in der Bundesrepublik Deutschland<br>1992 |
| Wellmann, Susanne | Was ist ein Zweckverband der keiner ist ?<br>in: LKV 1997, 402 |

| | |
|---|---|
| Wicher, Gerhard | Die geeignete Unternehmensform für wirtschaftliche Unternehmen der Gemeinden und Gemeindeverbände<br>Münster 1963 |
| Wohlfahrt, Jürgen | Kommunalrecht<br>Baden – Baden 1995 |
| Wolff, Hans Julius<br>Bachof, Otto<br>Stober, Rolf | Verwaltungsrecht<br>Band 1<br>10. Auflage<br>München 1994<br>Band 2<br>5. Auflage<br>München 1987 |
| Wößner-Hellwig, Sigrun | Pflichtverbände nach dem Hessischen Gesetz über kommunale Gemeinschaftsarbeit vom 16. Dezember 1969<br>Diss. Frankfurt / M. 1973 |
| Zeiss, Friedrich | Neue Rechtsformen für öffentliche Unternehmen<br>in: Die öffentliche Wirtschaft 1956, 7 |
| Zielke, Beate | Zwischengemeindliche Zusammenarbeit<br>Berlin 1993 |

## Verzeichnis der Gerichtsentscheidungen

| Gericht und Fundstelle | Datum | Aktenzeichen |
|---|---|---|
| **Bundesverfassungsgericht** | | |
| 1. BVerfGE | | |
| 1, 167 | Urteil v. 20. 3. 1952 | 1 BvR 267/51 |
| 1, 208 | Urteil v. 5. 4. 1952 | 2 BvH 1/52 |
| 7, 89 | Beschluss v. 24. 7. 1957 | 1 BvL 23/52 |
| 7, 129 | Beschluss v. 16. 10. 1957 | 1 BvL 13/56 |
| 8, 122 | Urteil v. 30. 7. 1958 | 2 BvG 1/58 |
| 10, 234 | Beschluss v. 15. 12. 1959 | 1 BvL10/55 |
| 11, 64 | Beschluss v. 4. 5. 1960 | 1 BvL 17/57 |
| 11, 139 | Beschluss v. 31. 5. 1960 | 2 BvL 4/59 |
| 11, 266 | Beschluss v. 12. 7. 1960 | 2 BvR 373 u. a. /60 |
| 12, 264 | Beschluss v. 15. 3. 1961 | 2 BvL 8/60 |
| 13, 97 | Beschluss v. 17. 6. 1961 | 1 BvL 44/55 |
| 13, 225 | Urteil v. 29. 11. 1961 | 1 BvR 148/57 |
| 13, 261 | Urteil v. 19. 12. 1961 | 2 BvL 6/59 |
| 13, 274 | Urteil v. 19. 12. 1961 | 2 BvR 1/60 |
| 3, 279 | Urteil v. 19. 12. 1961 | 2 BvR 2/60 |
| 14, 288 | Beschluss v. 11. 10. 1962 | 1 BvL 22/57 |
| 15, 275 | Beschluss v. 5. 2. 1963 | 2 BvR 21/60 |
| 17, 269 | Urteil v. 4. 3. 1964 | 1 BvR 371 u. a. /61 |
| 17, 306 | Beschluss v. 7. 4. 1964 | 1 BvR 12/63 |
| 18, 429 | Beschluss v. 31. 3. 1965 | 2 BvL 17/53 |
| 19, 187 | Beschluss v. 16. 11. 1965 | 2 BvR 337/65 |
| 20, 45 | Beschluss v. 3. 5. 1966 | 1 BvR 58/66 |
| 21, 73 | Beschluss v. 12. 1. 1967 | 1 BvR 169/63 |
| 21, 117 | Beschluss v. 17. 1. 1967 | 2 BvL 28/63 |
| 21, 261 | Urteil v. 4. 4. 1967 | 1 BvR 84/65 |
| 22, 180 | Urteil v. 18. 7. 1967 | 2 BvF 3 u. a. /62 |
| 23, 12 | Beschluss v. 19. 12. 1967 | 2 BvL 4/65 |
| 23, 353 | Beschluss v. 21. 5. 1968 | 2 BvL 2/61 |
| 24, 33 | Urteil v. 25. 6. 1968 | 2 BvR 251/63 |
| 24, 260 | Urteil v. 17. 10. 1968 | 2 BvE 2/67 |

| | | |
|---|---|---|
| 24, 367 | Urteil v. 18. 12. 1968 | 1 BvR 638/64 |
| 25, 269 | Beschluss v. 26. 2. 1969 | 2 BvL 15/68 |
| 25, 371 | Urteil v. 7. 5. 1969 | 2 BvL15/67 |
| 26, 228 | Beschluss v. 24. 6. 1969 | 2 BvR 446/64 |
| 27, 44 | Urteil v. 22. 7. 1969 | 2 BvK 1/67 |
| 30, 292 | Beschluss v. 16. 3. 1971 | 1 BvR 52/66 |
| 30, 367 | Beschluss v. 16. 3. 1971 | 2 BvL 2/66 |
| 30, 392 | Beschluss v. 23. 3. 1971 | 2 BvL 17/69 |
| 31, 33 | Beschluss v. 27. 4. 1971 | 2 BvR 708/65 |
| 35, 41 | Beschluss v. 2. 5. 1973 | 2 BvL 5 u. a. /72 |
| 36, 342 | Beschluss v. 29. 1. 1974 | 1 BvN 1/69 |
| 37, 363 | Beschluss v. 25. 6. 1974 | 2 BvF 2 u. a. /73 |
| 38, 258 | Urteil v. 10. 12. 1974 | 2 BvK 1/73 |
| 39, 210 | Beschluss v. 19. 3. 1975 | 1 BvL 20 u. a. /73 |
| 42, 263 | Urteil v. 8. 7. 1976 | 1 Bvl 19 u. a. /75 |
| 43, 242 | Urteil v. 8. 2. 1977 | 1 BvR 79/70 |
| 44, 125 | Beschluss v. 2. 3. 1977 | 2 BvE 1/76 |
| 44, 322 | Beschluss v. 24. 5. 1977 | 2 BvL14/74 |
| 45, 142 | Beschluss v. 8. 6. 1977 | 2 BvR 449/77 |
| 47, 253 | Beschluss v. 15. 2. 1978 | 2 BvR 134 /77 |
| 49, 252 | Beschluss v. 10. 10. 1978 | 1 BvR 478/78 |
| 49, 329 | Beschluss v. 11. 10. 1978 | 2 BvR 1055/76 |
| 50, 195 | Beschluss v. 17. 1. 1979 | 2 BvL 6/76 |
| 51, 356 | Beschluss v. 26. 6. 1979 | 1 BvL 10/78 |
| 52, 95 | Urteil v. 24. 7. 1979 | 2 BvK 1/78 |
| 52, 131 | Beschluss v. 25. 7. 1979 | 2 BvR 878/74 |
| 56, 298 | Beschluss v. 7. 10. 1980 | 2 BvR 584/76 |
| 57, 250 | Beschluss v. 26. 5. 1981 | 2 BvR 215/81 |
| 59, 216 | Beschluss v. 12. 1. 1982 | 2 BvR 113/81 |
| 60, 253 | Beschluss v. 20. 4. 1982 | 2 BvL 26/81 |
| 63, 152 | Beschluss v. 9. 2. 1983 | 1 BvL 8/80 |
| 64, 208 | Beschuss v. 14. 6. 1983 | 2 BvR 488/80 |
| 65, 283 | Beschluss v. 22. 11. 1983 | 2 BvL 25/81 |
| 68, 287 | Beschluss v. 28. 11. 1984 | 1 BvR 1157/82 |
| 69, 248 | Beschluss v. 24. 4. 1985 | 2 BvR 1248/82 |
| 71, 1 | Urteil v. 3. 10. 1985 | 1 BvL 7/83 |
| 71, 25 | Urteil v. 15. 10. 1985 | 2 BvR 1808/82 |
| 72, 141 | Urteil v. 13. 5. 1986 | 1 BvL 55/83 |
| 72, 175 | Urteil v. 13. 5. 1986 | 1 BvR 461/85 |

| | | |
|---|---|---|
| 72, 200 | Urteil v. 14. 5. 1986 | 2 BvL 2/83 |
| 72, 302 | Beschluss v. 12. 6. 1986 | 2 BvL 5/83 |
| 74, 129 | Urteil v. 14. 2. 1987 | 1 BvR 1052/79 |
| 76, 256 | Urteil v. 30. 9. 1987 | 2 BvR 933/82 |
| 77, 84 | Urteil v. 6. 10. 1987 | 1 BvR 1086/82 |
| 78, 123 | Beschluss v. 26. 4. 1988 | 1 BvR 669/87 |
| 78, 344 | Beschluss v. 21. 6. 1988 | 2 BvR 979/83 |
| 78, 374 | Beschluss v. 22. 6. 1988 | 2 BvR 234/87 |
| 79, 127 | Beschluss v. 23. 11. 1988 | 2 BvR 1619/83 |
| 82, 316 | Beschluss v. 18. 9. 1990 | 2 BvE 2/90 |
| 83, 37 | Urteil v. 31. 10. 1990 | 2 BvF 2 u. a. /89 |
| 83, 60 | Urteil v. 31. 10. 1990 | 2 BvF 3/89 |
| 83, 182 | Beschluss v. 9. 1. 1991 | 1 BvR 207/87 |
| 83, 363 | Beschluss v. 7. 2. 1991 | 2 BvL 24/84 |
| 84, 90 | Urteil v. 23. 4. 1991 | 1 BvR 1170/90 |
| 86, 90 | Beschluss v. 12. 5. 1992 | 2 BvR 470/90 |
| 88, 118 | Beschluss v. 2. 3. 1993 | 1 BvR 249/92 |
| 88, 384 | Beschluss v. 25. 5. 1993 | 1 BvR 1509/91 |
| 91, 228 | Beschluss v. 26. 10. 1994 | 2 BvR 445/91 |
| 93, 37 | Beschluss v. 24. 5. 1995 | 2 BvF 1/92 |
| 95, 64 | Beschluss v. 15. 10. 1996 | 1 BvL 44/92 |

2. BayVBl.

| | | |
|---|---|---|
| 1987, 556 | Beschluss v. 27. 11. 1986 | 2 BvR 1241/82 |

3. DVBl.

| | | |
|---|---|---|
| 1995, 290 | Beschluss v. 26. 10. 1994 | 2 BvR 445/91 |
| 1997, 420 | Beschluss v. 15. 10. 1996 | 1 BvL 44/92 |

4. NJW

| | | |
|---|---|---|
| 1981, 1659 | Beschluss v. 7. 10. 1980 | 2 BvR 584 u. a. /76 |
| 1998, 1547 | Urteil v. 3. 12. 1997 | 2 BvR 882/97 |

**Bundesverwaltungsgericht**

1. BVerwGE

| | | |
|---|---|---|
| 6, 19 | Urteil v. 22. 11. 1957 | VII C. 69.57 |
| 7, 30 | Urteil v. 9. 5. 1958 | IV C. 227.57 |
| 9, 182 | Urteil v. 30. 9. 1959 | VI C. 166.57 |
| 17, 41 | Urteil v. 18. 10. 1963 | VII C. 45.62 |
| 50, 2 | Urteil v. 28. 11. 1975 | IV C. 45.74 |
| 51, 15 | Urteil v. 21. 5. 1976 | IV C.80.74 |
| 52, 226 | Urteil v. 15. 4. 1977 | IV C. 3.74 |
| 67, 129 | Urteil v. 15. 4. 1983 | 8 C. 170.81 |
| 74, 58 | Urteil v. 28. 2. 1986 | 7 C. 42.82 |

2. DVBl.

| | | |
|---|---|---|
| 1979, 116 | Beschluss v. 31. 8. 1978 | 7 B. 137.77 |
| 1987, 629 | Urteil v. 21. 11. 1986 | 8 C. 127.84 |

3. NJW

| | | |
|---|---|---|
| 1970, 2075 | Urteil v. 26. 6. 1970 | VII C. 10.70 |

4. NVwZ

| | | |
|---|---|---|
| 1984, 378 | Urteil v. 27. 11. 1984 | 8 C. 128.81 |

**Bundesgerichtshof**

1. BGHZ

| | | |
|---|---|---|
| 3, 285 | Urteil v. 24. 10. 1951 | II ZR 18/51 |
| 11, 290 | Urteil v. 28. 11. 1953 | II ZR 188/52 |
| 13, 320 | Urteil v. 12. 5. 1954 | II ZR 167/53 |
| 22, 240 | Urteil v. 29. 11. 1956 | II ZR 282/55 |
| 58, 386 | Urteil v. 5. 5. 1972 | V ZR 63/70 |
| 80, 129 | Urteil v. 9. 3. 1981 | II ZR 54/80 |
| 91, 148 | Urteil v. 7. 5. 1984 | II ZR 276/83 |
| 92, 164 | Urteil v. 20. 9. 1984 | II ZR 47/83 |

| | | |
|---|---|---|
| 115, 311 | Urteil v. 10. 10. 1991 | II ZR 100/90 |
| 117, 323 | Urteil v. 16. 3. 1992 | II ZB 17/91 |
| 127, 285 | Urteil v. 4. 11. 1994 | Lw ZR 12/93 |
| 134, 333 | Urteil v. 22. 1. 1997 | II ZR 123/94 |

2. DStR

| | | |
|---|---|---|
| 1991, 622 | Urteil v. 22. 10. 1990 | II ZR 247/89 |
| 1992, 437 | Urteil v. 14. 10. 1992 | II ZR 212/90 |
| 1993, 1152 | Urteil v. 7. 6. 1993 | II ZR 101/92 |
| 1995, 1722 | Urteil v. 28. 9. 1995 | II ZR 257/95 |
| 1995, 1764 | Urteil v. 4. 10. 1995 | II ZR 87/95 |

3. DtZ

| | | |
|---|---|---|
| 1997, 358 | Urteil v. 17. 4. 1997 | III ZR 98/96 |

4. DVBl.

| | | |
|---|---|---|
| 1978, 108 | Urteil v. 13. 10. 1977 | III ZR 122/75 |

5. MDR

| | | |
|---|---|---|
| 1966, 66 | Urteil v. 20. 4. 1966 | V ZR 50/65 |
| 1984, 558 | Urteil v. 3. 11. 1983 | III ZR 227/82 |

6. NJW

| | | |
|---|---|---|
| 1978, 1577 | Urteil v. 17. 3. 1978 | V ZR 217/75 |
| 1980, 117 | Urteil v. 16. 11. 1976 | III ZR 81/77 |
| 2001, 748 | Urteil v. 18. 12. 2000 | II ZR 385/99 |

7. NJW-RR

| | | |
|---|---|---|
| 1996, 853 | Urteil v. 28. 3. 1996 | VII ZR 228/94 |

8. NVwZ

| | | |
|---|---|---|
| 1991, 606 | Urteil v. 28. 2. 1991 | III ZR 43/90 |

9. NVwZ-RR

| | | |
|---|---|---|
| 1992, 223 | Urteil v. 11. 10. 1990 | III ZR 169/89 |

**Bundesfinanzhof**

1. BFHE

| | | |
|---|---|---|
| 154, 192 | Urteil v. 30. 6. 1988 | V R 79/84 |
| 158, 177 | Urteil v. 30. 9. 1989 | V R 89/85 |
| 181, 322 | Urteil v. 23. 10. 1996 | I R 1/94 |

2. LKV

| | | |
|---|---|---|
| 1998, 326 | Urteil v. 8. 1. 1998 | V R 32/97 |

**LVerfG LSA**

LVerfGE

| | | |
|---|---|---|
| 7, 251 | Urteil v. 3. 7. 1997 | 1/97 |
| 7, 275 | Urteil v. 12. 12. 1997 | 12/97 |

**LVerfG M-V**

LKV

| | | |
|---|---|---|
| 1999, 319 | Urteil v. 4. 2. 1999 | 1/98 |

**ThürLVerfG**

LVerfGE

| | | |
|---|---|---|
| 5, 391 | Urteil v. 18. 12. 1996 | VerfGH 2/95 u. a. |

**StGH BW**

DÖV

| | | |
|---|---|---|
| 1976, 595 | Urteil v. 8. 5. 1976 | GR 2 u. a. /75 |

**VerfGH RhPf**

NVwZ

| | | |
|---|---|---|
| 1982, 614 | Urteil v. 30. 3. 1982 | VGH 1/82 u. a. |

**OVG Bautzen**

LKV

| | | |
|---|---|---|
| 1997, 223 | Urteil v. 10. 12. 1996 | 2 S 550/94 |
| 1997, 418 | Beschluss v. 7. 5. 1997 | 2 S 179/95 |
| 1997, 420 | Beschluss v. 6. 7. 1997 | 3 S 156/94 |
| 1999, 61 | Urteil v. 9. 9. 1998 | 2 S 382/95 |

**OVG Frankfurt (O.)**

1. LKV

| | | |
|---|---|---|
| 1996, 377 | Urteil v. 14. 3. 1996 | 2 D 15/96 |
| 1997, 460 | Urteil v. 14. 8. 1997 | 2 D 33/96 |
| 1998, 197 | Urteil v. 18. 12. 1997 | 2 D 16/97 |
| 2001, 132 | Urteil v. 8. 6. 2000 | 2 D 29/98 |

2. n.v.

| | | |
|---|---|---|
| | Urteil v. 14. 3. 1996 | 2 D 2/96 |

**OVG Hamburg**

VerwRspr.

| | | |
|---|---|---|
| 1972, 987 | Urteil v. 24. 6. 1971 | OVG Bf. II 31/70 |

**OVG Koblenz**

NVwZ-RR

| | | |
|---|---|---|
| 1991, 322 | Urteil v. 25. 10. 1990 | 12 A 11821/90 |

**OVG Lüneburg**

1. DVBl.

| | | |
|---|---|---|
| 1977, 48 | Urteil v. 29. 4. 1976 | III OVG A 80/75 |

2. DÖV

| | | |
|---|---|---|
| 1980, 417 | Urteil v. 8. 3. 1979 | IX OVG A 183/77 |
| 1986, 382 | Urteil v. 11. 6. 1985 | IX OVG A 5/82 |

3. NJW

| | | |
|---|---|---|
| 1977, 450 | Urteil v. 26. 8. 1976 | III OVG A 137/74 |

**OVG Magdeburg**

LKV

| | | |
|---|---|---|
| 1997, 417 | Beschluss v. 14. 5. 1997 | C 2 S 1/96 |
| 1999, 150 | Beschluss v. 26. 1. 1998 | A 2 S 399/96 |

**VGH Mannheim**

NVwZ-RR

| | | |
|---|---|---|
| 1990, 215 | Urteil v. 20. 3. 1989 | 1 S 247/87 |

**OVG Münster**

NVwZ

| | | |
|---|---|---|
| 1987, 727 | Urteil v. 28. 11. 1987 | 22 A 1206/81 |

**OVG Weimar**

1. LKV

| | | |
|---|---|---|
| 1996, 137 | Urteil v. 3. 5. 1993 | 1 KO 16/93 |
| 2000, 75 | Beschluss v. 15. 7. 1999 | 4 ZEO 978/98 |

2. n.v.

| | | |
|---|---|---|
| | Urteil v. 3. 2. 1999 | 4 N 595/94 |
| | Urteil v. 2. 11. 1999 | 4 EO 762/96 |
| | Urteil v. 16. 11. 1999 | 4 EO 919/96 |

**BayObLG**

NJW-RR

| | | |
|---|---|---|
| 1986, 1080 | Urteil v. 24. 4. 1986 | 1 Z 32/86 |

**OLG Brandenburg**

1. LKV

| | | |
|---|---|---|
| 1997, 426 | Urteil v. 25. 9. 1996 | 3 U 57/95 |
| 1999, 243 | Urteil v. 29. 10. 1998 | 2 U 120/97 |

2. DtZ

| | | |
|---|---|---|
| 1996, 323 | Urteil v. 28. 2. 1996 | 4 U 9/95 |

**OLG Dresden**

1. LKV

| | | |
|---|---|---|
| 2001, 142 | Urteil v. 21. 4. 1999 | 8 U 3342/98 |

2. OLG-NL

| | | |
|---|---|---|
| 1996, 267 | Urteil v. 14. 3. 1996 | 5 U 11/90 |

**OLG Jena**

1. DtZ

| | | |
|---|---|---|
| 1997, 130 | Urteil v. 9. 10. 1996 | 7 U 766/95 |

2. OLG- NL

| | | |
|---|---|---|
| 1995, 105 | Urteil v. 8. 9. 1994 | 1 U 407/93 |
| 1995, 241 | Urteil v. 19. 9. 1995 | 5 U 456/94 |

**OLG Naumburg**

1. LKV

| | | |
|---|---|---|
| 1994, 303 | Urteil v. 15. 2. 1994 | 7 U 19/93 |

2. OLG-NL

| | | |
|---|---|---|
| 1996, 73 | Urteil v. 15. 2. 1996 | 7 U 66/95 |

**OLG Rostock**

OLG-NL

| | | |
|---|---|---|
| 1995, 145 | Urteil v. 7. 12. 1994 | 2 U 22/94 |

**VG Dessau**

LKV

| | | |
|---|---|---|
| 1997, 466 | Urteil v. 31. 7. 1997 | A 1 K 1659/96 |
| 1998, 322 | Urteil v. 19. 3. 1998 | A 1 K 1433/98 |
| 99, 330 | Urteil v. 8. 2. 1999 | A 1 K 234/96 |

**VG Dresden**

n.v.

| | | |
|---|---|---|
| | Urteil v. 5. 7. 2000 | 14 K 3910/99 |

**VG Gera**

1. LKV

| | | |
|---|---|---|
| 1997, 423 | Beschluss v. 14. 7. 1997 | 5 E 605/97 Ge. |

2. ThürVBl.

| | | |
|---|---|---|
| 1997, 187 | Beschluss v. 20. 2. 1997 | 5 E 1156/96 Ge. |
| 2000, 44 | Beschluss v. 30. 8. 1999 | 5 E 331/99 Ge. |

3. n.v.

| | | |
|---|---|---|
| | Beschluss v. 10. 10. 1996 | 2 E 130/96 Ge. |
| | Urteil v. 10. 9. 1999 | 2 E 235/96Ge. |

**VG Halle**

1. LKV

| | | |
|---|---|---|
| 1996, 140 | Beschluss v. 14. 8. 1995 | 3 B 51/95 |
| 1999, 80 L | Beschluss v. 13. 8. 1998 | 3 A 323/98 |

2. FiWi

| | | |
|---|---|---|
| 1997, 136 | Beschluss v. 21. 10. 1996 | B 3 K 436/96 |

**VG Meiningen**

n.v.

| | | |
|---|---|---|
| | Urteil v. 3. 5. 1995 | 8 K 577/94 Me. |

**VG Schwerin**

n.v.

| | | |
|---|---|---|
| | Urteil v. 19. 2. 1997 | 4 A 1092/95 |
| | Beschluss v. 18. 7. 1997 | 4 b 1034/96 |

**VG Weimar**

1.ThürVBl.

| | | |
|---|---|---|
| 1997, 12/IX | Urteil v. 14. 7. 1997 | 6 K 1920/96 We. |

2. n.v.

| | | |
|---|---|---|
| | Urteil v. 10. 11. 1999 | 6 K 1672/98 We. |

**LG Neuruppin**

n.v.

| | | |
|---|---|---|
| | Beschluss v. 24. 5. 1995 | 1 b 0656/94 |

**LG Potsdam**

LKV

| | | |
|---|---|---|
| 1997, 430 | Urteil v. 11. 12. 1996 | 4 O 427/95 |

**Abkürzungsverzeichnis**

| | |
|---|---|
| a. A. | anderer Ansicht |
| Abs. | Absatz |
| a. F. | alte Fassung |
| AG | Aktiengesellschaft |
| AK | Alternativkommentar<br>Kommentar zum Grundgesetz für die Bundesrepublik Deutschland<br>Hrsg.:Azzola, Axel u.a. |
| ÄndG | Änderungsgesetz |
| Anm. | Anmerkungen |
| AO | Abgabenordnung |
| AöR | Archiv für öffentliches Recht |
| Az. | Aktenzeichen |
| B. | Beschluß |
| BauGB | Baugesetzbuch |
| BaWü | Baden-Württemberg |
| BayVBl. | Bayrische Verwaltungsblätter |
| BayVBl. | Bayrische Verwaltungsblätter |
| Bbg. | Brandenburg/brandenburgisch |
| Bd. | Band |

| | |
|---|---|
| BGBl. | Bundesgesetzblatt |
| BFH | Bundesfinanzhof |
| BFHE | Amtliche Sammlung der Entscheidungen des Bundesfinanzhofs |
| BGB | Bürgerliches Gesetzbuch |
| BGH | Bundesgerichtshof |
| BGHZ | Amtliche Sammlung der Entscheidungen des Bundesgerichtshofs |
| BK | Bonner Kommentar zum Grundgesetz |
| Bes.VerwR | Besonderes Verwaltungsrecht |
| BRRG | Rahmengesetz zur Vereinheitlichung des Beamtenrechts |
| BVerfG | Bundesverfassungsgericht |
| BVerfGE | Amtliche Sammlung der Entscheidungen des Bundesverfassungsgerichts |
| BVerwG | Bundesverwaltungsgericht |
| BVerwGE | Amtliche Sammlung der Entscheidungen des Bundesverwaltungsgerichts |
| DDR | Deutsche Demokratische Republik |
| Diss. | Dissertation |
| DM | Deutsche Mark |
| DÖV | Die öffentliche Verwaltung |

| | |
|---|---|
| DStR | Deutsches Steuerrecht ( Fachzeitschrift) |
| DtZ | Deutsch-Deutsche Rechtszeitschrift |
| DVBl. | Deutsches Verwaltungsblatt |
| Einl. | Einleitung |
| EnteigG | Enteignungsgesetz |
| ESVGH | Entscheidungssammlung des Hessischen und Baden-Württembergischen Verwaltungsgerichtshofes |
| f. | folgende/r |
| FAZ | Frankfurter Allgemeine Zeitung |
| FiWi | Finanzwirtschaft |
| G. | Gesetz |
| GBl. | Gesetzblatt |
| GbR | Gesellschaft bürgerlichen Rechts |
| geänd. | geändert |
| GG | Grundgesetz für die Bundesrepublik Deutschland |
| GKG | Gesetz über kommunale Gemeinschaftsarbeit |
| GmbH | Gesellschaft mit beschränkter Haftung |
| GmbHG | Gesetz betreffend die Gesellschaft mit beschränkter Haftung |

| | |
|---|---|
| GO | Gemeindeordnung |
| GORV | Gesetz zur Ordnung der Rechtsverhältnisse der Verwaltungsverbände, Verwaltungsgemeinschaften und Zweckverbände im Freistaat Sachsen |
| GS | Preußische Gesetzessammlung |
| GVBl. | Gesetz- und Verordnungsblatt |
| | Gesetz- und Verordnungsblatt für das Land Mecklenburg-Vorpommern |
| HeilG | Heilungsgesetz |
| HKWP | Handbuch der kommunalen Wissenschaft und Praxis |
| Hrsg. | Herausgeber |
| i. d. F. d. B. v. | in der Fassung der Bekanntmachung vom |
| i. V. m. | in Verbindung mit |
| JURA | Juristische Ausbildung |
| JZ | Juristenzeitung |
| KAG | Kommunalabgabengesetz |
| Kap. | Kapitel |
| KomZG | Gesetz über kommunale Zusammenarbeit |
| KStG | Körperschaftssteuergesetz |
| KStZ | Kommunale Steuer-Zeitschrift |

| | |
|---|---|
| KNSA | Kommunalnachrichten Sachsen-Anhalt |
| KV | Kommunalverfassung |
| LBG | Landesbeamtengesetz |
| LG | Landgericht |
| LKV | Landes- und Kommunalverwaltung |
| LSA | Land Sachsen-Anhalt |
| LT-Drs. | Landtagsdrucksache |
| LVerfG | Landesverfassungsgericht |
| LVerfGE | Amtliche Sammlung der Entscheidungen der Landesverfassungsgerichte |
| MAZ | Märkische Allgemeine Zeitung |
| MBl. | Ministerialblatt |
| MI | Minister des Innern |
| MüKo | Münchener Kommentar zum BGB |
| M-V | Mecklenburg-Vorpommern |
| m. w. N. | mit weiteren Nachweisen |
| MZ | Mitteldeutsche Zeitung |
| NJW | Neue Juristische Wochenschrift |
| NJW-RR | NJW-Rechtssprechungsreport |
| NVwZ | Neue Zeitschrift für Verwaltungsrecht |

| | |
|---|---|
| NVwZ-RR | NVwZ-Rechtsprechungsreport |
| n. v. | nicht veröffentlicht |
| o. g. | oben genannt |
| OLG | Oberlandesgericht |
| OLG-NL | OLG-Rechtsprechung Neue Länder |
| OVG | Oberverwaltungsgericht |
| Plenarprot. | Plenarprotokoll |
| Prot. | Protokoll |
| Rd.Erl. | Runderlaß |
| RGBl. | Reichsgesetzblatt |
| RhPf. | Rheinland-Pfalz |
| Rspr. | Rechtsprechung |
| Rz. | Randziffer |
| S. | Seite |
| SächsVBl. | Sächsische Verwaltungsblätter |
| Sächs | Sachsen/sächsisch |
| SMAD | Sowjetische Militäradministration in Deutschland |
| s. o. | siehe oben |
| StGH | Staatsgerichtshof |

| | |
|---|---|
| StR | Staatsrecht |
| Thür | Thüringen/thüringisch |
| ThürVBl. | Thüringer Verwaltungsblätter |
| u. | und |
| U. | Urteil |
| UStG | Umsatzsteuergesetz |
| v. | vom |
| VBl.BaWü | Verwaltungsblätter für Baden-Württemberg |
| VEB | Volkseigener Betrieb |
| Verf. | Verfassung |
| VerfGH | Verfassungsgerichtshof |
| VerwArch | Verwaltungsarchiv |
| VerwRspr. | Verwaltungsrechtssprechung |
| VG | Verwaltungsgericht |
| VGH | Verwaltungsgerichtshof |
| vgl. | vergleiche |
| VO | Verordnung |
| VwVfG | Verwaltungsverfahrensgesetz |
| VwVG | Verwaltungsvollstreckungsgesetz |

| | |
|---|---|
| WAB | Betrieb für Wasserver- und Abwasserentsorgung |
| WG | Wassergesetz |
| WHG | Wasserhaushaltsgesetz |
| ZAU | Zeitschrift für angewandtes Umweltrecht |
| Ziff. | Ziffer |
| zul. geänd. | zuletzt geändert |
| ZwStabG | Gesetz zur rechtlichen Stabilisierung der Zweckverbände für Wasserversorgung und Abwasserbeseitigung |
| ZwVerbSG | Gesetz zur Sicherung der Arbeitsfähigkeit von Zweckverbänden |

## Erster Teil: Einführung

### 1. Kapitel Problemstellung

Ab Mitte der neunziger Jahre wurden zunehmend Projekte und Anlagen von Zweckverbänden der Wasserversorgung und Abwasserentsorgung in den neuen Bundesländern bekannt, die überdimensioniert und betriebswirtschaftlich nicht effektiv sind. Teilweise betrug das Investitionsvolumen 10.000 DM / Bürger und mehr. Eine Kostenumlegung auf den Bürger unter Beachtung dieser Investitionsvolumina hätte zu einer jährlichen finanziellen Belastung von über 1.000 DM je Einwohner bzw. zu einem Wasser- bzw. Abwasserpreis von bis zu 50 DM pro Kubikmeter geführt[1]. Abgesehen von den bereits getätigten Investitionen besteht im Bereich der Wasserversorgung und Abwasserentsorgung über Jahre hinweg noch erheblicher Investitionsbedarf, der auf 250 bis 350 Milliarden DM geschätzt wurde[2]. In den neuen Bundesländern werden in den nächsten 10 Jahren dreistellige Millionenbeträge ausgegeben werden, um diesen Bereich einer grundlegenden Sanierung zuzuführen[3]. Allein für das Land Sachsen-Anhalt wurde 1999 der Sanierungsbedarf für die nächsten 5 Jahre auf 868 Millionen DM geschätzt[4].

Doch der Schwierigkeiten noch nicht genug: Neben diesen starken wirtschaftlichen Belastungen tauchten – vor allem im Bereich der Wasserversorgung und Abwasserentsorgung – rechtliche Schwierigkeiten auf, die zum eigentlichen Schwerpunkt dieser Arbeit werden:
Denn ab August 1995 brach sich beginnend mit einem Beschluss im vorläufigen Rechtsschutzverfahren des Verwaltungsgerichts Halle[5] nach und nach durch zahlreiche weitere Gerichtsentscheidungen unterstützt eine Erkenntnis Bahn, die zu einer stellenweise erhitzt geführten Diskussion auf allen politischen Ebenen der neuen Bundesländer führte und bis heute führt.
Es war die Erkenntnis, dass ca. 80 % der Zweckverbände für Wasserversorgung und Abwasserbeseitigung in den neuen Bundesländern durch fehlerhafte Gründungsverfahren nicht wirksam gebildet waren und nach Auffassung der Gerichte

---

[1] Schulze, KStZ 1996, S. 1; Cromme LKV 1998, 161(161); Scheiper LKV 1997, 200(200)
[2] Reichel, S. 21
[3] Hüppe/Zwölfer, LKV 1998, 436(438); MZ v. 1. 10. 1999 u. 25. 9. 1998
[4] MZ v. 12. 3 1999
[5] VG Halle, Beschluss vom 14. 8. 1995, LKV 1996, 140; Klügel, LKV 1997, 197(197); Hüppe/Zwölfer, LKV 1998, 436(436)

dadurch auch keine Rechtsfähigkeit erlangen konnten. Da die Wasserversorgung und Abwasserentsorgung in den neuen Bundesländern überwiegend durch Zweckverbände wahrgenommen wird, bestand ab diesem Zeitpunkt ein reges Interesse an der Aufklärung dieser entstandenen rechtlichen Situation.
In Folge der allgemeinen Verunsicherung über die Frage, wie die rechtlichen Schwierigkeiten im Bereich der Wasserversorgung und Abwasserentsorgung beseitigt werden könnten, verschlechterte sich die Situation von Zweckverbänden immer mehr. Aus diesem Grund wurden legislative und administrative Maßnahmen zur rechtlichen und wirtschaftlichen Stabilisierung der Zweckverbände ergriffen[6].
Doch auch die Heilungsgesetze[7], die sowohl die rechtliche als auch die wirtschaftliche Stabilisierung der Zweckverbände erreichen sollten, lösten weitere Gerichtsverfahren aus, die zu Entscheidungen der Landesverfassungsgerichte der Länder Brandenburg[8], Mecklenburg-Vorpommern[9] und Sachsen-Anhalt[10]

[6] Scheiper, LKV 1997, 200(201)
[7] Brandenburg:
Gesetz zur Sicherung der Arbeitsfähigkeit von Zweckverbänden (ZwVerbSG) v. 4. 12. 1996 (GVBl. I, S. 314)
Gesetz zur rechtlichen Stabilisierung der Zweckverbände für Wasserversorgung und Abwasserbeseitigung und zur Änderung des Gesetzes über kommunale Zusammenarbeit im Land Brandenburg (ZwStabG) v. 6. 7.1998 (GVBl. I, S. 162)
Mecklenburg-Vorpommern:
2. Gesetz zur Änderung der Kommunalverfassung für das Land Mecklenburg-Vorpommern (2. ÄndG KV – M-V) v. 22. 1. 1998 (GVOBl. S. 78)
3. Gesetz zur Änderung der Kommunalverfassung für das Land Mecklenburg-Vorpommern (3. ÄndG KV – M-V) v. 10. 7. 1998 (GVOBl. S. 634)
Sachsen:
Gesetz zur Ordnung der Rechtsverhältnisse der Verwaltungsverbände, Verwaltungsgemeinschaften und Zweckverbände im Freistaat Sachsen (GORV) v. 15. 1. 1998 (GVBl. S. 2)
Sachsen-Anhalt:
Gesetz zur Änderung des Gesetzes über kommunale Gemeinschaftsarbeit des Landes Sachsen-Anhalt (1. ÄndG GKG LSA) v. 4. 7. 1996 (GVBl. S. 218)
2. Gesetz zur Änderung des Gesetzes über die kommunale Gemeinschaftsarbeit des Landes Sachsen-Anhalt (2. ÄndG GKG LSA) v. 6. 10. 1997 (GVBl. S. 878)
Thüringen:
1. Gesetz zur Änderung des Gesetzes über kommunale Zusammenarbeit (1. ÄndG ThürGKG) v. 10. 11 1995 (GVBl. 346)
[8] LVerfG Bbg, U. v. 20. 1. 2000, LKV 2000, 199
[9] LVerfG M-V, U. v. 4. 2. 1999, LKV 1999, 319
[10] LVerfG LSA, U. v. 3. 7. 1997, LVerfGE 7, 251 u. U. v. 12. 12. 1997, LVerfGE 7, 275

über die Vereinbarkeit dieser Gesetze mit den Landesverfassungen[11] im Rahmen von kommunalen Verfassungsbeschwerden bis zum Vorlagebeschluss des Verwaltungsgerichts Halle[12] zur Vereinbarkeit der sachsen – anhalter Heilungsgesetze mit dem Grundgesetz[13] führten.
Eine Entscheidung des Bundesverfassungsgerichtes darüber ist bislang noch nicht gefallen. Parallel dazu setzte wieder die alle Jahre geführte Privatisierungsdiskussion ein, um die Wasserversorgung und Abwasserentsorgung insgesamt auf neue Füße zu stellen.

Zusammengefasst wurde damit innerhalb eines relativ kurzen Zeitraums der Frage einer rechtlich stabilen Wasserversorgung und Abwasserbeseitigung wieder ein politischer, rechtlicher und wirtschaftlicher Stellenwert beigemessen, der prägnant in einer Erkenntnis von Thales von Milet zu finden ist: „Das Prinzip aller Dinge ist das Wasser. Aus dem Wasser ist alles und ins Wasser kehrt alles zurück."

## 2. Kapitel Gegenstand der Untersuchung

Gegenstand der Untersuchung ist eine Auseinandersetzung mit dem in allen neuen Bundesländern aufgetretenen außergewöhnlichen Problemen der fehlerhaften Gründung von Zweckverbänden, insbesondere im Bereich der Wasserversorgung und Abwasserentsorgung.
Zunächst wird der Zweckverband als Form der interkommunalen Zusammenarbeit anhand der Vorschriften der Bundesländer Brandenburg, Mecklenburg-Vorpommern, Sachsen, Sachsen-Anhalt und Thüringen dargestellt.
Ein Schwerpunkt der Arbeit liegt in der Betrachtung der Reaktion der Landesgesetzgeber in den neuen Bundesländern durch die Schaffung der sog. Heilungsgesetze. Es erfolgt sowohl eine vergleichende Betrachtung aller erlassenen Heilungsgesetze im Zusammenhang mit den Zweckverbandsgründungen als auch eine verfassungsrechtliche Diskussion im Hinblick auf die Vereinbarkeit dieser Heilungsvorschriften mit dem Grundgesetz.

---

[11] Verfassung für das Land Brandenburg (VerfBbg) vom 20. 8. 1992 (GVBl. I S. 298
Verfassung für das Land Mecklenburg-Vorpommern (Verf M-V) vom 23. 5. 1993 (GVOBl. S. 372)
Verfassung des Landes Sachsen-Anhalt (Verf LSA) i. d. F. d. B. v. 13. 1. 1998 (GVBl. S. 29)

[12] VG Halle, B. v. 13. 8. 1998, LKV 1999, 80 L; vgl. schon VG Halle FiWi 1997, 136

[13] Grundgesetz für die Bundesrepublik Deutschland (GG) vom 23. 5. 1949 (BGBl.. I S. 1) geänd. d. G. z. Änd d. GG v. 3. 11. 1995 (BGBl. I S. 1492)

Ein weiterer Schwerpunkt liegt in der Darstellung von Grundsätzen zur Behandlung von fehlerhaften Zweckverbänden, die nicht von den Heilungsgesetzen erfasst werden. Fragen einer statusrechtlichen Einordnung, der Mitgliedschaft bis hin zu öffentlich rechtlichen Konsequenzen werden abgehandelt. Abschließend geht die Untersuchung in grundlegender Art und Weise auf die Tendenzen der nächsten Jahre und bestehende Alternativen zur jetzigen Wasserversorgung und Abwasserbeseitigung ein.

## Zweiter Teil: Der Zweckverband als Form der interkommunalen Zusammenarbeit

Zweckverbände entstehen auf Grund von praktischen Bedürfnissen zur Wahrnehmung von kommunalen Aufgaben[14]. Die hohe Anzahl von Zweckverbandsbildungen in den letzten Jahren zeigt auf, dass diese Art der interkommunalen Zusammenarbeit [15] durchaus als aktuelles Verwaltungsprinzip bezeichnet werden kann[16].
Bezeichnet wird der Zweckverband sogar als „die geborene Form zur Erfüllung gemeinschaftlicher Aufgaben durch Gemeinden und auch durch Landkreise“[17] oder als das „dominierende Institut interkommunaler Zusammenarbeit“[18].
Trotzdem sieht sich der Zweckverband insbesondere seit den letzten Jahren der Kritik ausgesetzt. Schon Peter Seydel konstatierte bei den Gemeinden eine merkwürdige Scheu vor Zweckverbänden[19]. Vor allem im Rahmen der Wirtschaftsführung wird zunehmend eine schwerfällige Handhabung sowie ständig notwendige Überwachung der Aufsichtsbehörde angeführt[20]. Durch eine Privatisierung seien beispielsweise auf dem Gebiet der Abwasserbeseitigung Einsparungen bis 15 % möglich[21].

---

[14] Theobald S 1; Cronauge, S. 123
[15] vgl. dazu auch Oebbecke, S. 2; Duvenbeck, S. 14
[16] Pagenkopf, Kommunalrecht, S. 183; Rengeling, S. 388
[17] Göbel, S. 281 Rz. 274
[18] Rengeling, S. 406; ähnlich Cronauge, S. 123
[19] Seydel, S. 39
[20] Zeiss, S. 7; Reichel, S. 77; Schauwecker, S. 220
[21] FAZ v. 6. 11. 1992

Um sich solchen Fragen jedoch widmen zu können, bedarf es zunächst einer näheren Darstellung der Institution Zweckverband.

## 1. Kapitel Historischer Überblick

Das Instrument der Zweckverbände ist keine Neuschöpfung. Ein kurzer historischer Rückblick, der auch das rechtliche Verständnis für Zweckverbände fördern soll, zeigt die schon fast zweihundertjährige Geschichte der Zweckverbände auf[22].

Etwa ein Jahrhundert vor in Kraft treten des preußischen Zweckverbandsgesetzes vom 19. 07. 1911[23] bildeten sich erste Formen einer kommunalen Zusammenarbeit heraus[24]. Die Entwicklung dieser Formen kommunaler Zusammenarbeit beruhte im Grundsatz auf der preußischen Städteordnung des Freiherrn v. Stein vom 19. 11. 1808 und ermöglichte Gemeinden die Gründung von selbstständigen Verbänden für die Übernahme von Selbstverwaltungsaufgaben[25].
Ab Mitte des 19. Jahrhunderts regelten die Gemeindeordnungen die grundsätzliche Erlaubnis zur Erledigung einzelner oder bestimmter Zwecke von zwei oder mehreren Gemeinden[26]; zu erwähnen ist hier die Gemeindeordnung für den preußischen Staat vom 11. 03. 1850, welche auf Grund ihrer kurzen Geltungsdauer jedoch nur wenig praktische Bedeutung erlangte[27]. Ferner erwähnenswert sind die Kreisordnungen für die Provinzen Preußen, Brandenburg, Pommern, Posen, Schlesien und Sachsen vom 13. 12. 1872 (§ 53)[28] sowie die Neuregelung der Landgemeindeordnung der sieben östlichen Provinzen der Monarchie vom 28. 12. 1891 (§ 128 ff.)[29].
Vor allem Spezialgesetze sahen jedoch besondere Aufgaben für eine Zusammenarbeit von Gemeinden vor[30]. Als solche sah etwa das Zuständigkeitsgesetz vom 01. 08. 1883 für Landgemeinden und Gutbezirke in den Vorschriften der §§ 139, 140 eine freiwillige oder erzwungene Bildung von Spritzenverbänden zur

---

22 Oebbecke, S. 2; Seydel, S. 45; Wößner-Helwig, S. 32; Rengeling, S. 388
23 GS 1911, S. 115
24 Klüber, HKWP; Bd. I, S. 542; Theobald, S. 2
25 Blaum, DVBl. 1951, 161(161); Seydel; S. 45; Theobald,S. 3
26 Brauchitsch, S. 434
27 Die Gemeindeordnung wurde bereits durch Gesetz v. 24. 5. 1853 ( GS S. 238) wieder aufgehoben und die alte Rechtslage wieder hergestellt
28 GS 1872, S. 661
29 GS 1891, S. 233
30 Seydel, S. 49; Neuwiem, S. 51

Schaffung und Unterhaltung von Feuerspritzen vor[31]. Des Weiteren gab es Spezialvorschriften auf den Gebieten des Armenwesens (vgl. § 7 des preußischen Gesetzes über die Verpflichtung zur Armenpflege vom 31. 12. 1842)[32], und Schulwesens (Schulordnung für die Elementarschulen der Provinz Preußen vom 11. 12. 1845)[33], der Sozialversicherung (§ 527 der Reichsversicherungsordnung vom 19. 07. 1911)[34] und sog. Vatertierhaltung (vgl. § 4 des Gesetzes betreffend die Verpflichtung der Gemeinden in den Landkreisen der Rheinprovinz zur Bullentierhaltung vom 27. 06. 1890) [35] .

Mit dem preußischen Zwecksverbandsgesetz vom 19. 07. 1911 fand die gesetzliche Entwicklung des Zweckverbandsrechts vorerst ihren Abschluss[36]. Dieses erste Zweckverbandsgesetz mit Geltung für die gesamte preußische Monarchie legte erstmals den Begriff des Zweckverbands fest und regelte das Satzungsrecht, die Organe, das Gründungsverfahren und die Finanzierung des Zweckverbandes[37].
Erst mit dem Ende des ersten Weltkrieges wurden vermehrt Forderungen nach einer Modernisierung des Zweckverbandsgesetzes von 1911 mit dem Ziel einer reichseinheitlichen Regelung laut[38]. Die Notwendigkeit einer Neuregelung für das gesamte Deutsche Reich ergab sich schon auf Grund der Anzahl bestehender Zweckverbände im Jahre 1933[39].
Auf Grund der stürmischen politischen Zeiten wurde das Zweckverbandsgesetz (RZVG) erst am 07. 06. 1939 erlassen und trat am 01. 07. 1939 in Kraft[40].
Voraussetzung für die Gründung eines Zweckverbandes nach dem RZVG war zunächst eine Einigung der Beteiligten über die Verbandssatzung (§ 7 Abs. 1 RZVG). Die Beteiligten hatten dann unter Anerkennung der vereinbarten Verbandssatzung der zur Bildung des Zweckverbandes zuständigen Behörde gegenüber zu erklären, dass sie auf dieser Grundlage dem Zweckverband beitreten (§ 7 Abs. 1 RZVG). War die Verbandssatzung zustandegekommen, beschloss die Behörde über die Bildung des Zweckverbandes unter Feststellung der Verbands-

31 GS 1883, S. 237
32 GS 1843, S. 8
33 GS1848; S: 1
34 RGBl. S. 509
35 GS 1890, S. 217
36 GS 1911, S. 115
37 Klüber, HKWP, Bd. I, S. 543; Theobald, S. 6
38 Rothe, S. 61
39 Steimle, S. 5; Klüber, HKWP, Bd. I, S. 544; v. Thuregg , S. 269 ging von 13876 Zweckverbänden aus
40 Zweckverbandsgesetz (RZVG) v. 7. 6. 1939, RGBl. I, S. 979

satzung (§ 11 Abs. 1 RZVG). Der Beschluss war mit der Verbandssatzung im amtlichen Veröffentlichungsblatt bekanntzumachen (§ 11 Abs. 2 S. 1 RZVG).
Mit diesem Zweckverbandsgesetz war die erwartete Modernisierung des Zweckverbandsrechts verbunden.
Zum einen wurden die Möglichkeiten der Zweckverbandsbildung sehr erleichtert[41], denn neben Gebietskörperschaften konnten erstmals auch Anstalten und Stiftungen sowie natürliche und juristische Personen Mitglieder des Zweckverbands werden. Zum anderen wurde eine elastischere Ausgestaltung der Zweckverbandsverfassungen ermöglicht[42].
Erstmals in der langen Tradition der Zweckverbände wurden die Zweckverbände als Körperschaften des öffentlichen Rechts anerkannt[43]. Allerdings waren die praktischen Auswirkungen des Zweckverbandsgesetzes auf Grund des unmittelbar folgenden Kriegsausbruchs nicht groß[44].

Nach in Kraft treten des Grundgesetzes galt das RZVG für die alten Bundesländer auf Grund der Länderzuständigkeit für kommunalrechtliche Angelegenheiten gem. Artikel 123 Absatz 1 in Verbindung mit 124 ff. GG zunächst als Landesrecht fort[45].

Bereits ab 1947 setzten jedoch schon erste Bestrebungen für eine Reform des Zweckverbandsrechts ein[46], um der stürmischen Nachkriegsentwicklung auf dem Gebiet der Bundesrepublik Deutschland nachzukommen[47]. Zu einer ersten Novellierung des Zweckverbandsrechts entschloss sich das Land Rheinland Pfalz[48], welche jedoch aus Gründen der Rechtssicherheit auf eine faktische Neuregelung verzichtete[49].
Eine erste sachliche Neuregelung brachte das Gesetz über die kommunale Gemeinschaftsarbeit des Landes Nordrhein – Westfalen vom 26.04.1961[50]. Es folgte das Land Baden – Württemberg[51] und danach Bayern[52].

---

[41] Theobald, S. 9
[42] Seydel , S. 108; Oebecke, S. 3
[43] Rothe, S. 65; Seydel, S. 106
[44] Theobald, S. 8; Oebecke, S. 3
[45] Klüber, HKWP, Bd. 1, S. 544; Gönnenwein, S. 433
[46] Theobald, S. 11; Oebecke, S. 4
[47] Theobald, S. 11
[48] Zweckverbandsgesetz Rheinland-Pfalz v. 3. 12. 1954, GVBl. S. 156
[49] Haug, DÖV 1969, ,119(119)
[50] GVBl. S. 190; vgl. dazu Grafe DÖV 1961, 521
[51] Zweckverbandsgesetz Baden-Württemberg vom 24. 7. 1963; GVBl. S. 114
[52] Gesetz über kommunale Zusammenarbeit v. 1. 7. 1966, GVBl. S. 218

Zwar noch nicht in der Verfassung der DDR vom 07. 10. 1949[53] aber in Artikel 84 der Verfassung der DDR vom 06. 04. 1968[54] finden sich auch für das Gebiet der DDR eigenständige Regelungen des Zweckverbandsrechts.

Weitere Regelungen finden sich ferner in § 69 Absatz 3 des Gesetzes über die örtlichen Volksvertretungen und ihre Organe in der Deutschen Demokratischen Republik vom 12. 06. 1973[55], der Verordnung über die Organisation der Wasserwirtschaft vom 28. 08. 1952[56], der zweiten Durchführungsbestimmung zur Verordnung über die Organisation der Wasserwirtschaft vom 30. 03. 1954[57] und dem Wassergesetz vom 02. 07. 1982[58].
Im Bereich der Wasserwirtschaft wurde mit der Verordnung über die Organisation der Wasserwirtschaft vom 28. 8. 1952 (s.o.) die Aufgabe der Wasserversorgung, Kanalisation, Abwasserbeseitigung und der gesamten Vorflutregelung auf volkseigene Wasserwirtschaftsbetriebe übertragen und die Auflösung der diese Aufgaben bisher wahrnehmenden Zweckverbände geregelt [59].
Auf Grundlage dieser Verordnung und hierzu erlassener Durchführungsbestimmungen fand die Auflösung dieser Zweckverbände statt[60]. Nach der Auflösung der Zweckverbände regelte das Wassergesetz vom 02. 07. 1982 (s.o.) die Aufgabenwahrnehmung durch die Wirtschaftsbetriebe[61].

Vor der Wiedervereinigung mit der Bundesrepublik Deutschland am 03. 10. 1990 regelte der DDR – Gesetzgeber die rechtliche Voraussetzung für die Möglichkeit eines Zusammenschlusses kommunaler Gebietskörperschaften zu Zweckverbänden neu. Hierzu wurde in Abkehr vom „demokratischen Zentralismus" das Gesetz über die Selbstverwaltung der Gemeinden und Landkreise der DDR (KV – DDR) vom 17. 5. 1990 [62] geschaffen.
Die §§ 61, 75 KV – DDR regelten die Bildung von Zweckverbänden durch Gemeinden bzw. Landkreise. Nach § 61 Absatz 1 Satz 1 KV – DDR konnten Gemeinden zur Erfüllung kommunaler Aufgaben Zweckverbände bilden. Nach

[53] GBl DDR I, 1949, S. 6
[54] GBl. DDR I, 1968, S. 199 i. d. F. v. 7. 10. 1974, GBL DDR I, 1974, S. 432 zuletzt geänd. durch Gesetz v. 17. 6. 1990, GBl. DDR I , 1990, S. 313
[55] GBL. DDR I, 1973, S. 313
[56] GBl. DDR II, 1952, S. 792
[57] GBl. DDR II, 1954, S. 356
[58] GBl. DDR I, 1982, S. 467
[59] vgl. dazu §§ 7, 14 dieser Verordnung
[60] dazu auch VG Halle v. 13. 8. 1998, S. 29 des Beschlussumdrucks
[61] VG Halle v. 13. 8. 1998, S. 30 des Beschlussumdrucks
[62] GBL. DDR I, 1990, S. 255

Absatz 2 dieser Vorschrift beschlossen die beteiligten Gemeindevertretungen über das Statut, die mittels des Zweckverbandes zu lösenden Aufgaben und die dafür zur Verfügung stehenden Mittel. Gemäß § 75 KV – DDR konnten auch Landkreise zur gemeinsamen Erfüllung bestimmter Aufgaben Zweckverbände bilden.

Die rechtliche Umbruchsituation widerspiegelnd wurde ab Ende 1991 in den neuen Bundesländern die Bildung kommunaler Zweckverbände jeweils auf neue Rechtsgrundlagen gestellt[63]. In Folge verschiedener Umstände[64] kam es jedoch bei der Gründung von Zweckverbänden sowohl unter Geltung der DDR – Kommunalverfassung als auch unter Geltung der jeweiligen Vorschriften über die kommunale Gemeinschaftsarbeit bzw. Zusammenarbeit im Rahmen von Anpassungen der Zweckverbände an diese neue Rechtsgrundlage zu zahlreichen Gründungs- und Anpassungsfehlern. Der Bereich der Wasserversorgung und Abwasserbeseitigung war hiervon insbesondere betroffen.
Angesichts der Ende 1995 gewonnenen Erkenntnis, dass ca. 80 bis 90 Prozent aller Wasser- und Abwasserzweckverbände nicht wirksam gebildet wurden[65], wurden ab 1995 die Heilungsgesetze erlassen, die im Folgenden noch näher diskutiert werden.

---

[63] vgl. dazu Gesetz über kommunale Gemeinschaftsarbeit im Land Brandenburg v. 19. 12. 1991 (GKG Bbg), GVBl. S. 685
Kommunalverfassung für das Land Mecklenburg-Vorpommern i. d. F. d. B. v. 13. 7. 1998 (KV - M-V), GVOBl. S. 29
Sächsisches Gesetz über kommunale Zusammenarbeit v. 19. 8. 1993 (SächsKomZG), GVBl. S. 815
Gesetz über kommunale Gemeinschaftsarbeit des Landes Sachsen-Anhalt v. 9. 10. 1992 (GKG LSA), GVBl. S. 730
Gesetz über kommunale Zusammenarbeit des Landes Thüringen v. 11. 6. 1992 (ThürGKG), GVBl. 232

[64] z.B. Rechtsunkenntnis, falsche Rechtsberatung, politischer und wirtschaftlicher Hand lungsdruck

[65] Klügel, LKV 1997, 197(197)

2. Kapitel Begriff Zweckverband

Auch wenn der preußische Gesetzgeber seit 1899 beständig die Bezeichnung „Zweckverband"[66] verwandte, ist die Bezeichnung noch bis in die 30-iger Jahre sehr unterschiedlich und schwankend gewesen[67]. Der Terminus Zweckverband hat sich jedoch heute sowohl beim Gesetzgeber als auch in Rechtssprechung und Literatur durchgesetzt. Nur noch aus rechtshistorischen Gesichtspunkten interessant sind die vor in Kraft treten des RZVG in der Literatur zu findenden Begriffsbestimmungen[68].

Die nach in Kraft treten des RZVG von der Literatur entwickelten Begriffserklärungen des Zweckverbandes unterscheiden sich inhaltlich zum Teil erheblich. Neuwiem definiert den Zweckverband als einen Zusammenschluss bestimmter, völlig selbstständiger bleibender Kommunalkörper zu einem Kommunalverbande mit dem Charakter einer Gebietskörperschaft[69]. Teilweise wird auch die Eigenschaft der Gebietskörperschaft verneint[70]. Nach Seydel ist der Zweckverband ein unter Beteiligung eines Kommunalverbandes erfolgter Zusammenschluss zu einem weiteren Kommunalverband zur gemeinsamen Wahrnehmung einzelner bestimmter kommunaler Aufgaben[71]. Wolff / Bachhof/ Stober haben demgegenüber die Auffassung, „Zweckverbände sind rechtsfähige zusammengesetzte, mittelbare Bundkörperschaften zur Selbstverwaltung enumerativ oder speziell zugewiesener kommunaler Gesamtaufgaben"[72].

Diese Definition ist jedoch zu eng. Denn zum einen können einem Zweckverband nicht nur Bundkörperschaften[73], also juristische Personen, sondern auch natürliche Personen angehören[74]. Zum Zweiten kommen Zweckverbände nicht nur für die Erledigung von Selbstverwaltungsaufgaben, sondern auch zur Wahrnehmung von Aufgaben des übertragenen Wirkungskreises in Betracht[75].

---

66 vgl. § 1 des preußischen Zweckverbandsgesetzes vom 19. 7. 1911(GS 1911, S. 115)

67 vgl. etwa Schoen, S. 350:"Gemeindeverbände";
Keil AöR 1891, 345(373):"Zweckgemeinde"; Blodig, S.273:"Spezialgemeinde";
Georg Jellinek, S. 628:"Verwaltungsgemeinden"

68 vgl. Mayer, S. 382; Holle, S. 9; Kinne, S. 82

69 Neuwiem S. 40

70 so Gönnenwein, S. 432; Steimle § 1 Anm. 1

71 Seydel, S. 11; allerdings besagt diese Definition nicht, wer noch als Mitglied in Frage kommt

72 Wolff/Bachof/ Stober, Bd. 2, § 91 I b, S. 161

73 vgl. zu diesem Begriff Wolff/Bachof/Stober, Bd. II, § 84 III d 4, S. 16

74 Jestaedt, S. 38; Oebbecke, S. 4

75 Wagener, GKG, § 1 Rz. 2; Wößner-Helwig, S. 78

Setzt man sich nach heutigem Rechtsverständnis mit Wesen, Aufgaben und innerer Ordnung des Zweckverbandes auseinander, gelangt man zu folgenden Ergebnissen:
Zum einen ist ein Zweckverband ipso iure mitgliedschaftlich strukturiert [76]. Gründungsmitglieder sind mindestens zwei kommunale Gebietskörperschaften (vgl. § 4 Abs. 1 GKGBbg; § 150 Abs. 2 S. 1 KV – M-V; § 44 Abs. 1 SächsKomZG; § 6 Abs. 1 GKG LSA; § 16 Abs. 1 ThürGKG)[77]. Neben diesen sogenannten Primär- bzw. Gründungsmitgliedern können auch sog. Sekundärmitglieder dem Zweckverband beitreten (vgl. § 4 Abs. 2 GKGBbg; § 150 Abs. 2 S. 2 u. 3 KV – M-V; § 6 Abs. 2 GKG LSA § 16 Abs. 2 ThürGKG)[78]. Hierbei ist zu beachten, dass sowohl der Kreis der möglichen Sekundärmitglieder als auch die Voraussetzung für deren Mitgliedschaft in den einzelnen Bundesländern zum Teil unterschiedlich geregelt sind[79].
Zum anderen besteht der Zweck eines Zweckverbandes in der gemeinsamen Wahrnehmung und Erfüllung in der Regel einzelner kommunaler Aufgaben (§ 4 Abs. 1 GKGBbg; § 151 Abs. 1 KV – M-V; § 44 Abs. 1 SächsKomZG; § 6 Abs. 1 GKG LSA; § 16 Abs. 1 ThürGKG)[80]. Selbstverständlich können jedoch auch mehrere Aufgaben durch einen Zweckverband erfüllt werden. Mögliche Aufgaben sind sowohl Selbstverwaltungsaufgaben als auch Aufgaben des übertragenen Wirkungskreises[81]. Um welche Aufgaben es sich dabei handeln kann, ist nachfolgend noch näher darzustellen. Durch die Landesvorschriften über kommunale Gemeinschaftsarbeit bzw. Zusammenarbeit wird dem Zweckverband der Status einer Körperschaft des öffentlichen Rechts eingeräumt[82].
Zusammengefasst lässt sich ein Zweckverband begrifflich somit wie folgt erklären:
Ein Zweckverband ist eine von kommunalen Gebietskörperschaften, sowie sonstigen landesgesetzlich bestimmten Sekundärmitgliedern getragene Körperschaft

---

[76] vgl. § 5 I GKGBbg; § 150 I KV – M-V; § 45 I SächsKomZG;
§ 17 GKG LSA; § 2 III ThürGKG
[77] Gönnenwein, S. 71; Wolff/Bachof/ Stober, Bd. II, § 98 II d 2, S. ; Oebbecke, S. 4
[78] Rengeling, HKWP, Bd. 2, S. 407
[79] vgl. etwa § 6 II GKG LSA: keine Zweckverbände; natürliche und juristische Personen des Privatrechts nur bei besonderer Bedeutung für die Erreichung des Zwecks
§ 4 I GKGBbg: grundsätzlich auch Zweckverbände
[80] Seydel, S. 11
[81] Oebbecke, S. 4; Rengeling, HKWP, Bd. 2, S. 407; Gönnenwein, S. 434; Wößner-Helwig S. 78
[82] § 5 I GKG Bbg; 150 I KV – M-V; § 45 I SächsKomZG; § 7 GKG LSA; § 2 III ThürGKG
vgl. Maurer, § 23 Rz. 28, S.523; v. Unruh in v. Münch, Bes.VerwR, S. 110; Stober, S. 17; Fleiner, S. 104; Walter Jellinek, Creifelds, S. 1407

des öffentlichen Rechts zur gemeinsamen Wahrnehmung in der Regel einzelner kommunaler Aufgaben.

## 3. Kapitel Aufgaben, Zwecke und Ziele des Zweckverbandes

Wie soeben dargestellt wurde, können Zweckverbände zur gemeinsamen Wahrnehmung in der Regel einzelner kommunaler Aufgaben gebildet werden. Zum einen geht daraus hervor, dass es sich hierbei um die Wahrnehmung bestimmter Aufgaben handeln muss[83]; zum anderen müssen alle Mitglieder an der Wahrnehmung der Aufgabe beteiligt sein[84]. Dem steht jedoch nicht entgegen, dass die einzelnen Verbandsmitglieder nach Art und Leistungsfähigkeit unterschiedliche Beiträge an der Aufgabenwahrnehmung leisten[85].

Zweckverbandsfähig können nur Aufgaben sein, welche dem Funktionsbereich der kommunalen Gebietskörperschaften zugeordnet werden können und auf den Zweckverband übertragbar sind[86]. Dabei ist heute allgemein anerkannt, dass es sich um Aufgaben des eigenen oder übertragenen Wirkungskreises, um freiwillige oder Pflichtaufgaben handeln kann[87]. Vom Aufgabenkreis eines Zweckverbandes ausgeschlossen sind solche Aufgaben, welche für die Existenzerhaltung der kommunalen Gebietskörperschaften notwendig sind (beispielsweise die Pflicht zum jährlichen Erlass der Gemeindehaushaltssatzung)[88].

Die Aufgaben des Zweckverbandes werden durch dessen Satzung enumerativ oder durch Angabe eines der Art nach bestimmten engen Kompetenzbereichs festgeschrieben[89].

Mit dem Abschluss des landesgesetzlich vorgegebenen Gründungsverfahrens und der Erlangung der Rechtsfähigkeit gehen diese Aufgaben, verbunden mit den sich daraus ergebenen Rechten und Pflichten, auf den Zweckverband als Aufgabenträger über[90]. Der Zweckverband ist somit nur zu der ihm zugewiesenen Aufgabenwahrnehmung im Rahmen der Gesetze befugt und verpflichtet[91].

---

[83] Theobald, S. 37
[84] Schattenfroh, § 1 Anm. b; Theobald, S. 37
[85] Steimle, § 1 Anm. 3
[86] Elleringmann, S. 126; Seydel, S, 107; Rengeling, HKWP, Bd. 2, S. 407; Oebbecke, S. 6
[87] Rengeling, HKWP, Bd. 2, S. 407; Theobald, S. 38; Oebbecke, S. 6; Seydel, S. 108; Gönnenwein, S. 433; Wagener, GKG, § 4 Rz. 3
[88] Elleringmann, S. 126; Seydel, S. 108
[89] Oebbecke, S. 7; Jesteadt, S. 81 u. 96
[90] Theobald, S. 40; Rengeling, HKWP, Bd. 2, S. 407, Cronauge, S. 123
[91] Theobald, S. 40

## 4. Kapitel Die Gründung des Zweckverbandes

Maßgebende Grundlage für die Bildung und Entstehung eines rechtsfähigen Zweckverbandes sind die jeweiligen Landesvorschriften zur Zweckverbandsgründung.
Anhand dieser Landesvorschriften ergeben sich die notwendigen Voraussetzungen, um einen rechtsfähigen Zweckverband zu gründen.
Das Verfahren zur Gründung eines Zweckverbandes richtet sich dabei grundsätzlich nach der Art des Zusammenschlusses der Beteiligten des Zweckverbandes und damit auch nach der Art des Zweckverbandes[92].

### 1. Arten von Zweckverbänden

Der am häufigsten vertretenen Möglichkeit einer Zweckverbandsgründung liegt ein freiwilliger Zusammenschluss der Zweckverbandsmitglieder zugrunde[93]. Zu diesem sogenannten „Freiverband" können sich die Beteiligten zusammenschließen, um eine kommunale Aufgabe, zu deren Wahrnehmung sie berechtigt oder verpflichtet sind, zukünftig gemeinsam zu erfüllen[94].
Die Gründung eines sogenannten „Pflichtverbandes" erfolgt auf Grund eines zwangsweisen Zusammenschlusses der Beteiligten durch aufsichtsbehördliche Verfügung und ist auf den Bereich der Pflichtaufgaben (hierunter fallen die Auftragsangelegenheiten bzw. Pflichtaufgaben zur Erfüllung nach Weisung)[95] beschränkt.
Neben diesen Hauptarten des Zweckverbandes ist in einigen Bundesländern eine weitere geregelt, deren praktische Notwendigkeit jedoch zum Teil in Frage gestellt wird[96]. Dieser sog. „gesetzliche Zweckverband" entsteht auf Grund eines zwangsweisen Zusammenschlusses durch Gesetz zur Wahrnehmung freiwilliger Selbstverwaltungsaufgaben[97].
Weitere Sonderformen sind der Gemeindeaufgabenverband bzw. der Gemeindeverwaltungsverband[98].

---

[92] Cronauge, S. 124; a. A. Zielke, S. 53: nur nach grundsätzlichen Aufgaben
[93] Rengeling, HKWP, Bd. 2, S. 406
[94] Cronauge, S. 124; Zielke, S. 53
[95] Zielke, S. 53
[96] Rengeling, HKWP, Bd. 2, S. 406
[97] Rengeling, HKWP, Bd. 2, S. 406; Pagenkopf, Kommunalrecht, S. 197; Cronauge, S. 124; Zielke, S. 54; Oebbecke, S. 8; vgl. dazu beispielsweise § 22 III GKGBbg
[98] Rengeling, HKWP, Bd. 2, S. 406; Theobald, S. 41

## 2. Gründungsverfahren

Im Rahmen des Verfahrens zur Gründung eines Zweckverbandes in der Form des Freiverbandes ist wesentliche Voraussetzung die Vereinbarung einer Verbandssatzung zwischen den künftigen Verbandsmitgliedern[99].
Da die Verbandssatzungsvereinbarung die Errichtung einer öffentlich rechtlichen Körperschaft zur Wahrnehmung einer kommunalen (mithin öffentlich rechtlichen) Aufgabe bezweckt, handelt es sich um einen koordinationsrechtlichen öffentlich rechtlichen Vertrag[100].
In Vorbereitung der Unterzeichnung der Verbandssatzung müssen sich die künftigen Verbandsmitglieder zunächst über den Inhalt des Satzungstextes einigen[101]. In den Landesgesetzen ist hierzu jeweils ein Mindestinhalt der Verbandssatzung geregelt (vgl. § 9 Abs. 2 GKGBbg; § 152 Abs. 3 KV – M-V; § 48 i.V. 11 Abs. 2 SächsKomZG; § 8 Abs. 2 GKG LSA; § 17 Abs. 2 ThürGKG).
In Sachsen - Anhalt beispielsweise muss gem. § 8 Absatz 2 GKG LSA die Verbandssatzung bestimmen

1. die Verbandsmitglieder,
2. den Namen und den Sitz des Zweckverbandes,
3. die Aufgaben,
4. die Art und Weise der öffentlichen Bekanntmachung,
5. die Grundlagen für die Bemessung der Verbandsumlage,
6. das für die örtliche Prüfung zuständige Rechnungsprüfungsamt,
7. die Voraussetzungen der Auflösung und einer Kündigung aus wichtigem Grund,

und

8. die Abwicklung bei Auflösung des Zweckverbandes[102].

Weiterhin kann die Verbandssatzung die sonstigen Rechtsverhältnisse des Zweckverbandes, insbesondere das Verfahren seiner Organe im Rahmen der

---

[99] Cronauge, S. 124; Zielke, S. 54; Oebbecke, S. 7; Lübking/Beck, GKG LSA, § 19 Rz. 1

[100] Cronauge, S. 124; Stern VerwArch 1958, 106(147); Rothe, S. 74; Stuible-Treder DÖV 1987,58(59); Kunze/Hekking, GKG, § 6 Anm. 3; Rehm, Zweckverbandsgesetz, § 6 Anm. 4; a. A. Haug DÖV 1965, 119(119), Theobald, S. 44: kommunale Verwaltungsverordnung

[101] Cronauge, S. 124; Zielke, S. 54; Haug DÖV 1965, 119(119); Stuible-Treder DÖV 1987, 58(59)

[102] Vgl. hierzu auch § 9 II GKGBbg; § 152 III KV – M-V; § 48 i. V. m. § 11 II u. III SächsKomZG; § 17 II ThürGKG

Gesetze regeln (vgl. § 9 GKG Bbg, § 11 Abs. 3 SächsKomZG; § 8 Abs. 3 GKG LSA; § 17 ThürGKG)[103].
Der Beitritt zum Zweckverband muß sodann durch die zuständigen Hauptorgane der beteiligten zukünftigen Verbandsmitglieder (Gemeindevertretungen, Gemeinderat) beschlossen werden [104].
Im weiteren Verlauf ist die Verbandssatzung durch die jeweils rechtlichen Vertreter der kommunalen Gebietskörperschaften (Bürgermeister, Landrat) sowie der möglichen Sekundärmitglieder zu unterzeichnen (vgl. § 67 Abs. 2 GO Bbg; § 38 Abs. 6 KV – M-V; § 60 SächsGO; § 70 GO LSA; § 70 ThürGO).

Die unterzeichnete Zweckverbandssatzung ist daraufhin der Kommunalaufsichtsbehörde zur Genehmigung vorzulegen (vgl. § 10 Abs. 1 GKGBbg; § 152 Abs. 4 KV – M-V; § 49 SächsKomZG; § 18 Abs. 4 GKG LSA; 18 Abs. 4 ThürGKG).

Die Genehmigung der Verbandssatzung erfolgt, wenn die Kommunalaufsichtsbehörde im Rahmen der ihr zustehenden Rechtmäßigkeitsprüfung und Ermessenserwägungen keine Einwände hat (vgl. § 10 GKGBbg; § 152 Abs. 4 KV – M-V; § 12 SächsKomZG; § 8 Abs. 4 GKG LSA; § 18 ThürGKG)[105].
Ein Rechtsanspruch auf die Genehmigung der Verbandssatzung besteht auf Grund der gesetzlich fixierten Ermessenserwägungen der kommunalen Aufsicht jedoch nicht[106]. Soweit die Kommunalaufsicht im Rahmen des Genehmigungsverfahrens Beanstandungen zur Verbandssatzung hat und eine entsprechende Änderung der Verbandssatzung vornehmen lassen möchte, hat sie diese Änderung den Beteiligten mitzuteilen[107].

---

[103] Zielke, S. 54
[104] vgl. § 35 II Ziff. 29 Gemeindeordnung Brandenburg (GOBbg) v. 15. 10. 1993 (GVBl. I, S. 398);
§ 22 III Ziff. 13 Kommunalverfassung Mecklenburg-Vorpommern (KV – M-V) v. 13. 1. 1998 (GVOBl. S. 29)
§ 41 II Ziff. 17 Gemeindeordnung für den Freistaat Sachsen (SächsGO) v. 21. 4. 1993 (GVBl. S. 301)
§ 44 III Ziff. 17 Gemeindeordnung für das Land Sachsen-Anhalt (GO LSA) v. 5. 10. 1993 (GVBl. S. 568)
§ 26 III Thüringer Gemeinde und Landkreisordnung (ThürKO) v. 116. 8. 1993 (GVBl. S. 501)
[105] hierzu Rothe, S. 75; v. Loebell SKV 1961. 142; Gäfe DÖV 1961, 523;
a. A. Klüber, HKWP, Bd. 1, S550: reine Rechtskontrolle
[106] Theobald, S. 54; Haug DÖV 1965, 119(122); a. A. Rengeling, HKWP, Bd. 2, S. 408, Donhauser, S. 78
[107] Theobald, S. 48

Der Beschluss der Kommunalaufsicht über die Genehmigung oder Versagung der Genehmigung der Verbandssatzung ist als staatlicher Hoheitsakt[108] verwaltungsgerichtlich überprüfbar[109].

Die Kommunalaufsichtsbehörde hat letztlich die Verbandssatzung und ihre Genehmigung in ihrem amtlichen Veröffentlichungsblatt bekannt zu machen (vgl. § 10 GKGBbg; § 49 Abs. 2 i. V. m. 13 Abs. 1 SächsKomZG; § 8 Abs. 5 Satz 1 GKG LSA, § 19 GKG Thüringen)[110]. In Mecklenburg-Vorpommern ist die Verbandssatzung dagegen vom Verbandsvorsteher auszufertigen und bekanntzumachen (vgl. § 154 i. V. m. § 5 Abs. 4 KV – M-V).
Mit der Bekanntmachung ist die Gründung des Zweckverbandes vollzogen.
Der Zweckverband entsteht am Tag nach der öffentlichen Bekanntmachung, soweit nicht ein späterer Zeitpunkt in der Verbandssatzung bestimmt ist (§ 11 Abs. 2 GKGBbg; § 49 Abs. 1 i. V. m. § 13 Abs. 2 SächsKomZG; § 8 Abs. 5 Satz 3 GKG – LSA; § 19 Abs. 1 S. 3 ThürGKG)[111].
Es bestehen unterschiedliche Auffassungen, ob lediglich die Bekanntmachung der Verbandssatzung und ihrer Genehmigung, dem Zweckverband den Status einer Körperschaft des öffentlichen Rechts verschafft, mithin allein konstitutiv wirkt[112].
Grundsätzlich entstehen juristische Personen des öffentlichen Rechts unmittelbar kraft Gesetzes durch verfassungsrechtliche Anerkennung (Kirchen, Gemeinde) oder durch spezialgesetzliche Schöpfungen (§ 9 Bundesjagdgesetz[113]: Jagdgenossenschaften), aufgrund gesetzlicher Normativbestimmungen (amtsgerichtliche Eintragung ins Vereinsregister) oder durch freien Staatsakt (§ 22 BGB[114]: wirtschaftliche Vereine)[115]. Körperschaften des öffentlichen Rechts werden entweder durch Spezialgesetz gebildet und errichtet oder durch (Modell-)Gesetz gebildet und nach Erfüllung der gesetzlichen Normativbestimmungen durch

---

108 Dennewitz, S. 64; Theobald, S. 49
109 Klüber, HKWP, Bd. 1, S550; Theobald, S. 49
110 Zielke, S. 55
111 Zielke, S. 55; Oebbecke, S. 7
112 vgl. etwa LVerfG LSA v. 12. 12 1997, LVerfGE 7, 275; OVG Weimar LKV 1999, 75(76); OVG Bautzen LKV 1999, 61(63); OVG Frankfurt (O.) LKV 1996, 377(378); OVG Magdeburg LKV 1997, 417(418), Kuhlhosser NJW 1997, 3265(3266); Pencereci/Bluhm LKV 1998, 172(172)
113 Bundesjagdgesetz i. d. F. d. Bekanntmachung v. 29. 9. 1976, BGBl. I S. 2849
114 Bürgerliches Gesetzbuch ( BGB ) vom 18. 8. 1899 ( RGBL. S. 195 ) zuletzt geänd. d.
115 Wolff/Bachof/Stober, Bd. I, § 34 Rz. 18, S. 454

Verwaltungsakt bzw. durch autonomen Errichtungsakt (staatlicher Hoheitsakt) errichtet[116].

Zweckverbände entstehen aufgrund der Landesvorschriften zum Zweckverbandsrecht. Maßstab für die Entstehung des Zweckverbandes als Körperschaft des öffentlichen Rechts ist somit das jeweilige Landesrecht.

Die Rechtsprechung in den Bundesländern Brandenburg[117], Mecklenburg-Vorpommern[118], Sachsen[119], Sachsen-Anhalt[120] sowie der überwiegende Teil der Literatur[121] gehen davon aus, dass der Zweckverband als Körperschaft des öffentlichen Rechts aufgrund der Landesvorschriften zur Zweckverbandsgründung nur entsteht, wenn alle formellen und materiellen Gründungsvoraussetzungen eingehalten sind. Nach dieser Ansicht sind demzufolge der ordnungsgemäße Ablauf des o. a. Gründungsverfahrens sowie die Beachtung der materiellen Voraussetzungen für eine wirksame Verbandssatzung notwendig, um den Zweckverband als Körperschaft des öffentlichen Rechts zur Entstehung zu bringen.

Das OVG Weimar[122] und die der Auffassung des OVG Weimar folgenden Thüringer Verwaltungsgerichte[123] sind hingegen der Auffassung, dass gemäß § 19 Abs. 1 S. 3 ThürGKG der Zweckverband den Status einer Körperschaft des öffentlichen Rechts allein aufgrund der Bekanntmachung der Verbandssatzung und ihrer Genehmigung erlange. Begründet wird diese Auffassung mit einem systematischen Zusammenhang von § 19 Abs. 1 S. 3 zu § 19 Abs. 1 S. 4 ThürGKG, wonach eine konstitutive Wirkung der Bekanntmachung vorausgesetzt sei[124]. Außerdem diene diese Wirkung dem Schutz des Vertrauens Außenstehender auf die rechtliche Existenz des Zweckverbandes[125].

Hierzu sei folgendes angemerkt: Ebenso wie die anderen Landesvorschriften zum Zweckverbandsrecht besagt auch das ThürGKG, dass Zweckverbände ipso iure Körperschaften des öffentlichen Rechts sind (§ 2 Abs. 3 ThürGKG). Um

---

116 Wolff/Bachof/Stober, Bd. II, § 84 Rz. 20, S. 14

117 OVG Frankfurt LKV 199, 377(378)

118 VG Schwerin, Urteil v. 19. 02. 1997, Az. 4 A 1092/95

119 OVG Bautzen LKV 1999, 61 (63)

120 LVerfG LSA, s. o., LVerfGE 7, 275; OVG Magdeburg LKV 1997, 417(418)

121 Kohlhosser NJW1997, 3265(3266); Pencereci/Bluhm LKV 1998, 172(172); Hüppe/Zwölfer LKV 1998, 436(436); Stuible-Treder DÖV 1987, 58(59); Anders LKV 1999, 50(51); Theobald, S. 41; Dierksmeier, S. 128; Just LKV 1999, 113(114); Cronauge, S. 124

122 OVG Weimar LKV 2000, 75(76); sowie Urteil v. 3. 2. 1999, Az. 4 N 595/94; Urteil v. 2. 11. 1999, Az. 4 EO 762/96; Urteil v. 16. 11. 1999, Az. 919/96

123 VG Gera, Urteil v. 10. 9. 1999, Az. 2 E 235/96 Ge; VG Weimar, Urt. v. 14. 7. 1997, Az. 6 K 1920/96 We. und Urt. vom 10. 11. 1999, Az. 6 K 1672/98 We.

124 vgl. OVG Weimar LKV 2000, 75(77)

125 OVG Weimar LKV 2000, 75(77)

einen Zweckverband - eine Körperschaft des öffentlichen Rechts - nach den Vorschriften des ThürGKG zur Entstehung zu bringen, ist gemäß § 17 Abs. 1 ThürGKG von den Beteiligten eine Verbandssatzung zu vereinbaren, welche entsprechend § 17 Abs. 2 ThürGKG einen bestimmten Mindestinhalt aufzuweisen hat. Diese Verbandssatzung bedarf der Genehmigung durch die Aufsichtsbehörde und der Bekanntmachung von Verbandssatzung und Genehmigung durch die Aufsichtsbehörde (§ 19 Abs. 1 S. 1 ThürGKG). Entgegen der Ansicht des OVG Weimar schreibt auch das ThürGKG, ebenso wie in den anderen neuen Bundesländer, ein mehrstufiges Verfahren vor, um einen Zweckverband, also eine Körperschaft des öffentlichen Rechts, zu bilden[126]. Der Auffassung des OVG Weimar ist insoweit zuzugeben, dass die Bekanntmachung von Verbandssatzung und Genehmigung die Entstehung des Zweckverbandes – mithin die Erlangung des Status einer Körperschaft des öffentlichen Recht – vollendet und damit im übertragenen Sinne auch begründet. Allerdings kann die Entstehung des Zweckverbandes aufgrund der Vorschriften des ThürGKG nicht allein durch die Bekanntmachung im Sinne von § 19 Abs. 1 S. 1 ThürGKG erfolgen. Diese muss vielmehr als ein notwendiger Teil von mehreren notwendigen Abschnitten zur Bildung und Entstehung eines Zweckverbandes als Körperschaft des öffentlichen Rechts angesehen werden.
Sicherlich knüpft § 19 Abs. 1 S. 3 ThürGKG vom Wortlaut her nicht an die Wirksamkeit der vereinbarten Verbandssatzung oder die Einhaltung der Vorschriften über das Gründungsverfahren an. Das ist jedoch auch nicht notwendig, denn § 19 Abs. 1 S. § ThürGKG besagt lediglich, dass der Zweckverband am Tage nach der Bekanntmachung entsteht, wenn nicht in der Verbandssatzung etwas anderes geregelt ist. Dieser Wortlaut ist im rein zeitlichen Sinn zu verstehen und stellt nur einen weiteren Gründungsabschnitt dar.
Es ist von daher auch allgemein anerkannt, dass nicht nur eine Genehmigung einer Satzung ausreicht, um eine Körperschaft des öffentlichen Rechts zu erschaffen, sondern auch die sonstigen Voraussetzungen erfüllt sein müssen,[127]. Insbesondere ohne eine wirksame Vereinbarung der Zweckverbandsgründung geht deren Genehmigung ins Leere, weil ihr die Grundlage fehlt[128]. Wenn das OVG Weimar einen Schutz des Vertrauens Außenstehender bezweckt, vermag diese Argumentation die vorgenommene Auslegung von § 19 Abs. 1 S. 3

[126] so auch Uckel/Hoffmann/Hauth, ThürGKG, § 17 Rz. 1 u. § 19 Rz. 1; auch VG Gera , Beschluss v. 10. 10. 1996, Az. 2 E 130/96

[127] OVG Hamburg VerwRspr. 1972, 987( 988 f): für den Fall der fehlenden Eigenschaft als Realgemeinde;
Wolff/Bachof/Stober, Bd. 1, S. 454 Rz. 19; Scheuner, S. 804;

[128] OVG Bautzen LKV 1999, 61(63) unter Verweis auf VGH Mannheim, ESVGH 25, 193(201) und ESVGH 27, 150(151,153)

ThürGKG nicht zu begründen. Es mag im privaten Rechtsverkehr – auf diesen Vergleich greift das OVG Weimar im wesentlichen zurück – Konstellationen geben, in denen trotz Gründungsfehlern oder fehlerhafter Satzungen bzw. Gesellschaftsverträge juristische Personen des Privatrechts entstehen. Soweit es jedoch um die Ausübung hoheitlicher Befugnisse, insbesondere auch hoheitlicher Zwang, geht, kann es einen solchen Rechtsschein nicht geben[129].
In einem Ablaufschema lässt sich die Gründung eines Zweckverbandes in Form eines Freiverbandes am Beispiel einer kommunalen Gebietskörperschaft des Landes Sachsen-Anhalt wie folgt darstellen:

1. Beschluss des Gemeinderates der beitrittswilligen Gemeinde über die Mitgliedschaft („Ob" der Mitgliedschaft) in einem Zweckverband (§ 44 Abs. 3 Ziff. 17 GO LSA)

2. Verhandlung und Vereinbarung der Inhalte einer Verbandssatzung zwischen den beteiligten Gemeinden (§ 8 Abs. 1, Abs. 2, Abs. 3 GKG LSA)

3. Beschluss des Gemeinderates der beitrittswilligen Gemeinde über die vereinbarte Verbandssatzung („Wie" der Mitgliedschaft) des Zweckverbandes (§ 44 Abs. 3 Ziff. 17 der GO LSA)

4. Handschriftliche Unterzeichnung der Verbandssatzung (nebst Angabe von Ort, Datum und Amtsbezeichnung) durch den Bürgermeister / die Bürgermeisterin der jeweiligen Gemeinde (§ 70 Abs. 1, 3 GO LSA). Im Falle der Vertretung des Bürgermeisters / der Bürgermeisterin ist ergänzend § 17 Abs. 2 GO LSA zu beachten, wobei der Unterschrift ein das Vertretungsverhältnis kennzeichnender Zusatz beizufügen ist (§ 17 Abs. 3 GO LSA).

5. Genehmigung der Verbandssatzung und Ausfertigung (Unterschrift nebst Datum sowie Dienstsiegel) durch die Rechtsaufsichtsbehörde (§ 8 Abs. 4 GKG LSA)

6. Veröffentlichung der Verbandssatzung und ihrer Genehmigung durch die Kommunalaufsichtsbehörde in ihrem amtlichen Veröffentlichungsblatt (§ 8 Abs. 5 GKG LSA)

7. In Kraft treten der Verbandssatzung am Tag nach der öffentlichen Bekanntmachung der Verbandssatzung und der Genehmigung im Veröffentli-

---

[129] so auch OVG Hamburg VerwRspr. 1972, 987(991)

chungsblatt der Rechtsaufsichtsbehörde, soweit nicht ein späterer Zeitpunkt in der Verbandssatzung bestimmt ist (§ 8 Abs. 5 Satz 3 GKG LSA)[130]

## 5. Kapitel Organe

Obligatorische Organe eines Zweckverbandes sind in allen Bundesländern die Verbandsversammlung und der Verbandsvorsitzende bzw. der Verbandsvorsteher ( § 14 S. 1 GKGBbg; § 155 KV – M-V; § 51 Abs. 1 SächsKomZG; § 10 S. 1 GKG LSA; § 26 S. 1 ThürGKG[131].

Die Landesgesetze eröffnen zusätzlich die Möglichkeit, durch entsprechende Festlegung der Verbandssatzung ein weiteres Organ, den Verbandsausschuss (vgl. § 10 Satz 2 GKG LSA; § 26 S. 2 ThürGKG) , den Verbandsvorstand (vgl. § 14 S. 2 GKGBbg; § 159 Abs. 3 KV – M-V), bzw. den Verwaltungsrat (§ 51 Abs. 2 SächsKomZG) zu bilden[132].

### 1. Die Verbandsversammlung

Die Verbandsversammlung setzt sich aus je einem Vertreter der Verbandsmitglieder zusammen[133]. Obwohl die entsprechenden Landesgesetze für die Verbandsorganisation und die Aufgabenverteilung in der Regel nur Rahmenvorschriften enthalten und erst durch die Verbandssatzung ausgestaltet werden, ist die Verbandsversammlung die Vertretungskörperschaft und somit auch das Hauptorgan des Zweckverbandes[134].

Entsprechend der Wesensart als Vertretungskörperschaft ist die Verbandsversammlung mit dem Gemeinderat vergleichbar[135]. Insofern regeln einige Landesgesetze, soweit gesetzlich nicht anders bestimmt, für die Verbandsversammlung die sinngemäße Geltung der für den Gemeinderat geltenden Vorschriften der Gemeindeordnung (vgl. beispielsweise § 154 KV – M-V; § 16 Abs. 1 GKG LSA).

Die Verbandsversammlung ist zuständig für die Beschlussfassung über die Haushaltssatzung, die Rechnungslegung, Aufnahme von Krediten und sonstige wesentliche Leitungsaufgaben.

---

[130] KNSA-Beitrag 143/97 dazu den Leitfaden zur Gründung v. Zweckverbänden des Innenministeriums Sachsen-Anhalt v. 20. 3. 1997,

[131] Zielke, S. 57; Cronauge, S. 126

[132] Cronauge, S. 126

[133] Zielke, S. 57; Cronauge, S. 126

[134] Reichel, S. 75; Cronauge, S. 126; Schnettler, S. 17; Göttrup, S. 181; Wicher, S. 117; v. Brauchitsch; § 11 Anm. 3; Hauser, S. 37

[135] Hauser, S. 37; Theobald, S. 65;

Die kommunalen Gebietskörperschaften wählen ihren Vertreter für deren Wahlzeit aus ihrer Mitte oder aus den gebietskörperschaftlich zugehörigen Dienstkräften (vgl. § 15 Abs. 2 GKGBbg; § 11 Abs. 2 GKG LSA) [136]. In Mecklenburg-Vorpommern, Sachsen und Thüringen ist der gesetzliche Vertreter einer Gebietskörperschaft zugleich Vertreter in der Verbandsversammlung (§ 156 Abs. 2 KV – M-V; § 52 Abs. 3 SächsKomZG; § 28 Abs. 2 ThürGKG). Zur Absicherung der Aufgabenwahrnehmung kann die Verbandssatzung die Wahl von Stellvertretern vorsehen (§ 15 Abs. 3 GKGBbg; § 11 Abs. 2 Satz 2 GKG LSA)[137].
Die früher noch offene Frage der Weisungsgebundenheit der Vertreter der kommunalen Gebietskörperschaften[138] ist heute zum Teil in einigen Landesgesetzen verbindlich festgeschrieben (vgl. § 11 Abs. 2 Satz 4 GKG LSA).
Da der Zweckverband ein Instrument interkommunaler Zusammenarbeit ist, besteht die Weisungsgebundenheit auch für Verbandsvertreter der kommunalen Gebietskörperschaften der Länder, deren Landesgesetze insoweit keine ausdrückliche Regelung getroffen haben[139].

2. Der Verbandsvorsitzende bzw. Verbandsvorsteher

Der Verbandsvorsitzende ist das ausführende Organ des Zweckverbandes, da er für die Durchführung der laufenden Geschäfte des Zweckverbandes verantwortlich ist[140] und der Verbandsversammlung unterstellt ist[141].
Er wird von der Verbandsversammlung gewählt (§ 16 Abs. 1 S. 1 GKGBbg; § 159 Abs. 1 KV – M-V; § 56 Abs. 1 SächsKomZG; § 12 Abs. 2 S. 1 GKG LSA § 32 Abs. 1 ThürGKG).
Der Verbandsvorsitzende vertritt den Zweckverband gerichtlich und außergerichtlich (§ 16 Abs. 3 GKGBbg; § 158 Abs. 1 KV – M-V; § 56 Abs. 3 SächsKomZG; § 33 Abs. 1 ThürGKG; § 12 Abs. 1 GKG LSA)[142] und ist Dienstvorgesetzter der Dienstkräfte des Zweckverbandes[143]. Auch wenn er der Verbandsversammlung unterstellt ist und deren Beschlüsse auszuführen hat, ist seine Vertretungsmacht nach außen nicht beschränkbar[144]. Führt der ehrenamtlich tätige Verbandsvorsitzende Beschlüsse der Verbandsversammlung nicht

136 Cronauge, S. 126; Zielke, S. 57
137 Cronauge, S. 126; Zielke, S. 57
138 Neuwiem, S. 168; Stier-Somlo, S. 499; Mayer, S. 690
139 Cronauge, S. 126; Theobald, S. 72
140 Hauser, S. 37; Theobald, S. 74; Zielke, S. 59
141 Cronauge, S. 128
142 Hauser, S. 37; Zielke S. 59; Cronauge, S. 127
143 Zielke, S. 59; Cronauge, S. 128; Hauser, S. 37
144 Theobald, S. 75

aus, sondern entscheidet gegen deren Willen, ist der Zweckverband nach außen an seine Entscheidung gebunden [145].

Einige Landesgesetze sehen die Einrichtung einer Geschäftsstelle unter Leitung eines Verbandsgeschäftsführers vor (§ 12 Abs. 1 Satz 2 GKG LSA). Dieser leitet im Auftrag des Verbandsvorsitzenden die laufenden Verwaltungsgeschäfte (vgl. § 12 Abs. 5 Satz 2 GKG LSA)[146].

Im Unterschied zum Verbandsvorsitzenden darf der in einigen Länderregelungen (§ 14 GKGBbg; § 155 KV – M-V) aufgeführte Verbandsvorsteher nicht der Verbandsversammlung angehören[147], ist ansonsten mit einem Verbandsvorsitzenden aber durchaus vergleichbar. Entsprechend der Aufgabenzuweisung und Stellung im Ordnungsgefüge des Zweckverbandes entspricht der Verbandsvorsitzende (Verbandsvorsteher) insofern dem Bürgermeister[148].

## 6. Kapitel Befugnisse

Soweit der Zweckverband entstanden ist und den Status einer Körperschaft des öffentlichen Rechts erlangt hat, stehen ihm hoheitliche Befugnisse zu. Im Rahmen der übertragenen Aufgaben wird dem Zweckverband das Recht der Selbstverwaltung übertragen (vgl. § 6 Abs. 1 GKG Bbg; § 151 Abs. 1 KV – M-V; § 46 SächsKomZG; § 9 Abs. 1 GKG LSA; § 20 Abs. 1 ThürGKG) [149]. Der Zweckverband ist somit zur Wahrnehmung dieser übertragenen Aufgaben Inhaber von Rechten und Pflichten, die sonst von den Selbstverwaltungskörpern wahrzunehmen sind[150].

Dem Zweckverband steht die Personalhoheit zu[151]. Er ist grundsätzlich dienstherrenfähig (vgl. § 160 Abs. 4 KV – M-V; § 57 Abs. 2 SächsKomZG: soweit von der obersten Rechtsaufsichtsbhörde verliehen ; § 7 Abs. 1 GKG LSA; § 21 ThürGKG) und damit berechtigt, Beamte zu ernennen[152].

---

[145] Neuwiem S. 189; Seydel, S. 121
[146] Zielke, S. 59
[147] Zielke, S. 59; Cronauge, S. 127
[148] Hauser, S. 37; Theobald, S. 75
[149] Theobald, S. 82
[150] Neuwiem, S. 200; Seydel, S. 114; Theobald, S. 82
[151] Cronauge, S. 128
[152] Cronauge, S. 128

Allerdings gibt es zwischenzeitlich zur Frage der Dienstherrenfähigkeit einige landesspezifische Ausnahmenregelungen[153].
In Brandenburg haben Zweckverbände entgegen der bisherigen Rechtslage zukünftig nicht mehr nach § 17 Abs. 2 GKGBbg das Recht, Beamte zu ernennen. Sie haben also die vom GKGBbg unmittelbar eingeräumte Dienstherrenfähigkeit verloren. Allerdings bedeutet das nicht den völligen Verlust der Dienstherrenfähigkeit, da gemäß § 121 BRRG[154] öffentlich-rechtlichen Körperschaften, also auch Zweckverbänden, die Dienstherrenfähigkeit durch Satzung verliehen werden kann. Demzufolge können auch in Zukunft die Verbandssatzungen der Zweckverbände die Ernennung von Beamten vorsehen. Allerdings muß diese Satzung gem. § 121 Abs. 2 BRRG ausdrücklich durch eine gesetzlich hierzu ermächtigte Stelle genehmigt werden.[155]
Soweit sonstige Einnahmen und spezielle Entgelt nicht ausreichen, darf der Zweckverband von seinen Verbandsmitgliedern eine Verbandsumlage erheben (vgl. § 19 GKG Bbg; § 162 KV – M-V; § 60 SächsKomZG; § 13 Abs.1 Satz 1 GKG LSA; § 37 ThürGKG)[156].
Der Zweckverband genießt die Satzungshoheit (§ 6 GKG Bbg; § 151 II KV – M-V; § 46 SächsKomZG; § 9 Abs.1 Satz 2 GKG LSA; § 20 II ThürGKG). Dementsprechend hat er das Recht, für sein Aufgabengebiet Satzungen zu erlassen. Er hat zum einen das Recht und die Pflicht, durch Erlass einer Verbandssatzung innere Rechtsverhältnisse zu regeln (§ 7 GKG Bbg; § 152 III KV – M-V; § 48 SächsKomZG; § 8 Abs.2 GKG LSA; § 17 Abs. 1 ThürGKG). Zum anderen hat er damit die Möglichkeit, Rechtsbeziehungen im Verhältnis zu dritten im Satzungswege zu gestalten[157].
Dem Zweckverband steht die Finanzhoheit zu. Er ist also berechtigt, Kommunalabgaben in Form von Gebühren und Beiträgen nach Maßgabe der entsprechenden Landeskommunalabgabengesetze zu erheben.

---

[153] vgl. Art. 2 Nr. 17 des ZwStabGBbg; Art. 1 Nr. 6 u.Art 1 Nr. 10 des GORV Sachsen: Zweckverbände, die am 1. 2. 1998 die Dienstherrenfähigkeit besessen haben, bleiben dienstherrenfähig im Hinblick auf die zu diesem Zeitpunkt bestehenden Beamtenverhältnisse

[154] Rahmengesetz zur Vereinheitlichung des Beamtenrechts (BRRG) i. d. F. d. Bekanntmachung v. 27. 2. 1985 (BGBl. I S: 462) geänd. d. Art. 4 G zur Änd v. wehrpflichtrechtlichen, beamtenrechtlichen u. a. Vorschriften v. 42. 7. 1995 (BGBl. I S. 962)

[155] vgl. dazu § 3 Nr. 3 Beamtengesetz für das Land Brandenburg (LBG) v. 24 12 . 1992 (GVBL. I S. 506), geänd. d. HaushaltsstrukturG v. 21. 12. 1998 (GVBL. I S. 303) i. V. m. § 27 GKG Bbg.: Ministerium des Innern

[156] Zielke, S. 60

[157] Kinne, S. 129; Seydel, S. S. 114; Steimle, § 6 Anm. 4

Das Abgabenerhebungsrecht für Zweckverbände ist in den neuen Bundesländern unterschiedlich geregelt. Es sind zwei Gruppen von Ländern zu unterscheiden: Zum einen sind in einigen Bundesländern in den jeweiligen Landeskommunalabgabengesetzen neben kommunalen Gebietskörperschaften auch Gemeindeverbände - also auch Zweckverbände[158] - berechtigt, Kommunalabgaben zu erheben[159]. Solche Regelungen finden sich in Brandenburg und Mecklenburg-Vorpommern.
In Brandenburg sind gemäß § 1 Abs. 1 KAGBbg[160] auch Gemeindeverbände berechtigt, Kommunalabgaben zu erheben. In Mecklenburg-Vorpommern verleiht § 1 Absatz 2 KAG M-V[161] den Zweckverbänden in Erfüllung der ihnen übertragenen Selbstverwaltungsaufgaben das Recht, Abgaben mit Ausnahme von Steuern zu erheben.
In Sachsen, Sachsen-Anhalt und Thüringen ist das Abgabenerhebungsrecht der Zweckverbände nicht ausdrücklich in den Landeskommunal-abgabengesetzen geregelt. Hier ergibt sich das Abgabenerhebungsrecht jedoch aus anderen Landesgesetzen:
In Sachsen-Anhalt bestimmt § 9 Absatz 1 Satz 1 und 2 GKG LSA, dass mit der Bildung des Zweckverbandes das Recht und die Pflicht der beteiligten kommunalen Gebietskörperschaften, die übertragenen Aufgaben zu erfüllen und die notwendigen Befugnisse auszuüben auf den Zweckverband übergehen. Nach § 9 Absatz 1 Satz 2 GKG LSA schließt das die Befugnis mit ein, für die betreffenden Aufgaben Satzungen oder Verordnungen zu erlassen. Die Vorschriften des GKG LSA gelangen somit zu einer entsprechenden Anwendung und verleihen dem Zweckverband ebenfalls die Abgabenhoheit[162]. Die gleiche Regelung erfolgt in Sachsen mit § 46 SächsKomZG.
Für Thüringen ergibt sich dieses Ergebnis aus § 37 Absatz 4 ThürGKG, wonach auf die Erhebung von Kommunalabgaben die Vorschriften des Kommunalabgabengesetzes Thüringen anzuwenden sind. Die Verleihung der Abgabenhoheit ist deshalb mit einbegriffen, da die Abgabenerhebung ein wesentlicher Teil der Aufgabenerfüllung ist und die Finanzierung öffentlicher Einrichtungen untrennbar mit der Durchführung der Aufgabe verbunden ist[163].

---

[158] Bauernfeind in Driehaus, KAG, § 1 Rz. 24
[159] Vierhaus LKV 1996, 322(323)
[160] Kommunalabgabengesetz für das Land Brandenburg (KAGBbg) i. d. F. d. B. v. 15. 6. 1999 (GVBl. I, S. 231)
[161] Kommunalabgabengesetz für das Land Mecklenburg-Vorpommern(KAG M-V) v. 1. 6. 1993(GVOBl. S. 522) berichtigt am 4. 11. 1993(GVOBl. S. 916)
[162] so auch Kiesgen-Millgramm FiWi 1997, 121(121); a. A. Vierhaus LKV 1996, 322(324)
[163] auch KNSA-Beitrag 518/96: Abgabenerhebungsrecht für Zweckverbände

Zwar hätte eine ausdrückliche Zuweisung der Abgabenhoheit für mehr Klarheit gesorgt[164]. Das Abgabenerhebungsrecht ist jedoch auch durch diese Länderregelungen hinreichend bestimmt und entspricht dem Gesetzesvorbehalt[165].

Der Zweckverband ist ermächtigt, bei Zuwiderhandlungen gegen seine Satzungen Vollstreckungsmaßnahmen durchzuführen[166].
Hierzu finden sich ausdrückliche Regelungen in den jeweiligen verwaltungsvollstreckungsrechtlichen Bestimmungen der Länder (§ 2 Abs. 3 VwVG Bbg[167]; § 1 Nr. 6 VollstrZustVO M-V[168]; § 4 Abs. 1 Nr. 2 SächsVwVG[169]; § 6 S. 2 VwVG LSA[170]; § 36 Abs. 1 ThürVwZVG[171]) [172].

---

[164] so auch Vierhaus LKV 1996, 323(324)
[165] a. A. Vierhaus LKV 1996, 323(324)
[166] Cronauge, S. 129
[167] Verwaltungsvollstreckungsgesetz (VwVG Bbg) für das Land Brandenburg v. 18. 12. 1991 (GVBl. I, S. 661) geänd. d. Art. 2 des Gesetzes z. Ausf. d. InsolvenzO u. z. Anpassung v. Rechtsvorschriften an d. InsO v. 26. 11. 1998 (GVBl. I, S. 218)
[168] Landesverordnung über die zuständigen Behörden für die Vollstreckung öffentlich-rechtlicher Geldforderungen (VollstrZustVO) v. 6. 12. 1991(GVOBl. S. 538) geänd d. 3. VollstrZustÄndVO v. 13. 5. 1997 (GVOBl. 226)
[169]Verwaltungsvollstreckungsgesetz für den Freistaat Sachsen (SächsVwVG) v. 17. 7. 1992 (GVBl. S. 327) geänd. d. 1. ÄndG v. 24. 10. 1995 (GVBl. S. 356)
[170] Verwaltungsvollstreckungsgesetz für das Land Sachsen-Anhalt (VwVG LSA) v. 23. 6. 1994 (GVBl. S. 710 geänd d. ÄndG v. 18. 12. 1997 (GVBl. S. 1073)
[171] Thüringer Verwaltungs- und Vollstreckungsgesetz (ThürVwZVG) i. d. F. d. Bekanntmachung v. 27. 9. 1994 (GVBl. S. 1053)
[172] Kirchmer, FiWi 1997, 66

## Dritter Teil: Situation der Zweckverbände für Wasserversorgung und Abwasserbeseitigung in den neuen Bundesländern

### 1. Kapitel Ausgangslage

Nach 1945 gab es auf dem Gebiet der ehemaligen DDR mehrere tausend kommunale Zweckverbände[173]. Diese wurden bis Mitte der 50-iger Jahre durch volkseigene und andere Wirtschaftsbetriebe ersetzt[174]. Die Wasserversorgung und Abwasserbeseitigung wurde zentral auf Bezirksebene organisiert[175].

Die fünfzehn auf Bezirksebene organisierten VEB Wasserversorgung und Abwasserbehandlung beseitigten das Abwasser auf der Grundlage von § 21 Wassergesetz[176]. Zuständig für die VEB WAB war das Ministerium für Umwelt- und Wasserwirtschaft, dem neben dem Institut für Wasserwirtschaft noch fünf Wasserwirtschaftsdirektionen unterstanden[177]. Im Ergebnis waren unabhängig von der räumlichen Anlagenverteilung die im jeweiligen Entsorgungsgebiet der VEB WAB liegenden Gemeinden weder finanziell noch organisatorisch beteiligt[178].

Entsprechend des Treuhandgesetzes[179] wurden die VEB WAB mit Wirkung zum 01. 07. 1990 in privatrechtliche Kapitalgesellschaften umgewandelt[180]; im Land Brandenburg wurden beispielsweise als Rechtsnachfolger der VEB WAB die Potsdamer Wasserversorgung und Abwasserbehandlung GmbH, die Märkische Wasserversorgung und Abwasserbehandlung GmbH und die Cottbuser Wasser und Abwasser AG gegründet. In Sachsen-Anhalt gingen aus den VEB WAB die MAWAG GmbH sowie die MIDEWA-AG hervor. Die Anteile an diesen Gesellschaften übertrug die Treuhandanstalt an sog. Anteilseigentümervereine, welche die Kapitalanteile treuhänderisch für die berechtigten Städte und Gemeinden übernahmen.

Ursprünglich war sogar beabsichtigt, dass die Betriebe und Anlagen dieser wasserwirtschaftlichen Unternehmen in den Kapitalgesellschaften verbleiben soll-

[173] VG Halle, B. v. 13. 8. 1998, S. 4 des Beschlussumdrucks

[174] VG Halle, B. v. 13. 8. 1998, S. 4 des Beschlussumdrucks

[175] van der Wall/Kraemer, S. 62; Reichel, S. 35; Kumannoff/Schwarzkopf SächsVBl. 1995, 145(146)

[176] Wassergesetz v. 2. 7. 1982, GBL. DDR I, S. 467

[177] Ellwein/Buck, Wasserversorgung und Abwasserbeseitigung, S. 31

[178] Dierkes SächsVBl. 1996, 269(271); Reichel, S. 35

[179] Gesetz zur Privatisierung und Reorganisation des volkseigenen Vermögens v. 17. 6. 1990, GBL. DDR I, S. 300

[180] Brück/Reiher Kommunalwirtschaft 1995, S. 375

ten[181]. Mit der Kommunalverfassung der DDR[182] wurde den Kommunen die Aufgabe der Wasserversorgung und Abwasserentsorgung übertragen. Zahlreiche Städte und Gemeinden beanspruchten daher die Übertragung der Betriebe und Anlagen der Wasser – und Abwasserwirtschaft. Zweifelsohne bestand deshalb zu diesem Zeitpunkt bereits erheblicher Handlungsbedarf, denn die Abwasserentsorgung war unzureichend und die Gewässer stark belastet[183]. Abwasserbeseitigungspläne, Flächennutzungspläne, Bebauungspläne und Generalentwässerungspläne waren ebenso nicht vorhanden[184].
So besaß bis 1993 ein Viertel der Bevölkerung des Freistaates Sachsen, d.h. 1,2 Millionen Menschen, keinen Anschluss an eine zentrale Abwasserentsorgung. Die vorhandenen Anlagen genügten nicht mehr den wasserrechtlichen bzw. abwasserrechtlichen Regelungen[185]. Die öffentlichen Abwasserkanäle waren zu 62,7 % älter als 60 Jahre und stammten somit aus der Zeit vor 1945[186].
Mit diesem Bestand und der Notwendigkeit der Neustrukturierung der Aufgabenerledigung wurde erheblicher Handlungsdruck auf die Kommunen erzeugt. Eine möglichst reibungslose, bei gleichzeitiger Absicherung der Aufgabenerledigung schnell vollziehbare Übertragung der wasser- und abwasserwirtschaftlichen Anlagen auf die kommunalen Gebietskörperschaften war wesentlich[187]. Um diesen Zweck zu erreichen, sollten die WAB und WAB – Nachfolgeunternehmen durch Entflechtung in anderen Strukturen aufgehen[188].

Dabei entsprach in aller Regel dem Vorstellungsvermögen der Entscheidungsträger die Struktur des Zweckverbandes, der die aus DDR-Zeiten bekannte überregionale Organisation der Wasserversorgung und Abwasserbeseitigung gewährleisten sollte[189]. Die Kommunen begannen aus diesem Grund schon kurz nach der Wiedervereinigung am 03. 10. 1990, teilweise sogar schon früher, mit der Gründung von Zweckverbänden auf dem Gebiet der Wasserversorgung und Abwasserbeseitigung[190]. Dabei wurden zum Teil wieder überregionale Größen-

[181] Kähler in König/Schuppert/Heimann, S. 275
[182] Gesetz über die kommunale Selbstverwaltung der Gemeinden und Landkreise in der DDR v. 17. 5. 1990, GBL. DDR I, S. 255
[183] so auch LVerfG LSA v. 12. 12. 1997, LVerfGE 7, 251
[184] LVerfG LSA v. 12. 12. 1997, LVerfGE 7, 275
[185] Reichel, S. 24; Bodanowitz, S. 2
[186] Ellwein/Buck, Wasserversorgung und Abwasserbeseitigung, S. 31
[187] Kumanoff/Schwarzkopf SächsVBl. 1995, 145(146)
[188] vgl. etwa Gesetz zur Entflechtung der VEB WAB Nachfolgegesellschaften und Kommunalisierung der Wasserversorgung v. 16. 12. 1993 , GVBl. S. 1253
[189] Kumanoff/Schwarzkopf SächsVBl. 1995, 145(147)
[190] VG Halle, B. v. 13. 8. 1998, S. 4 des Beschlussumdrucks

verhältnisse erreicht. Der regionale Zweckverband Lugau / Sachsen beispielsweise umfasste 75 Gemeinden in mehreren Landkreisen[191].
Später erst wurde deutlich, welche enorme Anzahl von Zweckverbänden ihre Arbeit aufgenommen hatte[192].

## 2. Kapitel Feststellung von Gründungsfehlern

### 1. Arten

Im August 1995 gab das Verwaltungsgericht Halle in Sachsen-Anhalt dem Gesuch eines Antragstellers auf Gewährung vorläufigen Rechtsschutzes im Wesentlichen mit der Begründung statt, der als Antragsgegner beteiligte Abwasserzweckverband sei wegen evidenter Gründungsfehler nicht wirksam gegründet worden[193]. In der Folgezeit wurden durch die Gerichte aller neuen Bundesländer Entscheidungen getroffen, die denen nach 1990 gegründeten Zweckverbänden in Folge nachgewiesener Gründungsfehler die Unwirksamkeit der Gründung bescheinigten. Nach Auffassung der Gerichte konnte dadurch die Rechtsfähigkeit mithin der Status einer Körperschaft des öffentlichen Rechts nicht erlangt werden.
Exemplarisch sei für die neuen Bundesländer auf folgende Entscheidungen verwiesen:

1. Brandenburg:
- LG Neuruppin, Beschluss vom 24. 05. 1995, Az. 1 (b) 0656/94[194]
- OVG Frankfurt (O.), Urteil vom 14. 03. 1996, Az. 2 D 15 / 95[195]
- OLG Brandenburg, Urteil vom 25. 09. 1996, Az. 3 U 57 / 95[196]
- LG Potsdam, Urteil vom 11. 12. 1996, Az. 4 O 427 / 95[197]

---

[191] Kumanoff/Schwarzkopf SächsVBl. 1995,145(146)
[192] Brandenburg: vgl. LT-Drs. Brandenburg 2/2918, S. 9: 120 Zweckverbände
Sachsen-Anhalt: MZ v. 7. 7. 1997:102 Zweckverbände
Thüringen: Plenarprot. 2/23, S. 1610: 108 Zweckverbände
[193] VG Halle, B. v. 14. 8. 1995, LKV 1996, 140
[194] n. v.
[195] LKV 1996, 377
[196] LKV 1997, 426
[197] LKV 1997, 430

2. Mecklenburg-Vorpommern:
- VG Schwerin, Urteil vom 19. 02. 1997, Az. 4 A 1092 / 95[198]
- VG Schwerin, Beschluss vom 18. 07. 1997, Az. 4 b 1034 / 96[199]

3. Sachsen
- OVG Bautzen, Beschluss vom 07. 05. 1997, Az. 2 S 179 / 95[200]
- OVG Bautzen, Urteil vom 9. 9. 1998, Az. 2 S 382 / 95[201]

4. Sachsen-Anhalt
- VG Halle Beschluss vom 14. 08. 1995, Az. 3 B 51 / 95[202]
- OVG Magdeburg, Beschluss vom 14. 5. 1997, Az. C 2 S 1 / 96[203]
- VG Dessau, Urteil vom 14. 5. 1997, Az. A 1 K 1659 / 96[204]

5. Thüringen
- VG Meiningen, Urteil vom 3. 5. 1995, Az. 8 K 577 / 94 Me.[205]
- VG Gera, Beschluss vom 10. 10. 1996, Az. 2 E 130 / 96 Ge.[206]
- VG Weimar, Urteil vom 14. 7. 1997, Az. 6 K 1920 / 96 We.[207]

Die Gerichte und Aufsichtsbehörden stellten im Rahmen ihrer Entscheidungen und Untersuchungen verschiedenste Gründungsfehler fest; hierzu zählten vor allem formelle Fehler[208].

Als formelle Fehler werden im Rahmen dieser Untersuchung Verstöße gegen Form- und Verfahrensvorschriften sowie Mängel der Vertretungsmacht behandelt. Form- und Verfahrensvorschriften sind Normen, die das für das ordnungsgemäße Zustandekommen eines inhaltlichen Aktes einzuhaltende Verfahren oder seine äußere Form regeln. Die formellen Fehler traten bei der Gründung des Zweckverbandes sowohl auf der Ebene der Gemeinden als auch auf der Ebene der Zweckverbände auf. Eine vollständige Darstellung der gemachten formellen

198 n. v.
199 n. v.
200 LKV 1997, 418
201 LKV 1999, 61
202 LKV 1996, 140
203 LKV 1997, 417
204 n. v.
205 n. v.
206 n. v.
207 ThürVBl. 1997, 12/IV
208 vgl. dazu allg. Hufen, S. 364 ff

Fehler ist nicht möglich, da formelle Fehler in jedem Teilbereich des Gründungsverfahrens und jeglichen vorstellbaren Formen auftreten können.
In Vielzahl aufgetretene formelle Fehler waren jedoch:

- fehlende bzw. fehlerhafte Satzungsbekanntmachungen bzw. Satzungsausfertigungen
- Fehlen von Gemeinderatsprotokollen
- Fehlen von Bürgermeisterunterschriften
- Verletzung von Vorschriften der Außenvertretungen der Gemeinden
- Fehlen oder fehlerhafte Genehmigung der Verbandssatzung und der Veröffentlichung der rechtsaufsichtlichen Genehmigungsverfügung
- Fehlende Beteiligung der Gemeindevertretung

Hinzu kamen auch die Feststellungen des Vorliegens materieller Fehler.
In Abgrenzung zu den o.g. formellen Fehlern sind unter materiellen Mängeln im Rahmen dieser Untersuchung zum einen Verstöße gegen den zwingenden Inhalt der Verbandssatzung zu verstehen[209]. Zum anderen sollen unter materiellen Mängeln der Verbandssatzung auch sonstige Verstöße gegen den Gesetzesvorbehalt und Gesetzesvorrang verstanden werden.
Eine abschließende Aufzählung ist auch hier nicht möglich; beispielhaft soll daher erwähnt werden:

- Fehlen oder fehlerhafte Satzungsregelungen zur Umlageregelung, Übernahmeregelung hinsichtlich der hauptamtlichen Bediensteten bei Auflösung des Zweckverbandes bzw. Änderung seiner Aufgaben und Bekanntmachungsregelungen
- Fehlendes oder unvollständiges Mitgliederverzeichnis
- Fehlen oder Unvollständigkeit von Regelungen zu Aufgabe, Name und Sitz des Zweckverbandes
- Fehlen einer wirksamen Stimmenzahl der Verbandsmitglieder

## 2. Auswirkungen der Gründungsfehler auf die rechtliche und wirtschaftliche Entwicklung der Zweckverbände

Nachdem zum Ende des Jahres 1995 deutlich geworden war, dass mehr als 80 % der Zweckverbände, insbesondere für Wasserversorgung und Abwasserbeseitigung, nicht wirksam gegründet worden waren, hatte dies gravierende praktische Auswirkungen zur Folge. Da den fehlerhaft gegründeten Zweckverbänden nicht die Rechtsfähigkeit bescheinigt wurde und Verbandssatzungen und Abgabesatzungen für nichtig erklärt wurden, war nicht mehr hinreichend deutlich, wer für

---

[209] vgl. zum Mindestinhalt der Verbandssatzung: § 9 II GKGBbg; 152III KV – M-V; § 48 i. V. § 11 II SächsKomZG; § 8 II GKG LSA; § 17 II ThürGKG

die Wasserversorgung und Abwasserbeseitigung zuständig war. Infolgedessen wurden die eingeforderten Gebühren und Beiträge für die in Anspruch genommenen Leistungen teilweise nicht mehr gezahlt.
Den Zweckverbänden drängte sich die Frage auf, inwieweit die erlassenen Gebührenbescheide mangels Abgabenhoheit gegenstandslos geworden waren. Deshalb zögerten sie zum Teil, Gebühren und Beiträge für die erbrachten Leistungen zu erheben und gerieten mehr und mehr in erhebliche Liquiditätsschwierigkeiten. Diese Liquiditätsschwierigkeiten beruhten auch auf der Tatsache, dass die Zweckverbände nach ihrer vermeintlichen Gründung wirtschaftlich tätig wurden; so wurden Investitionskonzepte erarbeitet und mit Hilfe von Kreditaufnahmen verwirklicht.
Im Land Brandenburg betrug die in Rede stehende Gesamtkreditsumme am 31. 12. 1996 mehr als 2,6 Milliarden DM[210]. Hier ist jedoch zu berücksichtigen, dass der branchenübliche Richtwert um 1,1 Milliarden DM überschritten wurde.
Erst im Nachhinein wurden zusätzlich zu diesen immensen Gesamtinvestitionen auch noch weitere wirtschaftliche Mängel festgestellt. In zahlreichen Gemeinden und Abwasserzweckverbänden wurden die Anlagen nur ungenügend geplant und deshalb nicht bedarfsgerecht und dabei im Regelfall weit überdimensioniert geplant und gebaut. So wurden nach 1990 Kläranlagen für einen Pro-Kopf-Verbrauch von 150 l Wasser erbaut, arbeiteten tatsächlich aber nur mit einem Pro-Kopf-Verbrauch von 80 l[211]. Einige Anlagen weisen noch heute offene Kapazitäten von mehr als 500 % aus[212]. Ursachen waren nicht zuletzt auch Auftragsvergaben mit strafrechtlichem Hintergrund[213] und nicht eingetretene Prognosen hinsichtlich Bevölkerungswachstum, wirtschaftlicher Entwicklung und Wasserverbrauch.
Durch nicht zweckentsprechende Fördermittelverwendung kamen Rückforderungsbescheide auf die Zweckverbände hinzu. Die Zweckverbände mussten teure Zwischenfinanzierungen für die Kostenbegleichung in Anspruch nehmen[214].
Hinzu kam, dass die neuen Bundesländer die Förderung von Zweckverbänden der Wasserversorgung und Abwasserbeseitigung immer mehr verringerten. Die Förderung von Abwasserzweckverbänden wurde zum Beispiel in Sachsen-

---

[210] Hüppe/Zwölfer LKV 1998, 436(436)
[211] MAZ v. 1. 11. 1999
[212] MAZ v. 7. 10. 1999; MZ v. 25. 11. 1997 u. 12. 3. 1999
[213] MAZ v. 7. 10. 1999; MZ v. 12. 3. 1999
[214] MAZ v. 25. 9. 1998

Anhalt von 275 Millionen DM im Jahre 1994 auf 140 Millionen DM für 1996 und schließlich auf 87 Millionen DM für 1997 abgebaut[215].

Auch die Finanzierung von Investitionen durch die Banken beeinträchtigte sich zunehmend. Da auch die Zweckverbände keine wasserwirtschaftlichen Lösungskonzepte vorlegen konnten und die im Zweckverband mitwirkenden Gemeinden nicht zur Übernahme von Verbindlichkeiten bereit waren, finanzierten die Banken nur mit entsprechend hohen Zinssätzen und Sicherheiten. Insbesondere öffentliche Banken hielten sich bei Neuinvestitionen und Zwischenfinanzierungen zurück, was auf eine andere Interessenlage als bei Geschäftsbanken zurückzuführen ist. Da sie nicht auf zukünftige zu kreditierende künftige Investitionen angewiesen sind und sich nicht in einer bei Privatbanken vergleichbaren Konkurrenzsituation befinden, war das Entgegenkommen der öffentlichen Banken entsprechend gering.
Durch die fehlerhaften Zweckverbandsgründungen stellte sich auch für die Banken die Haftungsfrage für die eingegangenen Verbindlichkeiten neu.
Da einige Zweckverbände die erhöhten wirtschaftlichen Belastungen auf den Bürger umlegten, führte dies dazu, dass teilweise Bürgerinitiativen, Protestmärsche und Hungerstreiks gegen hohe Abwassergebühren organisiert wurden[216].
Denn eine kostendeckende Umlegung hätte zu Gebühren von stellenweise bis zu 50 DM pro $m^3$ Wasser geführt[217].
Die Strukturen der Zweckverbände der Wasserversorgung und Abwasserbeseitigung drohten zu zerbrechen, da zahlreiche Gemeinden zudem ihren Austritt aus Zweckverbänden erklärten. In Sachsen-Anhalt etwa wurden mehr als 70 Austrittsverfahren durchgeführt[218]. Die Motivation dieser Austrittserklärungen lag u.a. in dem Bestreben begründet, dem Abbau der aufgelaufenen Schulden der Zweckverbände zu entgehen[219]. Der Zweckverband Stendal / Osterburg in Sachsen-Anhalt wies beispielsweise Schulden von rund 185 Millionen DM auf[220].
Weil sich viele Zweckverbände aus dieser Lage jedoch nicht mehr aus eigener Kraft befreien konnten (das Gebührenaufkommen beim Zweckverband Stendal / Osterburg wies lediglich 8,6 Millionen DM pro Jahr auf), gewährten die einzelnen neuen Bundesländer Sanierungshilfen.

---

215 KNSA-Beitrag 434/96: Abwasserzielplanung in Sachsen-Anhalt
216 MAZ v. 12. 7. 1998, 17. 7. 1998, 18. 10. 1999 u. 13. 10. 1999
217 Scheiper LKV 1997, 200(200)
218 MZ v. 25. 11. 1997; KNSA-Beitrag 500/96: 47. LT-Sitzung v. 18. 10. 1996: Austritte aus Zweckverbänden
219 MZ v. 9. 6. 1999
220 Zweckverband Emster ( Brandenburg): 80 Millionen DM, MAZ v. 1. 11. 1999

In Sachsen-Anhalt beispielsweise betrug die gewährte Sanierungshilfe Anfang 1999 224 Millionen DM bei geschätztem weiteren Sanierungsbedarf von weiteren 868 Millionen DM[221]; im Land Brandenburg startete die Landesregierung Ende 1998 ein Entschuldungsprogramm, welches Sanierungshilfe von jährlich 38 Millionen DM bis zum Jahre 2009 vorsieht[222].
Neben diesen finanzwirtschaftlichen Problemen tauchten auch umfangreiche steuerliche Fragen auf (Unternehmensbegriff, Körperschaftssteuer, Umsatzsteuer, Vorsteuerabzugsberechtigung). Weiterhin bewegten sich die durch die Verbände begründeten Arbeits- und Anstellungsverhältnisse auf einer vollkommen unklaren Ebene. Eine wirksame Übertragung der Vermögensanteile der WAB – Nachfolgegesellschaften auf die Zweckverbände wurde in Frage gestellt[223]. Weil die kommunalen Gebietskörperschaften für eine sofortige Wahrnehmung der Wasserversorgung und Abwasserbeseitigung nicht über die erforderlichen personellen, technischen und finanziellen Mittel verfügten, hätte ein weiteres Untätigbleiben der Regierungen zu nicht vorhersehbaren Folgen führen können[224].

## Vierter Teil: Reaktion der Landesgesetzgeber in den neuen Bundesländern durch Schaffung der Heilungsgesetze

Nachdem die Landesgesetzgeber diese Situation erkannt hatten, starteten sie in allen neuen Bundesländern Gesetzesinitiativen. Ziel dieser Gesetzesinitiativen war die Schaffung von Gesetzesvorschriften, die den nicht wirksam gegründeten aber vielfach in Vollzug gesetzten Zweckverbänden zur Erlangung der Rechtsfähigkeit eine wirksame Rechtsgrundlage bieten sollte[225].

### 1. Kapitel Regelungsinhalt der Heilungsgesetze

#### 1. Brandenburg – Zweckverbandssicherungsgesetz

Mit dem Gesetz zur Sicherung der Arbeitsfähigkeit von Zweckverbänden (ZwVerbSG) vom 04. 12. 1996[226] wurden im Land Brandenburg rechtsfehlerhaft gebildete Zweckverbände auf eine neue Rechtsgrundlage gestellt.

[221] MZ v. 12. 3. 1999
[222] Hüppe/Zwölfer LKV 1998, 436(437)
[223] KNSA-Beitrag 539/97: Bestätigende Verbandsnachgründung
[224] Hüppe/Zwölfer LKV 1998, 436(437)
[225] Pencereci/Bluhm LKV 1998, 172(172)
[226] GVBl. S. 314; im folgenden auch 1. HeilG Bbg

Auslöser der Gesetzesinitiative in Brandenburg war eine Entscheidung des OVG Frankfurt/Oder vom 14. 03. 1996, in welchem Vorschriften der Beitrags- und Gebührensatzung eines Zweckverbandes für nichtig erklärt wurden, weil der Zweckverband mangels wirksamer Vereinbarung der beteiligten Mitgliedsgemeinden über die Verbandsgründung nicht ordnungsgemäß gegründet war[227].
Das Zweckverbandssicherungsgesetz unterteilt sich in drei Grundabschnitte.

Teil I (§§ 1–3) behandelt die Unbeachtlichkeit von Rechtsfehlern bei der Bildung von Zweckverbänden nach den Vorschriften des Gesetzes über kommunale Gemeinschaftsarbeit im Land Brandenburg vom 19. 12. 1991 (GVBl. I S. 682, 685).
Teil II (§§ 4 - 6) des Zweckverbandssicherungsgesetzes befasst sich mit der Unbeachtlichkeit von Rechtsfehlern bei der Bildung von Rechtsfehlern nach den Vorschriften des Zweckverbandsgesetzes vom 07. 06. 1939[228].
Der Teil III (§§ 7 - 9) stellt die Schlussvorschriften dar, welche zum einen in § 7 die Vorlage eines Prüfungsberichtes durch den in Vollzug gesetzten Zweckverband und zum anderen im § 8 aufsichtsrechtliche Maßnahmen und im § 9 das In-Kraft-treten und den Geltungsbereich regelt.

Mit den Teilen I und II werden jeweils zum einen die Unbeachtlichkeit der Verletzung von Vorschriften über die Vereinbarung der Verbandssatzung (Verstöße gegen die Vertretungsberechtigung sowie Form- und Verfahrensfehler ) geregelt[229]. Zum anderen finden sich jeweils Vorschriften zur Unbeachtlichkeit der Verletzung von Vorschriften über die Entstehung von Zweckverbänden (Verstöße gegen Bekanntmachungsvorschriften)[230] und Regelungen zur Unbeachtlichkeit der Verletzung von Vorschriften über den Beitritt und das Ausscheiden von Verbandsmitgliedern[231].
Nach Auffassung des Landesgesetzgebers sollte das Zweckverbandssicherungsgesetz den ursprünglichen Willen der Beteiligten, also der Verbandsmitglieder, den Zweckverband rechtswirksam gründen zu wollen und der zuständigen Aufsichtsbehörden, den Zweckverband durch Genehmigung und Bekanntmachung zur Entstehung zu bringen, umgesetzt werden[232].

---

[227] OVG Frankfurt (O.) LKV 1996, 377
[228] RGBl. S. 979
[229] vgl. §§ 1 u. 4 ZwVerbSG
[230] §§ 2 u. 5 ZwVerbSG
[231] §§ 3 u. 6 ZwVerbSG
[232] LT-Drs. Bbg 2/2918, S. 3

2. Mecklenburg – Vorpommern – 2. Gesetz zur Änderung der Kommunalverfassung für das Land Mecklenburg – Vorpommern

Auch im Bundesland Mecklenburg – Vorpommern wurde als Reaktion auf die Feststellung von zahlreichen fehlerhaften Zweckverbandsgründungen mit dem 2. Gesetz zur Änderung der Kommunalverfassung für das Land Mecklenburg – Vorpommern (2. ÄndG KV - M-V) vom 22. 01. 1998[233] eine neue Rechtsgrundlage für Zweckverbände geschaffen.
Nummer 1 dieses Gesetzes regelt lediglich die Formalität des Einfügens einer neuen Überschrift in die Kommunalverfassung Mecklenburg – Vorpommern. Die Nummer 2 des Heilungsgesetzes, mit welcher der entsprechend lautende § 170 a Abs. 1 Satz 1 in die Kommunalverfassung für das Land Mecklenburg – Vorpommern eingefügt wurde, trifft die folgende inhaltliche Regelung:
Für Zweckverbände, die in der Zeit vom 03. 10. 1990 bis zum Ablauf des 11. 06. 1994 gebildet worden sind, haben bis zu dem letztgenannten Zeitpunkt die Vorschriften des Zweckverbandsgesetzes vom 07. 06. 1939 (RGBL I S. 979) zuletzt geändert durch Verordnung vom 24. 07. 1941 (RGBL I S. 464) gegolten.
Im daran anschließenden Absatz 1 Satz 2 sowie den folgenden Absätzen 2 – 9 ist ein umfangreicher Katalog von unbeachtlichen Form- und Verfahrensfehlern, insbesondere die Verletzung von Vorschriften über die öffentliche Bekanntmachung enthalten. Der Katalog bezieht sich dabei auf Rechtsfehler bei der Bildung des Zweckverbandes (Abs. 2 – 6), Rechtsfehlern bei der Aufnahme und dem Ausscheiden von Verbandsmitgliedern (Abs.7) .

3. Sachsen – Gesetz zur Ordnung der Rechtsverhältnisse der Verwaltungsverbände, Verwaltungsgemeinschaften und Zweckverbände im Freistaat Sachsen

Mit dem Gesetz zur Ordnung der Rechtsverhältnisse der Verwaltungsverbände, Verwaltungsgemeinschaften und Zweckverbände im Freistaat Sachsen (GORV Sachsen) vom 15. Januar 1998 [234] reagierte der Gesetzgeber des Freistaates Sachsen auf die festgestellten Gründungsfehler.

Das Gesetzt schlüsselt sich in drei Abschnitte (Artikel 1 – 3) auf.
Artikel 1 trifft Regelungen zur Änderung des sächsischen Gesetzes über die kommunale Gemeinschaftsarbeit (SachsKomZG) vom 19. 08. 1993 (GVBL S. 815, 1103).

---

[233] GVOBl. S. 78; im folgenden auch 1. HeilG M-V
[234] GVBl. S. 2; im folgenden auch HeilG Sachsen

Artikel 3 betrifft das In-Kraft-treten am 01. 02. 1998. Beide Artikel enthalten keine Aussage zur Handhabung von Fehlern bei der Gründung von Zweckverbänden.
Mit Artikel 2 des Gesetzes wird die hier interessierende Heilung von Fehlern bei der Gründung von Verwaltungsverbänden, Verwaltungsgemeinschaften und Zweckverbänden geregelt. Absatz 1 Satz 1 trifft die Regelung, dass eine Verletzung von Verfahrens- oder Formvorschriften bei der Bildung und Entstehung eines Verwaltungsverbandes, einer Verwaltungsgemeinschaft oder eines Zweckverbandes (Verband), die in der Zeit vom 03. Oktober 1990 bis zum 01. Februar 1998 erfolgt ist, unbeachtlich ist.

Im darauf folgenden Absatz 1 Satz 2 ist ein umfangreicher Katalog von Verfahrens- und Formvorschriften im Sinne des Satz 1 geregelt. Mit Absatz 1 Satz 3 regelt das Gesetz, dass ein Zweckverband, der vor dem In-Kraft-treten des SachsKomZG gegründet worden ist, die Eigenschaft einer juristischen Person erlangt und seit diesem Zeitpunkt die Rechtsstellung eines Zweckverbandes nach dem RZVG vom 07. 06. 1939 besitzt.

Mit den folgenden Absätzen 2 – 8 sind Vorschriften zur Unbeachtlichkeit von Verstößen gegen Bekanntmachungsvorschriften für die Verbandssatzung, deren Änderung, die Aufnahme, den Ausschluss und das Ausscheiden von Verbandsmitgliedern sowie für sonstige Satzungen und Verwaltungsakte des Verbandes geregelt.

Da sich die Vorstellungen der Exekutive nicht bestätigte, die Rechtssprechung werde „besondere Verhältnisse bei Verbandsgründungen der ersten Stunde" berücksichtigen, war der Sinn und Zweck dieser Gesetzesinitiative, zum einen die Schaffung einer sicheren rechtlichen Grundlage für die Verbände und zum anderen der Schutz des Vertrauens des Rechtsverkehrs in die Existenz der Verbände[235]. Der Gesetzgeber verfolgte damit das Ziel, den damaligen Willen der Beteiligten, den Verband zu gründen, umzusetzen[236].

4. Sachsen-Anhalt - Gesetz zur Änderung des Gesetzes über kommunale Gemeinschaftsarbeit

Mit der Ende 1995 gewonnenen Erkenntnis der Landesregierung, dass die seit dem 03. Oktober 1990 unternommenen Versuche, die kommunalen Aufgaben

[235] LT-Drs. Sachsen 2/6568, S. 8 der amtlichen Begründung
[236] LT-Drs. Sachsen 2/6568, S. 15 der amtlichen Begründung

(insbesondere der Wasserversorgung und Abwasserbeseitigung) auf rechtlich selbstständige Zweckverbände zu übertragen, bei mehr als 80% der Gründungen von Zweckverbänden gescheitert war, verband sich die Gesetzesinitiative zum Erlass der Änderung des Gesetzes über kommunale Gemeinschaftsarbeit des Landes Sachsen – Anhalt (ÄndG GKG LSA)[237]. Der Landtag von Sachsen – Anhalt verabschiedete dieses Gesetz am 04. Juli 1996.
Das Gesetz ist in zwei Artikel untergliedert.
Artikel 2 regelt lediglich das In-Kraft-treten dieses Gesetzes am Tage nach seiner Verkündung.
Artikel 1 Ziffer 1 regelt die hier nicht weiter interessierende Frage der Bekanntmachung von Verbandssatzungen im normalen Gründungsverfahren nach dem GKG LSA.
Durch Artikel 1 Ziffer 2 wurde mit § 19 a GKG LSA u. a. inhaltlich geregelt, dass wegen Gründungsfehlern nicht gebildete Zweckverbände rückwirkend ab dem Tage nach der öffentlichen Bekanntmachung ihres Statuts oder ihrer Verbandssatzung als gebildet gelten, sofern nicht ein späterer Zeitpunkt bestimmt ist.

Ziele des Gesetzgebers waren:

- Sicherung der gerade erreichten technischen und finanziellen Konsolidation der Abwasserzweckverbände
- Sicherung stabiler, d.h. rechtlich unanfechtbarer Institutionen
- Schaffung eindeutiger rechtlicher Verhältnisse als Voraussetzung für Rechtssicherheit und Vertrauensschutz
- Schaffung eines rechtlichen Rahmens für eine jahrelang von allen Beteiligten geübte Praxis
- Abwehr eines sonst drohenden Verlustes von Abgabenforderungen durch Verwaltungsstreitverfahren und eine Vielzahl von Rechtsbehelfen gegen Abgabenbescheide
- Abwehr einer landesweiten Welle von erfolgversprechenden Widersprüchen und gegebenenfalls Klagen gegen Abgabenbescheide der Zweckverbände[238]

---

[237] GVBl., S. 730; im folgenden auch 1. HeilG LSA; vgl. dazu auch Klügel LKV 1997, 197(197)
[238] LT-Drs. LSA 2/1882, S. 8 der amtlichen Begründung

## 5. Thüringen - Erstes Gesetz zur Änderung des Gesetzes über die kommunale Zusammenarbeit

Mit dem ersten Gesetz zur Änderung des Gesetzes über die kommunale Gemeinschaftsarbeit (ÄndG ThürGKG) vom 10. 11. 1995[239] schaffte das Land Thüringen Vorschriften mit dem Ziel der Schaffung einer rechtlichen Grundlage für fehlerhaft gegründete Zweckverbände.
Mit der durch Artikel 1 geänderten Vorschrift des § 19 Abs. 1 Satz 4 GKG Thüringen können nach der Bekanntmachung von Verbandssatzung und Genehmigung Rechtsverstöße bei der Gründung des Zweckverbandes nur mit Wirkung für die Zukunft geltend gemacht werden.
Hierzu wird in der amtlichen Begründung zum Regierungsentwurf der Landesregierung[240] ausgeführt, im Interesse der Rechtssicherheit werden aufgrund § 19 Abs. 1 S. 4 ThürGKG a. F. Rechtsverstöße nicht zur rückwirkenden Nichtigkeit führen. Eine echte Heilung der festgestellten Gründungsfehler wurde mit dieser Vorschrift somit nicht bezweckt.
Mit dem neu eingefügten § 19 Abs. 1 Satz 5 ThürGKG wird das Fehlen oder fehlerhafte Ausfertigen der Verbandssatzung für unbeachtlich erklärt, wenn diese Verbandssatzung vor dem 01. Juli 1994 bekannt gemacht worden ist. Der Landesgesetzgeber Thüringens bezweckt mit dieser Regelung die rückwirkende Schaffung von Zweckverbänden als Körperschaften des öffentlichen Rechts, wobei er sich an der in Thüringen vorherrschenden Auffassung[241] orientiert, wonach allein die Bekanntmachung der Verbandssatzung und deren Genehmigung den Zweckverband als Körperschaft des öffentlichen Rechts zur Entstehung bringt.

## 6. Gemeinsamkeiten – Unterschiede

Durch eine vergleichende Betrachtung der o.g. Landesgesetze eröffnen sich sowohl grundlegende Gemeinsamkeiten als auch einige prägnante inhaltliche Unterschiede.

---

[239] GVBl. S. 436 im folgenden auch HeilG Thüringen
[240] LT-Drs. Thür. 1/788, S. 28; § 19 ThürGKG a. F. Nr. 2
[241] vgl. dazu bereits Vierter Teil, 1. Kap.,5.
OVG Weimar LKV 2000, 75(77) ; sowie Urteil v. 3. 2. 1999, Az. 4 N 595/94;
Urteil v. 2. 11. 1999, Az. 4 EO 762/96; Urteil v. 16. 11. 1999, Az. 919/96
VG Gera, Urteil v. 10. 9. 1999, Az. 2 E 235/96 Ge;
VG Weimar, Urt. v. 14. 7. 1997, Az. 6 K 1620/96 We und Urt. vom 10. 11. 1999, Az. 6 K 1672/98 We

## 6.1. Gemeinsamkeiten

### 6.1.1. Maßnahmegesetze

Die genannten Heilungsgesetze regeln die Heilung bzw. Unbeachtlichkeit von Fehlern im Zusammenhang mit der Gründung von Zweckverbänden (in Sachsen auch Verwaltungsverbände und Verwaltungsgemeinschaften), die in einem bestimmten Zeitraum erfolgt sind.
Allen Heilungsgesetzen ist daher gemeinsam, dass sie keinen allgemeinen Tatbestand regeln, sondern auf eine bestimmte Zahl von Anwendungsfällen beschränkt sind. Es handelt sich daher bei den genannten Heilungsgesetzen um sog. Maßnahmegesetze[242].

### 6.1.2.. Rückanknüpfung auf in der Vergangenheit liegende Sachverhalte

Die o.g. Heilungsvorschriften aller neuen Bundesländer bewirken zunächst einmal eine Rückanknüpfung an Sachverhalte, die in der Vergangenheit liegen. In allen fünf Rechtsvorschriften werden Fehler im Zusammenhang mit der Gründung von Zweckverbänden für unbeachtlich erklärt und damit geheilt.

### 6.1.3. Heilung von Form- und Verfahrensfehlern

Im Zusammenhang mit der Spezifizierung der zu heilenden Gründungsfehler werden von allen Landesregelungen sog. Form- und Verfahrensfehler erfasst. Zwar spricht der Wortlaut der Vorschrift des § 19 a Abs. 1 S. 1 GKG LSA nicht direkt Form- und Verfahrensfehler an.
Aus dem Zusammenhang mit § 19 a Abs. 1 Satz 2 GKG LSA lässt sich jedoch herauslesen, dass auch diese Fehlerart von der jeweiligen Heilungsregelung grundsätzlich erfasst sein soll.
Denn hier finden sich Aussagen zur Handhabung von Bekanntmachungsfehlern. Dass Verstöße gegen Form- und Verfahrensvorschriften mit in die Heilungsregelung einbezogen sind, ergibt sich auch aus systematischer Hinsicht. Denn in erster Linie wurden Verstöße gegen Form- und Verfahrensvorschriften, insbesondere Bekantmachungsvorschriften, festgestellt. Gerade die Heilung dieser Verstöße bezweckte der sachsen-anhaltinische Landesgesetzgeber [243].
§ 19 Abs. 1 S. 5 ThürGKG regelt nur die Heilung von fehlenden oder nicht ordnungsgemäß durchgeführten Ausfertigungen von Verbandssatzungen, soweit

---

[242] BVerfGE 25, 371(396); Jarass/Pieroth, Art. 19 Rz. 1; Maurer, § 4 Rz. 8, S. 52
[243] vgl. LT-Drs. LSA 2/1882, S. 5

diese vor dem 1. Juli 1994 bekanntgemacht worden sind. Im übrigen können alle anderen Rechtsverstöße für die Zukunft geltend gemacht werden.

### 6.1.4. Keine Schaffung von Pflichtverbänden in Form von Neugründungsverpflichtungen

Den genannten Heilungsvorschriften ist des Weiteren gemeinsam, dass sie keine Schaffung von Pflichtverbänden in Form von Neugründungsverpflichtungen vorsehen. Die Gesetzgeber der neuen Bundesländer haben also vielmehr keine Neugründungsverpflichtung ausgesprochen, sondern sind der entstandenen Situation durch Schaffung von Heilungsvorschriften entgegen getreten.

### 6.1.5. Fingierung des Entstehungszeitpunktes

Zwar sind in den Rechtsvorschriften Rechtsverstöße im Zusammenhang mit der Gründung von Zweckverbänden als von Anfang an unbeachtlich eingestuft[244]. Da jedoch die für das Entstehen des Verbandes notwendige Bekanntmachung der Verbandssatzung und / oder der Genehmigung bzw. des Beschlusses oftmals ganz oder zumindest in wesentlichen Teilen unterblieben war, musste der Zeitpunkt des Entstehens des Zweckverbandes fingiert werden. Hierbei ist allen Rechtsvorschriften gemeinsam, dass in einem solchen Fall die Entstehung des Zweckverbandes auf den Tag nach der öffentlichen Bekanntmachung der Verbandssatzung und / oder der Genehmigung bzw. des Beschlusses oder der Abgabensatzung bestimmt wird, sofern kein späterer Zeitpunkt in der Verbandssatzung genannt ist. Mit diesem Tag entsteht der Zweckverband als Körperschaft des öffentlichen Rechts.

## 6.2. Unterschiede

Ein entsprechender Normenvergleich zeigt zwischen den Rechtsvorschriften trotz vergleichbarer Ziele jedoch auch einige beträchtliche inhaltliche Unterschiede auf.

---

[244] Lediglich in Thüringen können gemäß § 19 I S. 4 GKGThür Rechtsverstöße bei der Gründung noch mit Wirkung für die Zukunft geltend gemacht werden, mit Ausnahme der durch § 19 Abs. 1 S. 5 ThürGKG geheilten fehlenden oder nicht ordnungsgemäß durchgeführten Verbandssatzungsausfertigung

### 6.2.1. Gesetzesform

Unterschiede finden sich zum einen hinsichtlich Art und Aufbau des Gesetzes. Während in Mecklenburg-Vorpommern, Sachsen-Anhalt und Thüringen die Form eines Änderungsgesetzes gewählt wurde, haben Brandenburg mit dem ZwVerbSG und Sachsen mit dem GORV jeweils Spezialgesetze in Kraft gesetzt, welche den allgemeinen Regelungen des GKG Brandenburg bzw. SächsKomZG vorgehen.

### 6.2.2. Anwendung des Zweckverbandsgesetzes vom 7. Juni 1939

Die Gesetzgeber in den Bundesländern Brandenburg, Mecklenburg-Vorpommern und Sachsen beziehen die Rechtsvorschriften des Zweckverbandsgesetzes vom 07. Juni 1939[245] mit ein.
In den Heilungsgesetzen der Bundesländer Sachsen-Anhalt und Thüringen wird hierzu inhaltlich keine Aussage getroffen.
In Mecklenburg-Vorpommern ist man offensichtlich von der Weitergeltung des RZVG für den Zeitraum nach dem 03. 10. 1990 bis zum 11. 6. 1994 (In-Kraft-treten der Kommunalverfassung Mecklenburg-Vorpommern) ausgegangen[246]. Auch in Brandenburg scheint der Gesetzgeber zumindest eine Gründung von Zweckverbänden nach den Vorschriften des RZVG für möglich gehalten zu haben, denn im zweiten Teil des Zweckverbandssicherungsgesetzes wird die Unbeachtlichkeit von Rechtsfehlern bei Zweckverbandsbildungen nach den Vorschriften des RZVG näher festgelegt[247]. Währenddessen wird sächsischen Zweckverbänden die vor In-Kraft-treten des GKG gegründet worden waren, lediglich die Rechtsstellung eines Zweckverbandes nach dem RZVG zugeordnet[248].

### 6.2.3. Keine Heilung von materiellen Rechtsverstößen

Mit § 19 a Abs. 1 GKG LSA gelten wegen Gründungsfehlern nicht gebildete Zweckverbände rückwirkend als gebildet. Die Vorschrift unterscheidet sich im Vergleich zu den Rechtsvorschriften der anderen Bundesländer Brandenburg, Mecklenburg-Vorpommern, Sachsen und Thüringen durch den allgemeinen Wortlaut der Fehlerheilung. Während in den Rechtsvorschriften der zuletzt ge-

---

[245] RGBl. I, S. 979 zul. geänd. durch VO v. 24. 7. 1941, RGBl. I, S. 464
[246] vgl. § 170 a I KV – M-V
[247] II. Teil, § 4 ZwVerbSG Bbg.
[248] Art. 2 I S. 3 GORV Sachsen

nannten Bundesländer nur eine Unbeachtlichkeit bzw. Heilung von sogenannten Form- und Verfahrensfehlern[249] möglich ist, trifft das sachsen-anhaltinische Heilungsgesetz keine ausdrückliche Regelung zur Heilung lediglich spezieller Fehlerarten. Der reine Wortlaut schließt daher die Idee, es könne auch eine Heilung materieller Fehler erfolgen, nicht ausdrücklich aus.

Beleuchtet man jedoch den Hintergrund der sachsen-anhalter Heilungsvorschrift und damit auch den bezweckten Anwendungsbereich der Fehlerbehebung, wird deutlich, dass § 19 a Abs. 1 GKG LSA in Fällen materieller Fehler nicht zur Anwendung kommt [250]. § 19 a Abs. 1 GKG LSA trifft keine Aussage über eine Heilung bzw. Unbeachtlichkeit von materiellen Fehlern. Aus Bestimmtheitsgründen hätte der Landesgesetzgeber dann auch eine Heilung materieller Fehler mit regeln müssen. Aus der amtlichen Begründung zum Gesetzesentwurf lässt sich auch entnehmen, dass der Gesetzgeber des Landes Sachsen-Anhalt eine materielle Fehlerheilung überhaupt nicht bezweckte, sondern lediglich eine Heilung formeller Fehler im sachlichen Anwendungsbereich der Heilungsgesetze regeln wollte[251]. Es ist daher nicht davon auszugehen, dass § 19 a Abs. 1 GKG LSA oder ein anderes o. g. Heilungsgesetz der neuen Bundesländer materielle Fehler im Rahmen der Gründung von Zweckverbänden von seinem sachlichen Anwendungsbereich erfasst sieht.

### 6.2.4. Zeitliche Begrenzung

Zwischen den Heilungsgesetzen besteht ein unterschiedlicher zeitlicher Anwendungsbereich im Hinblick auf die aufgetretenen Gründungfehler.
Der Landesgesetzgeber in Brandenburg ging für den Zeitraum bis zum Erlass des Gesetzes über kommunale Gemeinschaftsarbeit am 19. 12. 1991 von der Weitergeltung des RZVG aus. Das Zweckverbandssicherungsgesetz Brandenburg erfasst sowohl Gründungen während des Zeitraums der Geltung des RZVG als Landesrecht (§ 4 ZwVerbSG) als auch Zweckverbandsgründungen unter Geltung des GKGBbg (§ 1 ZwVerbSG) und beschränkt den Anwendungsbereich auf Rechtsfehler, die vor dem Inkrafttreten des ZwVerbSG aufgetreten sind (9 Abs. 2 ZwVerbSG). Das Gesetz ist am Tage nach seiner Verkündung,

---

[249] in Thüringen jedoch nur nicht oder nicht ordnungsgemäß ausgefertigte Verbandssatzungen, soweit diese Verbandssatzung vor dem 1. Juli 1994 bekanntgemacht worden ist ( § 19 I S. 5 ThürGKG )

[250] vgl. VG Dessau in LKV 1997, 466(467); a. A. VG Halle , B. v. 13. 8. 1998, S. 34 des Beschlussumdrucks

[251] vgl. S. 1588; LT-Drs. LSA 2/1882, S. 5; Plenarprot. LSA 2/40, S. 3069

also am 10. 12. 1996 in Kraft getreten. Das ZwVerbSG erfasst somit aufgetretene Gründungsfehler im Zeitraum vom 3. 10. 1990 bis zum 10. 12. 1996.
Das 2. ÄndG KV – M-V erfasst Gründungsfehler unter der Geltung des RZVG vom 3. 10. 1990 bis zum Ablauf des 11. 6. 1994 (am 12. 6. 1994 ist die KV – M-V in ihrer ursprünglichen Fassung in Kraft getreten und regelte in § 177 Abs. 3 die Aufhebung des RZVG).
Das sächsische Heilungsgesetz erklärt eine Verletzung von Verfahrens- oder Formvorschriften bei Verbandsgründungen des Zeitraumes vom 3. 10. 1990 bis zum Inkrafttreten des Heilungsgesetzes für unbeachtlich, mithin bis zum 1. 2. 1998.
Im ÄndG GKG LSA findet sich keine Regelung im Hinblick auf den Anfangszeitraum für festgestellte Gründungsfehler. Aus Art. 2 des Gesetzes folgt eine zeitliche Begrenzung für Fehler von Zweckverbandsgründungen bis zum Inkrafttreten, also bis zum 10. 7. 1996. Aus seiner Stellung im GKG LSA ist anzunehmen, dass § 19 a Abs. 1 GKG LSA nur auf Gründungsfehler von Zweckverbandsgründungen Bezug nimmt, die unter Geltung des GKG LSA bis zum Erlass des ÄndG GKG LSA erfolgt sind, also in einem Zeitraum vom 3. 2. 1994 bis 10. 7. 1996[252].
Das ÄndG ThürGKG erklärt mit dem neu eingefügten § 19 Abs. 1 S. 5 ThürGKG eine Unbeachtlichkeit fehlender oder nicht ordnungsgemäßer Ausfertigungen von Verbandssatzungen für unbeachtlich, wenn diese Verbandssatzungen vor dem 1. Juli 1994 (dem Tag des Inkrafttreten der ThürGO) bekannt gemacht worden ist. Aus seiner systematischen Stellung im ThürGKG ist davon auszugehen, dass die Vorschrift den o. g. Gründungsfehler von Zweckverbandsgründungen unter Geltung des ThürGKG erfasst. Der zeitliche Anwendungsbereich liegt also im Zeitraum vom 11. 6. 1992 bis zum 1. 7. 1994.

### 6.2.5. Sachlicher Anwendungsbereich

Mit Ausnahme des sächsischen Heilungsgesetzes sind alle anderen Heilungsvorschriften der Bundesländer Brandenburg, Mecklenburg-Vorpommern, Sachsen-Anhalt und Thüringen auf die Heilung von Gründungsfehlern im Rahmen der Gründung von Zweckverbänden beschränkt. Lediglich der sächsische Landesgesetzgeber ermöglicht mit dem Gesetz zur Ordnung der Rechtsverhältnisse der Verwaltungsverbände, Verwaltungsgemeinschaften und Zweckverbände einen weitergehenden sachlichen Anwendungsbereich.

---

[252] so auch OVG Magdeburg LKV 1997, 417(418)

### 6.2.6. Regelung der Bekanntmachungserfordernisse

Im Unterschied zum ZwVerbSG Bbg beinhaltet die Vorschrift des § 19 a GKG LSA nicht das Erfordernis der ordnungsgemäßen Veröffentlichung. Während in Brandenburg die Verbandssatzung zumindest im Veröffentlichungsblatt der Aufsichtsbehörde in Fortsetzung bekannt gemacht werden muss und eine schriftliche Mitteilung an die Gemeinden über die Genehmigung erfolgt sein muss, ist in Sachsen-Anhalt nur die Genehmigungsverfügung der Aufsichtsbehörde oder die Erstabgabensatzung öffentlich bekannt zu machen.

Auch die Heilungsgesetze von Mecklenburg-Vorpommern und Sachsen erfordern zumindest die öffentliche Bekanntmachung der ersten Satzung zur Änderung der Verbandssatzung oder der ersten sonstigen Satzung des Verbandes bzw. Abgabensatzung. In Thüringen ist eine fehlende oder fehlerhafte Ausfertigung der Verbandssatzung unbeachtlich, wenn diese Verbandssatzung vor dem 01. Juli 1994 bekannt gemacht worden ist. Daraus lässt sich der Schluss ziehen, dass für eine Heilung einer fehlerhaften oder fehlenden Ausfertigung der Verbandssatzung die Bekanntmachungserfordernisse ordnungsgemäß erfüllt sein müssen[253].
Im Rahmen der Bekanntmachungserfordernisse stellen damit die Heilungsgesetze der Länder Brandenburg und Thüringen höhere Anforderungen als die Heilungsvorschriften der Länder Mecklenburg-Vorpommern, Sachsen und Sachsen-Anhalt.

### 6.2.7. Austrittsregelung für kommunale Gebietskörperschaften

Im Unterschied zu allen anderen Länderregelungen geht nur die Vorschrift des § 19 a Abs. 2 GKG LSA auf eine zeitlich befristete Austrittsmöglichkeit von kommunalen Gebietskörperschaften ein, die Statut- oder Verbandssatzung des Zweckverbandes nicht durch das zuständige Organ beschlossen haben.

---

[253] vgl. § 19 I S. 5 ThürGKG

### 6.2.8. Bekanntmachungsfiktion für bereits erlassene Verwaltungsakte

Sowohl im sächsischen Heilungsgesetz (Art. 2 Abs. 8 GORV Sachsen) als auch in den durch das Heilungsgesetz von Mecklenburg-Vorpommern in die KV – M-V eingefügten Vorschriften (§ 170 a Abs. 9 KV – M-V) findet sich eine Regelung zur Bekanntmachungsfiktion von bereits erlassenen Verwaltungsakten. Wortgleich regeln sie, dass ein Verwaltungsakt, der von einem ursprünglich nicht wirksam entstandenen Verband zu einem Zeitpunkt erlassen worden ist, in dem der Zweckverband nach Maßgabe der Heilungsvorschriften als entstanden gilt, mit dem In-Kraft-treten der Heilungsgesetze als bekannt gegeben gilt. In den übrigen Heilungsregelungen fehlt eine solche Regelung.

### 6.3. Ergebnis

Im Rahmen einer Gesamtbetrachtung zeigt sich, dass die einzelnen Regelungen der neuen Bundesländer zum Teil nicht unerhebliche Unterschiede aufweisen.

Im Hinblick auf die Heilung von Rechtsverstößen im Zusammenhang mit der Bildung von Zweckverbänden kann festgehalten werden, dass die Heilungsvorschrift des Landes Thüringen den geringsten sachlichen Anwendungsbereich hat. Denn lediglich die nicht oder nicht ordnungsgemäße Ausfertigung der Verbandssatzung ist gänzlich unbeachtlich, wenn sie vor dem 01. Juli 1994 bekannt gemacht wurde. Durch die anderen genannten Heilungsvorschriften werden sämtliche Form- und Verfahrensfehler bei der Gründung von Zweckverbänden einer Heilung zugeführt. Den weitesten sachlichen Anwendungsbereich hat das sächsische Heilungsgesetz, denn hier werden nicht nur Zweckverbände, sondern auch Verwaltungsverbände und Verwaltungsgemeinschaften vom Anwendungsbereich mit erfasst.
Eine weitere wichtige Unterscheidung findet sich auch in der unterschiedlichen Einbindung des Zweckverbandsgesetzes vom 7. 6. 1939[254].

## 2. Kapitel Erweiterung der Heilungsvorschriften in Brandenburg, Mecklenburg-Vorpommern und Sachsen-Anhalt

Trotz des Vorhandenseins von Heilungsvorschriften sahen sich die Gesetzgeber der Bundesländer Brandenburg, Mecklenburg-Vorpommern und Sachsen-Anhalt nach weiteren Gerichtsentscheidungen, die insbesondere materielle Gründungs-

---

[254] siehe Vierter Teil, 1. Kap., 6.2.

fehler nachwiesen, veranlasst, die bislang in Kraft getretenen Heilungsvorschriften zu erweitern. In den Bundesländern Sachsen und Thüringen erfolgten keine Erweiterungen der Heilungsvorschriften.

1. Brandenburg – Zweckverbandsstabilisierungsgesetz

Hintergrund der neuen Gesetzesinitiative zum Erlass des Gesetzes zur rechtlichen Stabilisierung der Zweckverbände für Wasserversorgung und Abwasserbeseitigung und zur Änderung des Gesetzes über die kommunale Gemeinschaftsarbeit im Land Brandenburg (ZwStabG)[255] war eine neuere Rechtssprechung des OVG Frankfurt/Oder. Mit seinen Urteilen vom 14. August 1997 – Aktenzeichen 2 D 33 / 96 (Emster – Urteil)[256] und 18. Dezember 1997 – Aktenzeichen 2 D 16 / 97 (Elsterwerda – Urteil)[257] hat das OVG Frankfurt/Oder Verstöße gegen den vom Gesetz über die kommunale Gemeinschaftsarbeit vorgegebenen Mindestinhalt der Verbandssatzung als maßgebliches Kriterium für die Frage einer wirksamen Verbandsgründung angesehen. Verstöße gegen diesen Mindestinhalt führen nach diesen Urteilen grundsätzlich zu ihrer Unwirksamkeit[258]. Im Hinblick auf diese Feststellung konnte auch das Zweckverbandssicherungsgesetz von vornherein keine Rechtsgrundlage bieten, da der Gesetzgeber bei diesem Gesetz bewusst auf eine Heilung materieller Fehler des Satzungsinhaltes verzichtet hatte[259]. Durch eine daran anschließende Überprüfung von vorgelegten 85 Verbandssatzungen der Wasser- und Abwasserzweckverbände wurde festgestellt, dass über 90 % dieser Verbandssatzungen nicht den notwendigen Mindestinhalt aufwiesen.

Das Gesetz zur rechtlichen Stabilisierung der Zweckverbände für Wasserversorgung und Abwasserbeseitigung bestimmt mit § 1 Abs. 3, dass o.g. Zweckverbände, die in der Zeit vom 03. 10. 1990 bis zum In-Kraft-treten des GKGBbg (31. 12. 1991) gegründet worden sind, mit dem Zeitpunkt ihres Entstehens, gegebenenfalls auf Grund dieses Gesetzes die Eigenschaft einer juristischen Person des öffentlichen Rechts erlangt haben. Gem. § 1 Abs. 3 Satz 2 besitzen sie seit diesem Zeitpunkt die Rechtsstellung eines Zweckverbandes nach dem Zweckverbandsgesetz vom 07. Juni 1939.

[255] GVBl. I, S. 162, im folgenden auch 2. HeilGBbg
[256] OVG Frankfurt (O.) LKV 1997, 460
[257] OVG Frankfurt (O. ) LKV 1998, 197
[258] vgl. OVG Frankfurt (O.) LKV 1997, 460(460)
[259] Hüppe/Zwölfer LKV 1998, 436(437)

In den §§ 2 bis 5 ist im Verhältnis zum Zweckverbandssicherungsgesetz eine Erweiterung der Vorschriften zur Heilung von Gründungsfehlern enthalten.
Ähnlich wie in den Heilungsgesetzen der Länder Mecklenburg-Vorpommern und Sachsen ist in § 2 Abs. 1 Satz 1 ZwStabG vorangestellt, dass in der Vergangenheit unterlaufene Verfahrens- und Formfehler der rechtswirksamen Gründung eines Zweckverbandes nicht entgegenstehen[260].
Im Anschluss daran findet sich eine nicht abschließende („insbesondere“) Aufzählung von Form- und Verfahrensvorschriften. Im Unterschied zum Zweckverbandssicherungsgesetz setzt das Zweckverbandsstabilisierungs-gesetz für eine Heilung von Form- und Verfahrensvorschriften nun nicht mehr den nach § 9 Abs. 2 Satz 1 GKG Bbg notwendigen Mindestinhalt der Verbandssatzung voraus. Gleiches gilt für die Bekanntmachung der Verbandssatzung, die nunmehr nicht mehr in vollem Wortlaut (§ 2 Abs. 1 ZwVerbSG), sondern nur noch in wesentlichen Teilen öffentlich bekannt zu machen ist (§ 3 Abs. 2 ZwStabG).
Mit § 2 Abs. 2 ZwStabG wird der Beschluss der Vertretungskörperschaft zur Verbandsbildung für nicht erforderlich erklärt, wenn die Gemeinde in der Folgezeit als Verbandsmitglied aufgetreten ist. Damit wird dem Urteil des OVG Frankfurt/Oder vom 14. 08. 1997 entgegen gewirkt, welches bei der Auslegung des Zweckverbandssicherungsgesetzes bei Mängeln der Willenserklärung zumindest einen Beschluss der Gemeindevertretung voraussetzt[261].
Nach § 2 Abs. 3 ZwStabG stehen auch fehlende oder nicht feststellbare Willenserklärungen zur Bildung des Zweckverbandes einer Verbandsbildung mit denjenigen Gemeinden nicht entgegen, wenn diese gemäß Abs. 2 als Verbandsmitglieder aufgetreten sind.
§ 3 ZwStabG regelt den Zeitpunkt des Entstehens des Zweckverbandes.
Die §§ 4 und 5 regeln die Anwendbarkeit der §§ 2 und 3 im Hinblick auf den Beitritt und das Ausscheiden von Verbandsmitgliedern und sonstige Änderungen der Verbandssatzung.
Mit den §§ 6 bis 13 geht das Zweckverbandsstabilisierungsgesetz – ebenso abweichend vom Zweckverbandssicherungsgesetz vom 04. 12. 1996 – auch auf inhaltliche Mängel – materielle Gründungsfehler – der Verbandssatzung ein. Vor dem Hintergrund der Urteile des OVG Frankfurt, wonach Verstöße gegen den Mindestinhalt der Verbandssatzung zur Nichtigkeit führen, sollen die festgestellten inhaltlichen Fehler aufgefangen werden. Die Vorschriften zum § 7 (Verbandsmitglieder), § 8 (Aufgaben, Name und Sitz des Zweckverbandes), § 9 (Form der öffentlichen Bekanntmachung), § 10 (Umlagemaßstab), § 11 (satzungsmäßige Stimmenzahl und Zuständigkeiten der Verbandsversammlung),

[260] Hüppe/Zwölfer LKV 1998, 436(437)
[261] Cromme LKV 1999, 122(124)

§ 12 (Vertretung des Verbandsvorstehers) und § 13 (Übernahmeregelung) treten jeweils an die Stelle der fehlenden oder unwirksamen Verbandssatzungsbestimmungen[262]. Mit § 16 Abs. 1 ist für Verbandsmitglieder, in deren Willensbildung durch das Zweckverbandsstabilisierungsgesetz eingegriffen wird, die Möglichkeit eröffnet, den Austritt aus dem Zweckverband zu erklären.

### 2. Mecklenburg-Vorpommern - 3. Gesetz zur Änderung der Kommunalverfassung für das Land Mecklenburg-Vorpommern

Mit dem 3. Gesetz zur Änderung der Kommunalverfassung für das Land Mecklenburg-Vorpommern (3. ÄndG KV – M-V) vom 10. Juli 1998[263] erweiterte auch der Gesetzgeber in Mecklenburg-Vorpommern die Heilungsvorschriften im Zusammenhang mit der fehlerhaften Gründung von Zweckverbänden.
Mit Art. 1 Ziff. 2 dieses Gesetzes wurde – ähnlich wie in Brandenburg und Sachsen – ein Katalog von unbeachtlichen Form- und Verfahrens-vorschriften in § 170 a KV – M-V eingefügt. Ebenso wie im Zweckverbandsstabilisierungsgesetz Brandenburg werden fehlende oder nicht feststellbare Beschlüsse der Vertretungskörperschaften der Verbandsbildung nicht als entgegen stehend behandelt, wenn die Kommunen in der Folgezeit als Mitglied des Zweckverbandes aufgetreten sind (vgl. Art. 1 Ziff. 2 b). Gleiches gilt auch für fehlende oder nicht feststellbare Willenserklärungen zur Zweckverbandsbildung.

In dem durch Art. 1 Ziff. 2 l) eingefügten § 170 a Abs. 13 KV – M-V wird Verbandsmitgliedern, die bis zum 30. Juni 1997 den Zweckverbandsaustritt beschlossen haben, unter Voraussetzung der Genehmigung der Rechtsaufsichtsbehörde ein Austrittsrecht zugebilligt.

Mit dem durch Art. 1 Ziff. 3 neu eingefügten § 170 b KV – M-V erfolgt eine Regelung zu festgestellten inhaltlichen Verbandssatzungsmängeln. Bis auf geringe Unterschiede in Reihenfolge und Formulierung des Umlagemaßstabes entspricht § 170 b KV – M-V den §§ 7 bis 13 des Zweckverbandsstabilisierungsgesetzes Brandenburg.

---

[262] Hüppe/Zwölfer LKV 1998, 436(437)
[263] GVOBL. S. 634, im folgenden auch 2. HeilG M-V

3. Sachsen-Anhalt - 2. Gesetz zur Änderung des Gesetzes über kommunale Zusammenarbeit

Mit einem Urteil vom 03. Juli 1997 im Rahmen einer kommunale Verfassungsbeschwerde hatte das Landesverfassungsgericht LSA das Gesetz zur Änderung des Gesetzes über die kommunale Gemeinschaftsarbeit des Landes Sachsen-Anhalt vom 04. Juli 1996[264] nicht für Abwasserzweckverbände anwendbar erklärt, die noch unter der Geltung der Kommunalverfassung - DDR gebildet worden waren und bei denen keine rechtswirksame Anpassung an das im Oktober 1992 in Kraft getretene Landesrecht erfolgt war. Außerdem hätte der Gesetzgeber zum sogenannten 1. Heilungsgesetz im Gesetzeswortlaut zum Ausdruck bringen müssen, wenn er auch Fehler bei dieser Anpassung hätte erfassen wollen.

Das sog. 1. Heilungsgesetz war damit in zweifacher Hinsicht nicht ausreichend. Denn zum einen erfasste es nach Ansicht des Landesverfassungsgerichtes LSA keine Zweckverbandsgründungen nach der Kommunalverfassung - DDR und konnte zum zweiten keine Anpassungsfehler heilen.
Mit dem Gesetz zur Änderung des Gesetzes über kommunale Gemeinschaftsarbeit sowie des Kommunalabgabengesetzes vom 6. 10. 1997[265] wurde mit dem im GKG LSA neu eingefügten § 7 Satz 2 bestimmt, dass als Körperschaften des öffentlichen Rechts auch die Zweckverbände gelten, die vor dem 16. Oktober 1992 (In-Kraft-treten des GKG LSA) gegründet worden sind. Die dabei aufgetretenen Gründungsfehler gelten nach Maßgabe des § 8 a (§ 19 a GKG LSA a. F.) als geheilt. Zweck dieser Einfügung war, die bislang noch nicht von den Heilungsvorschriften erfassten Zweckverbände mit einzubeziehen.

Das gleiche Ziel verfolgte der Gesetzgeber mit dem neu eingefügten § 8 a Abs. 4 GKG LSA. Nach dieser Vorschrift gilt die Heilungsvorschrift des § 8 a Abs. 1 GKG LSA auch für Fehler im Rahmen einer Anpassung der Zweckverbandssatzung nach dem bis zum 05. 08. 1997 geltenden § 29 GKG LSA, ohne Rücksicht auf die darin genannte Frist oder Zuständigkeit des anpassenden Gremiums der Gemeinde oder des Verbandes.

Soweit es um die Frage geht, welche Voraussetzungen an eine Heilung geknüpft sind, brachte das 2. Heilungsgesetz keine Änderungen. Der Unterschied zum 1. Heilungsgesetz besteht hier darin, dass der bestehende Formzwang im Rahmen

[264] GVBl. S. 218
[265] GVBl. S. 878

der Bekanntmachung von Satzungen des Zweckverbandes beseitigt wurde[266]. Das Bekanntmachungserfordernis als solches ist davon jedoch nicht erfasst. § 8 a Abs.1 Satz 4 GKG LSA regelt insoweit, dass die Bekanntmachung der Verbandssatzung oder der Genehmigungsverfügung bzw. der ersten Abgabensatzung nicht dann unwirksam ist, wenn bei der Bekanntmachung seiner Zeit nicht die Bekanntmachungsbestimmungen den Hauptsatzungen der Verbandsmitglieder bzw. der Verbandssatzung eingehalten wurden[267]. Im Übrigen ergeben sich im Vergleich zum 1. Heilungsgesetz keine Änderungen.

## 4. Gemeinsamkeiten – Unterschiede

Durch nähere Auseinandersetzung mit den Erweiterungen der Heilungsvorschriften und einen entsprechenden Vergleich mit den unveränderten Länderregelungen in Sachsen-Anhalt und Thüringen wird wiederum deutlich, dass zwar wesentliche zweckbezogene Gemeinsamkeiten zwischen den Regelungen vorhanden sind, im Übrigen die inhaltlichen Regelungen zum Teil aber auch deutliche Unterschiede aufweisen.

### 4.1. Gemeinsamkeiten

Im Rahmen der festgestellten Gemeinsamkeiten zwischen den bestehenden Heilungsvorschriften kann zunächst auf die vorstehenden Ausführungen Bezug genommen werden[268].
Im übrigen regelt nunmehr auch § 7 S. 2 GKG LSA eine Heilung von Gründungsfehlern für Zweckverbände, die vor Erlass des GKG LSA gegründet wurden.

### 4.2. Unterschiede

Trotz der im Ergebnis in etwa auf einer Ebene liegenden Ziele und Zwecke der Heilungsvorschriften und damit etwa verbundener Gemeinsamkeiten sind länderspezifische inhaltliche Unterschiede festzustellen. Die bereits aufgezeigten

---

[266] Just LKV 1999, 113(116)
[267] LT-Drs. LSA 2/3894, S. 6
[268] vgl. Vierter Teil, 1. Kap., 6.1.

Unterschiede[269] bestehen auch noch nach den soeben aufgezeigten Erweiterungen der Heilungsvorschriften. Dies betrifft beispielsweise die unterschiedliche Einbindung des RZVG (die HeilG der Brandenburg, Mecklenburg-Vorpommern, Sachsen wenden die Vorschriften des RZVG an, in Sachsen-Anhalt und Thüringen findet sich keine Regelung)[270]und die Bekanntmachungsfiktion für bereits erlassene Verwaltungsakte. Weitere Unterschiede sind:

### 4.2.1. Heilung materieller Gründungsfehler

Der wohl bedeutendste inhaltliche Unterschied zwischen den Heilungsvorschriften der Länder Brandenburg, Mecklenburg-Vorpommern, Sachsen, Sachsen-Anhalt und Thüringen findet sich in der Reichweite der zu heilenden Gründungsfehler.
In Sachsen-Anhalt wurde mit dem Gesetz zur Änderung des GKG sowie des KAG vom 01. Oktober 1997 vor allem die Erfassung eines weiter zurückliegenden Zeitraumes bezweckt. Der Wortlaut der insoweit maßgeblichen Heilungsvorschrift des § 8 a Abs.1 GKG LSA (§ 19 a GKG LSA a. F.) blieb dagegen unverändert. Wie bereits dargestellt[271], ist nicht davon auszugehen, dass auch eine Heilung materieller Fehler von dieser Regelung bezweckt wurde.
Anders dagegen die Regelungen in Brandenburg und Mecklenburg-Vorpommern: Hier betrat der Gesetzgeber in Folge der bereits aufgezeigten Gerichtsentscheidungen und Untersuchungen der erfolgten Zweckverbandsgründungen Neuland. Dieses Neuland besteht in der gesetzlichen Verankerung von Heilungsvorschriften in Bezug auf materielle Fehler der Verbandssatzung im Rahmen der Gründung von Zweckverbänden. Während im Land Brandenburg davon lediglich Zweckverbände aus dem Bereich der Wasserversorgung und Abwasserentsorgung erfasst sein sollen, bezieht sich § 170 b KV – M-V im Allgemeinen auf Zweckverbände.

### 4.2.2. Austrittsmöglichkeit

Mit § 16 Zweckverbandsstabilisierungsgesetz Brandenburg und § 170 a Abs. 13 KV – M-V erfolgte nunmehr eine Regelung einer Austrittsmöglichkeit für Ver-

---

[269] vgl. Vierter Teil, 1. Kap., 6.2.

[270] vgl. dazu die entspr. Vorschriften Art. 1 § 1 III ZwStabG Bbg.; § 170 a I KV – M-V; Art. 2 S. 3 GORV Sachsen

[271] siehe Vierter Teil, 1. Kap., 6.2.

bandsmitglieder, deren Vertretungskörperschaften keinen Beschluss zur Verbandsbildung gefasst haben. Diese Austrittsmöglichkeit ist jeweils zeitlich befristet. Im Unterschied zu diesen Austrittsregelungen kann ein Austritt nach § 8 a Abs. 2 GKG LSA schon dann erfolgen, wenn Statut oder Verbandssatzung nicht durch das zuständige Organ beschlossen wurde.

Im Gegensatz dazu ist in den Heilungsgesetzen der Länder Sachsen und Thüringen auf eine Austrittsregelung für Zweckverbandsmitglieder, die keinen Beschluss zur Verbandsbildung getroffen haben, verzichtet worden.

#### 4.2.3. Gesetzesform

Mit dem ZwStabG wurde neben dem ZwVerbSG in Brandenburg wiederum ein Spezialgesetz in Kraft gesetzt. Letztgenanntes sowie das Gesetz zur Ordnung der Rechtsverhältnisse der Verwaltungsverbände, Verwaltungsgemeinschaften und Zweckverbände im Freistaat Sachsen ändern – im Gegensatz zu den Regelungen der Länder Mecklenburg-Vorpommern, Sachsen-Anhalt und Thüringen - nicht die Vorschriften der kommunalen Gemeinschaftsarbeit bzw. kommunalen Zusammenarbeit. Das ZwStabG Brandenburg geht für fehlerhaft gegründete Zweckverbände dem GKGBbg als speziellere Regelung vor. Soweit das Gesetz also keine speziellere Regelung trifft, bleibt das GKGBbg weiterhin anwendbar. Gleiches gilt auch im Verhältnis zum ZwVerbSG vom 04. 12. 1996.

#### 4.2.4. Substituierbarkeit von fehlenden Willenserklärungen

Im Gegensatz zu den Heilungsvorschriften der anderen Bundesländer haben sich sowohl das ZwStabG Bbg als auch das 3. ÄndG KV – M-V nicht nur auf eine Heilung von Form- und Verfahrensfehlern beschränkt, sondern auch fehlende oder nicht feststellbare Willenserklärungen der kommunalen Gebietskörperschaften für unbeachtlich erklärt, soweit die kommunale Gebietskörperschaft als Verbandsmitglied aufgetreten ist (vgl. § 2 Abs. 3 ZwStabG Bbg ; § 170 a Abs. 2 S. 3 KV – M-V). In diesem konkuldenten Verhalten widerspiegele sich der Wille der Gemeinden zur Gründung von Zweckverbänden.
Die Gesetzgeber beider Länder knüpfen also im Rahmen dieser Fingierung an ein von außen ersichtliches Verhalten der Gemeinde an[272]und fingieren eine feh-

---

[272] LT-Drs. Bbg. 2/5171, S. 18; LT-Drs. M-V, S. 7

lende Willensäußerung der Gemeinden in Zusammenhang mit der Gründung von Zweckverbänden.

4.3. Ergebnis

Während sich das 2. ÄndG GKG LSA im wesentlichen auf eine zeitliche Erweiterung des Anwendungsbereiches der Heilungsregelungen auf Zweckverbandsgründungen im Zeitraum vor Geltung des GKG LSA beschränkte, betraten die Gesetzgeber zum ZwStabG in Brandenburg und zum 3. ÄndG KV – M-V juristisches Neuland. Dieses juristische Neuland ist in den Regelungen zur Heilung materieller Fehler der Verbandssatzung und zur Substituierbarkeit fehlender Willenserklärungen zu finden. Im Vergleich zwischen den Zweckverbandsheilungsgesetzen der Bundesländer Brandenburg, Mecklenburg-Vorpommern, Sachsen, Sachsen-Anhalt und Thüringen bieten das ZwStabG Bbg und das 3. ÄndG KV – M-V eine umfassende Heilungsmöglichkeit aller im Zusammenhang mit den fehlerhaften Gründungsvorgängen aufgetretenen Gründungsmängel. Die Heilungsvorschriften der Länder Sachsen (GORV), Sachsen-Anhalt (1. und 2. ÄndG GKG LSA) und Thüringens (1. ÄndG ThürGKG) beschränken sich hingegen auf die Heilung formeller Fehler[273].

---

[273] vgl. dazu auch VG Dessau LKV 99, 330; OVG Bautzen LKV 1999, 61

## Fünfter Teil: Grundlegende Erwägungen zu Heilungsgesetzen

### 1. Kapitel Wesensart von Heilungsgesetzen

Weder im Grundgesetz noch in den Landesverfassungen finden sich besondere Regelungen zur Charakteristik, Zulässigkeit, den Voraussetzungen von Heilungsgesetzen. Ein Heilungsgesetz ist vielmehr ein Gesetz, das sich von einem gewöhnlichen Gesetz nicht unterscheidet[274].
Heilungsgesetze müssen daher auch keine speziellen Kriterien erfüllen, sondern unterliegen denselben verfassungsrechtlichen Anforderungen, wie alle anderen Gesetze auch.

Soweit es sich bei dem Heilungsgesetz um einen Hoheitsakt handelt, der durch ein zur Gesetzgebung befugtes Organ im Wege des verfassungsmäßig vorgesehenen förmlichen Gesetzgebungsverfahrens ergeht, ordnungsgemäß ausgefertigt und verkündet ist, handelt es sich um ein formelles Gesetz[275]. Wie die meisten anderen formellen Gesetze können auch Heilungsgesetze eine allgemeinverbindliche Regelung für eine unbestimmte Vielzahl von Personen regeln, sind also in diesem Fall auch Gesetze im materiellen Sinn[276].
Wie die o.g. Heilungsgesetze zeigen, ist es allerdings auch durchaus möglich, dass Heilungsgesetze keinen allgemeinen Tatbestand, sondern von ihrem Regelungsgehalt auf mehrere Einzelfälle beschränkt sind. Soweit sie nicht lediglich für einen Einzelfall gelten und daher gegen Art.19 Abs.1 Grundgesetz (Einzelfallverbot) verstoßen, handelt es sich um verfassungsrechtlich zulässige Maßnahmengesetze[277]. Selbst wenn ein Heilungsgesetz nur einen konkreten Fall zum Anlass hat, aber weitere Anwendungsfälle zukünftig nicht ausschließt, verletzt es nicht Art. 19 Abs. 1 Satz 1 Grundgesetz[278].

---

[274] Millgramm SächsVBl. 1998, 125(127)
[275] Maurer, § 4 Rz. 7, S. 51
[276] Maurer, § 4 Rz. 8, S. 52,
vgl. zum Begriff des Gesetzes auch Stern, StR, Bd. II, § 37 I, S. 561 f.
[277] vgl. zum Einzelfallgesetz: BVerfGE 7, 129- lex Schörner;
BVerfGE 10, 234- Platowkomplex, BVerfGE 13, 225- Bahnhofsapotheke;
BVerfGE 25, 371(396)-lex Rheinstahl
Jarass/Pieroth, 19 Rz. 1 m. w. N.
[278] BVerfGE 13, 225; 24, 33; BVerwGE 74, 58

## 2. Kapitel Beweggründe für den Erlass von Heilungsgesetzen

Die Beweggründe der Legislative Gesetzesinitiativen zum Erlass von Heilungsvorschriften ins Leben zu rufen, sind vielschichtig. Fest steht, dass Heilungsvorschriften seit langem ein grundsätzlich anerkannter Bestandteil von legislativen Maßnahmen sind[279].

### 1. Politische Motivation

Nach neueren Auffassungen werden Gesetze - im Rahmen der verfassungsrechtlichen Grundwerte - auch als Instrument der Politik aufgefasst[280]. Da Heilungsgesetze ebenso Gesetze im formellen und materiellen Sinn sind, können legislative Interventionen mit dem Ziel des Erlasses von Heilungsvorschriften in Folge politischer Notwendigkeiten in Kraft gesetzt werden. Insbesondere die hier maßgeblichen Heilungsgesetze der neuen Bundesländer im Zusammenhang mit der fehlerhaften Gründung von Zweckverbänden der Wasserversorgung und Abwasserentsorgung wurden in Folge der schwierigen innenpolitischen, insbesondere kommunalpolitischen Situation in Kraft gesetzt.
Aus sämtlichen amtlichen Begründungen zu den Gesetzesentwürfen, den vorliegenden Plenarprotokollen über die Diskussion des Gesetzgebers zu diesen Vorschriften, sonstigen Protokollen bis hin zu Zeitungsberichten lässt sich der Schluss ziehen, dass in allen neuen Bundesländern ein beträchtlicher innenpolitischer Handlungsbedarf bestand[281]. Kulminationspunkte dieses innenpolitischen Drucks waren neben der Frage der Stabilität der Wasserversorgung und Abwasserbeseitigung auch durchgeführte Protestmärsche[282] und mehrtägige Hungerstreiks[283].

### 2. Lückenkompensation

Heilungsvorschriften dienen der Beseitigung von offenen Feldern unseres Rechtssystems. Dieser Beweggrund erwächst aus einem verständlichen Mangel der Gesetzgebung, nicht jeden regelungsbedürftigen Lebenssachverhalt vollständig und umfassend zu erfassen. Dieser Beweggrund dürfte etwa auch eine mittragende Rolle im Zusammenhang mit dem Entwurf zum 2. Änderungsgesetz

---

[279] Millgramm SächsVBl. 1998, 125(125)
[280] Ossenbühl in Isensee/Kirchhof, Bd. 3, S291
[281] vgl. LT-Drs. Bbg 2/5171, S. 1; LT-Drs. M-V 2/3238, S. 4; LT-Drs. Sachsen 2/6568, S. 8; LT-Drs. LSA 2/1882, S. 5; Plenarprot. Thür. 2/35, S. 2591
[282] MAZ v. 13. 10. 1999 u. 18. 10. 1999
[283] MAZ v. 12. 7. 1998 u. 17. 7. 1998

des GKG LSA gespielt haben. Wie bereits im Zusammenhang mit der Erläuterung zum Regelungsinhalt dieses Heilungsgesetzes erörtert wurde, bezweckte der Gesetzgeber mit dem Gesetz eine Einbeziehung von Zweckverbänden, die vor In-Kraft-treten des GKG gebildet worden waren, in die bereits inhaltlich geregelten Heilungsvorschriften (vgl. § 19 a GKG LSA) [284]. Der Gesetzgeber des Landes Sachsen-Anhalt hatte – nach Auffassung des Landesverfassungsgerichtes Sachsen-Anhalt – den Geltungsbereich des 1. Heilungsgesetzes schlichtweg nur auf nach dem GKG LSA gegründete Zweckverbände beschränkt; um diese Lücke zu kompensieren, kam es zum Erlass des 2. Heilungsgesetzes[285].

### 3. Beseitigung unklarer Rechtslagen

Eine Heilung von Sach- und Rechtsvorgängen im Rahmen eines Heilungsgesetzes ist ferner angezeigt, wenn die Legislative mit Rechtsvorschriften unklare oder verworrene Rechtslagen hervorgebracht hat und auf Grund dessen durch die Normadressaten Normverstöße verursacht werden[286].
Der Normadressat kann dann nicht mehr auf geltendes Recht vertrauen. Der Gesetzgeber muss und darf sich dann veranlasst sehen, die Rechtslage auch rückwirkend zu klären[287]. Beispielhaft lässt sich das für alle in diesem Rahmen zu untersuchenden Heilungsvorschriften sagen, denn nach Auffassung der Landesgesetzgeber war für den Bürger nicht mehr hinreichend deutlich, wonach sich die Zuständigkeit der Wasserversorgung und Abwasserbeseitigung richtet. Nicht zuletzt dadurch waren die Landesgesetzgeber auch der Auffassung, dass den Gebührenschuldnern hinreichend die Zuständigkeit der Wasserversorgung und Abwasserbeseitigung vor Augen zu führen ist.

### 4. Verfahrensökonomische Hintergründe

Neben der Lückenkompensation, Beseitigung unklarer Rechtslagen, verfolgen einige Heilungsregelungen auch einen sehr pragmatischen Zweck, die Schaffung und Erhaltung der Verfahrensökonomie.
Zur Veranschaulichung sei auf folgendes Beispiel verwiesen: Die Rechtsvorschrift des § 45 Verwaltungsverfahrensgesetz des Bundes[288] bzw. der gleichlau-

---

[284] vgl. hierzu LVerfG LSA v. 7. 7. 1997, LVerfGE 7, 275
[285] vgl. auch LT-Drs. LSA 2/3895, S. 3
[286] Millgramm SächsVBl. 1998, 125(126)
[287] BVerfGE 11, 64(73);13, 261(271)
[288] Verwaltungsverfahrensgesetz ( VwVfG ) i. d. F. B. v. 21. 9. 1998 ( BGBl. I S. 3051 )

tenden Vorschriften der Landesverwaltungsverfahrensgesetze[289] regelt zusammen mit §§ 46 u. 47 VwVfG Fragen der Folgen von Verstößen gegen Verfahrensvorschriften und der Möglichkeiten einer Heilung bzw. Unbeachtlichkeit solcher Verstöße[290]. Hintergrund der Schaffung dieser Rechtsvorschriften sind verfahrensökonomische Gesichtspunkte[291]. Soweit die Garantie des effektiven Rechtsschutzes nicht eingeschränkt wird, sollen demnach Rechtsbehelfe, die ausschließlich auf die Verletzung von Verfahrensvorschriften gestützt werden, eingeschränkt werden[292]. Spezielle Regelungen, die der Vorschrift des § 45 VwVfG vorgehen, enthalten ebenso die Vorschriften des § 214 ff. BauGB[293] und § 8 Abs.1 Satz 2 BRRG[294], § 144 Abs. 4 VwGO[295] und § 563 ZPO[296].
Die genannten Normen verfolgen vor allem den Zweck der Verwaltungseffizienz und Verfahrensökonomie und damit zugleich auch das Ziel einer besseren und rascheren Erfüllung öffentlicher Aufgaben und eine Steigerung der Funktionsfähigkeit der Verwaltung und der Gerichte durch Entlastung von letztlich unnötigen Verfahren und unter Umständen auch die raschere Durchsetzung von Rechten an der Sache beteiligter Dritter.

---

289 Verwaltungsverfahrensgesetz für das Land Brandenburg ( VwVfGBbg ) i. d. F. d. B. v. 4. 8. 1998 ( GVBl. I S. 178 )
Verwaltungsverfahrens- und Zustellungsgesetz des Landes Mecklenburg-Vorpommern ( VwVfG M-V ) i. d. F. d. B. v. 10. 8. 1998 ( GVOBl. S. 743 )
Vorläufiges Verwaltungsverfahrensgesetz für den Freistaat Sachsen v. 21. 1. 1993 ( GVBl. S. 74 ) zul. geänd. d. § 17 SorbenG v. 31. 3. 1999 ( GVBl. S. 161 )
Verwaltungsverfahrensgesetz für das Land Sachsen-Anhalt i. d. F. v. 7. 1. 1999 ( GVBl. S. 2 )
Thüringer Verwaltungsverfahrensgesetz ( ThürVwVfG ) i. d. F. d. B. V. 27. 11. 1997 ( GVBl. S. 430 )

290 Kopp VerwArch 1970, 219; Kopp, VwVfG, § 45 Rz. 1

291 BVerwG NVwZ 1982, 618

292 Müller NJW 1978, 1354; Grimm NVwZ 1985, 865(871)

293 Baugesetzbuch i. d. F. d. B. v. 27. 8. 1997 (BGBl. I S. 2141) geänd. d. G. v. 27. 8. 1997 (BGBl. I S. 3108)

294 Rahmengesetz zur Vereinheitlichung des Beamtenrechts (BRRG) i. d. F. d. Bekanntmachung v. 27. 2. 1985 (BGBl. I S: 462) geänd. d. Art. 4 G zur Änd v. wehrpflichtrechtlichen, beamtenrechtlichen u. a. Vorschriften v. 42. 7. 1995 (BGBl. I S. 962)

295 Verwaltungsgerichtsordnung (VwGO) i. d. F. d. Bekanntmachung v. 19. 3. 1991 (BGBl.. I S. 686) geänd. d. Art 1 Sechstes G zur Änd d. VwGO und andere Gesetze v. 1. 11. 1996 (BGBl. I S. 1626)

296 Zivilprozessordnung i. d. F. d. Bekanntmachung v. 12. 9. 1950 (BGBl. I S. 533) geänd. d. G zur Neuordnung des Berufsrechts der Rechtsanwälte und der Patentanwälte v. 2. 9. 1994 (BGBl. I S. 2278)

## 5. Wiederherstellung der Rechtssystematik

Heilungsvorschriften sollen auch die Rechtssystematik wieder herstellen. Auch hierzu soll zur Veranschaulichung ein Beispiel dienen: Im Zivilrecht besteht gem. § 141 Abs. 1 BGB[297] der Grundsatz, dass ein formnichtiges Rechtsgeschäft nur durch eine formgerechte Neuvornahme gültig gemacht werden kann. Von diesem Grundsatz macht die Vorschrift des § 313 Satz 2 BGB jedoch eine Ausnahme: Nach dieser Vorschrift wird ein nicht notariell beurkundeter Vertrag zur Übertragung des Eigentums an einem Grundstück – der in Folge fehlender notarieller Beurkundung formnichtig ist – mit der Auflassung und Eintragung wirksam. Hintergrund dieser Regelung ist insoweit der Gedanke der Rechtssystematik und Rechtssicherheit[298]. Denn es wäre nicht vertretbar, trotz Erfüllung der die Formbedürftigkeit begründenden Pflichten, Bereicherungsansprüche auf einen erneut laufenden Zeitraum von 30 Jahren stehen zu lassen[299].

# 3. Kapitel Möglichkeiten der Heilungsausgestaltung

Die Art und Weise der Ausgestaltung von Heilungsvorschriften kann unterschiedlich erfolgen[300].

## 1. Sachlicher Anwendungsbereich

So wie in den vorliegenden Heilungsvorschriften kann der sachliche Anwendungsbereich beschränkt werden. Nach den genannten Heilungsvorschriften sind lediglich Zweckverbände vom sachlichen Anwendungsbereich erfasst. Noch weiter eingeengt ist das ZwStabG Bbg, welches den sachlichen Anwendungsbereich lediglich auf Zweckverbände für Abwasserversorgung und Abwasserbeseitigung erstreckt. In Sachsen erfolgt dagegen mit dem GORV nicht nur eine Heilung von Gründungsfehlern im Rahmen der Gründung von Zweckverbänden, sondern auch für Verwaltungsverbände und Verwaltungsgemeinschaften. Generell muss der sachliche Anwendungsbereich nicht eingeschränkt werden. Dies zeigen etwa andere Heilungsvorschriften wie beispielsweise § 45 Abs. 1

[297] Bürgerliches Gesetzbuch v. 18. 8. 1896 (RGBl. S. 195) geänd. d. Arbeitsrechtliches Gesetz zur Förderung von Wachstum und Beschäftigung v. 25. 9. 1996 (BGBl I S. 1476)
[298] Palandt/Heinrichs, § 313 Rz. 46
[299] BGH NJW 1978, 1577; Palandt/Heinrichs, § 313 Rz. 45
[300] vgl. dazu die grundlegenden Ausführungen von Hufen, S. 364 ff.

VwVfG. Welche Grenze zu ziehen ist, hängt neben den bereits aufgeführten Beweggründen, maßgeblich auch von verfassungsrechtlichen Grundsätzen ab.

2. Temporaler Anwendungsbereich

Neben der Einschränkung des sachlichen Anwendungsbereiches eröffnet die Frage des zeitlichen Anwendungsbereiches selbstverständlich auch hier Möglichkeiten, die Art und Weise einer Heilung zu beeinflussen. Dies beginnt mit der Schaffung von Heilungsregelungen für künftige Lebenssachverhalte, führt über Regelungen für in der Vergangenheit liegende noch nicht abgeschlossene Sachverhalte bis hin zu den Regelungen für bereits in der Vergangenheit abgeschlossene Vorgänge. Auch hier muss die Rechtmäßigkeit der zeitlichen Dimension unter Berücksichtigung der Beweggründe maßgeblich an den vom Grundgesetz und den Landesverfassungen vorgegebenen Verfassungsprinzipien festgemacht werden.

3. Art und Weise der Heilung

Die Art und Weise einer Heilung kann auf unterschiedlichen Ebenen erfolgen. Eine weniger intensive Art der Heilung ist die Möglichkeit des Gesetzgebers, dem Normadressaten im Zuge einer Frist die Gelegenheit zur Versäumnisnachholung bzw. Fehlerkorrektur zu bieten (vgl. § 45 Abs. 1 VwVfG)[301]. In diesem Fall hängt eine heilende Wirkung vom positiven Zutun eines Beteiligten ab, denn der rechtsfehlerhafte Zustand wird durch den Normadressaten behoben..
Auf einer nachfolgenden Stufe kann die Bestimmung der Unbeachtlichkeit (vgl. etwa § 46 VwVfG) eingeordnet werden, denn hier ist keine Behebung des rechtsfehlerhaften Zustandes durch den Normadressaten erforderlich, sondern wird de iure ohne weiteres Zutun des Normadressaten erreicht.

[301] Hufen, S. 366

## Sechster Teil: Rechtliche Bewertung der Heilungsvorschriften

Ziel der Landesgesetzgeber ist letztlich die Verwendung von Heilungsvorschriften, die auch vor dem Hintergrund der vom Grundgesetz vorgegebenen Verfassungsprinzipien Bestand haben, also „gerichtsfest" sind.
Das brandenburgische Zweckverbandsstabilisierungsgesetz wurde durch eine Kommunalverfassungsbeschwerde von zwei Gemeinden dem Verfassungsgericht des Landes Brandenburg vorgelegt. Diese Kommunalverfassungsbeschwerde blieb ohne Erfolg.[302] Das Landesverfassungsgericht Mecklenburg-Vorpommern hat mit Urteil vom 04. Februar 1998[303] im Rahmen einer erhobenen Kommunalverfassungsbeschwerde die Vereinbarkeit der Heilungsgesetze von Mecklenburg-Vorpommern mit der LVerfg M-V bescheinigt. Eine im Ergebnis gleichlautende Entscheidung ist vom Landesverfassungsgericht Sachsen-Anhalt für das 2. ÄndG GKG LSA mit Urteil vom 12. 12. 1997 erfolgt[304].
Durch einen Vorlagebeschluss nach Art. 100 Abs.1 Grundgesetz und § 80 Abs.1 Bundesverfassungsgerichtsgesetz[305] hat das Verwaltungsgericht Halle am 13. 08. 1998 die Verfassungsmäßigkeit des 2. Änderungsgesetzes zum GKG LSA in Frage gestellt[306]. Hierzu steht eine Entscheidung des Bundesverfassungsgerichtes noch aus.
Die vielfältigen politischen Diskussionen sowie die oben aufgeführten Entscheidungen sollen Anlass sein, diese landesrechtlichen Heilungsvorschriften rechtlich zu bewerten und deren Vereinbarkeit mit dem Grundgesetz näher zu diskutieren.

### 1. Kapitel Zuständigkeit der Landesgesetzgeber

Das Recht der Zweckverbände regelt ausschließlich Bindungen von kommunalen Gebietskörperschaften untereinander[307]. Damit unterfällt das Recht der Zweckverbände dem Kommunalrecht[308]. Nach Art. 70, 74 Grundgesetz liegt das Kommunalrecht der alleinigen Zuständigkeit der Landesgesetzgebung[309]. Der

---

302 LVerfG Bbg, U. v. 20. 1. 2000, LKV 2000, 199
303 LVerfG M-V v. 4. 2. 1998, Az. 1/98
304 LVerfG LSA v. 12. 12. 1997, LVerfGE 7, 275
305 BVerfGG i. d. F. d. Bekanntmachung v. 11. 8. 1993, BGBl. I S. 1473
306 VG Halle, B. v. 13. 8. 1998, LKV 1999, 80 L
307 Theobald, S. 10
308 LVerfG M-V, U. v. 4. 2. 1999, S. 14 des Urteilsumdrucks; Theobald, S. 10
309 Klüber, HKWP, Bd. 1, S. 535; Theobald, S. 10

Erlass von Heilungsvorschriften zu Fragen des Zweckverbandsrechts unterfällt daher ebenso der Zuständigkeit der Landesgesetzgebung[310].

## 2. Kapitel Geltung des Zweckverbandsgesetzes vom 7. Juni. 1939

Sowohl in § 170 a KV – M-V[311] als auch der Verweis in Art. 2 Abs. 1 Satz 3 GORV[312] und § 1 Abs. 3 ZwStabG Bbg[313] führen als gesetzliche Grundlage für die Verleihung der Rechtsstellung der öffentlich rechtlichen Körperschaft für nach dem 03. 10. 1990 gegründete Zweckverbände das Zweckverbandsgesetz vom 7. 6. 1939[314] an.

Der Hintergrund dieser Regelung ist in der Erkenntnis zu sehen, dass die §§ 61, 75 KV - DDR keine hinreichende Grundlage für die Gründung von rechtsfähigen Zweckverbänden bilden konnten.

Obwohl die §§ 61, 75 KV - DDR eher einen geringen Regelungsgehalt aufwiesen, ging die vorhandene Kommentarliteratur ohne Weiteres davon aus, dass es sich auch bei den auf Grundlage von §§ 61, 75 KV - DDR gegründeten Zweckverbänden um Körperschaften des öffentlichen Rechts handelt[315], die in diesen Rechtsvorschriften mithin eine ausreichende Rechtsgrundlage haben[316].

Erst mit dem Urteil des LVerfG LSA vom 03. 07. 1997[317] brach sich die Auffassung Bahn, dass die §§ 61, 75 KV - DDR keine hinreichende gesetzliche Grundlage für die Bildung von Zweckverbänden als rechtsfähige Körperschaften des öffentlichen Rechts bilden konnten[318].

Ausgehend von der Annahme, dass Körperschaften des öffentlichen Rechts als Teil mittelbarer Staatsverwaltung – soweit sie nicht durch die Verfassung selbst anerkannt werden, wie z.B. Kommunen oder Kirchen – ihren Status nur durch Gesetz oder auf Grund eines Gesetzes verliehen erhalten, enthalten §§ 61, 75 KV - DDR eben eine solche Regelung nicht.

---

310 LVerfG M-V, U. v. 4. 2. 1999, S. 14 des Urteilsumdrucks

311 eingefügt durch das 1. HeilG M-V

312 HeilG Sachsen

313 2. HeilG Bbg

314 RZVG v. 7. 6. 1939, RGBl. I S. 979

315 Eichhorn, S. 1077

316 Bretzinger/Büchner-Uhder, § 61 Rz. 2; Schlempp, § 61 Rz. 1; Schmidt-Eichstaedt, S. 175

317 LVerfG LSA, U. v. 3. 7. 1997, LVerfGE 7, 251

318 S. 13 des Urteilsumdrucks

Diese im Ergebnis zum Teil bestrittene Auffassung[319] des LVerfG LSA ist überzeugend, denn juristische Personen des öffentlichen Rechts entstehen unmittelbar kraft Gesetzes durch verfassungsrechtliche Anerkennung (Beispiel Kirchen, Gemeinden) oder durch spezialgesetzliche Schöpfungen (zum Bsp. § 9 Bundesjagdgesetz[320]: Jagdgenossenschaften) bzw. auf Grund gesetzlicher Normativbestimmungen durch gebundene Staatsakte (z.B. amtsgerichtliche Eintragung ins Vereinsregister) oder durch freie Staatsakte (§ 22 BGB: wirtschaftliche Vereine)[321]. Insbesondere Körperschaften des öffentlichen Rechts werden entweder durch Spezialgesetz gebildet und errichtet oder durch (Modell-)Gesetz gebildet und nach Erfüllung der gesetzlichen Normativbestimmungen durch Verwaltungsakt bzw. autonomem Errichtungsakt (staatlicher Hoheitsakt) errichtet (vgl. etwa Art. 87 Abs. 3 GG)[322].
Der Gesetzgeber hat im Hinblick auf diese Voraussetzungen auch die wesentlichen Grundzüge der Körperschaft, wie den Mitgliederkreis, die innere Organisation und die Aufgabe zu bestimmen[323].

Wendet man diese Grundsätze auf die §§ 61, 75 KV - DDR an, so sind diese Regelungen in mehrfacher Hinsicht defizitär:
Zum einen fehlt die Regelung, dass der Zweckverband eine eigene Rechtspersönlichkeit ist.
Zweitens fehlt eine Aussage der genannten Rechtsvorschriften über die mit der Zweckverbandsgründung verbundenen Rechtsfolgen, wie etwa der Übergang von Rechten und Pflichten.
Und drittens fehlt diesen Regelungen sowohl eine Darstellung zur inneren Organisation als auch zum Gründungsverfahren.
Die §§ 61, 75 KV - DDR boten daher nur eine lückenhafte Regelung zur Gründung von Zweckverbänden.

In der Rechtssprechung gibt es zur Fortgeltung des Zweckverbandsgesetzes vom 7. 6. 1939 zwei unterschiedliche Auffassungen:
Das Landesverfassungsgericht Sachsen-Anhalt[324] sowie der 2. Senats des Oberverwaltungsgerichts Sachsen[325] und der 2. Senats des Oberlandesgerichts Bran-

---

[319] OVG Bautzen LKV 1999, 61(61)
[320] Bundesjagdgesetz i. d. F. d. Bekanntmachung v. 29. 9. 1976, BGBl. I S. 2849
[321] Wolff/Bachof/Stober, Bd. I, § 34 Rz. 18, S. 454
[322] Wolff/Bachof/Stober, Bd. II, § 84 Rz. 14, S. 10; Forsthoff, S. 492; Rasch DVBl. 1970, 765(765) Scheuner, S. 804
[323] Maurer, § 23 Rz. 38, S. 527 ; Forsthoff, S. 492
[324] LVerfG LSA, U. v. 12. 12. 1997, LVerfGE 7, 275
[325] OVG Bautzen LKV 99, 61(61)

denburgs[326] verneinen eine Fortgeltung des Zweckverbandsgesetzes auf dem Gebiet der Länder Sachsen-Anhalt bzw. Sachsen.
Das Landesverfassungsgericht Mecklenburg-Vorpommern, der 3. Senat des OVG Bautzen, der 3. Senat des OLG Brandenburg und andere Gerichte bejahen wiederum die Fortgeltung des Zweckverbandsgesetzes in den jeweiligen Ländern[327]. Auch in der Literatur werden hierzu verschiedene Auffassungen vertreten[328].
Infolge dieser unterschiedlichen Auffassungen erscheint eine Beantwortung dieser Frage notwendig, denn die Frage einer Weitergeltung des RZVG hat rechtliche Bedeutung für sämtliche neuen Bundesländer, da die Kommunalverfassung – DDR zunächst in allen neuen Bundesländern Landesrecht wurde. Sollte sich eine Weitergeltung des RZVG bestätigen, war auch während der Geltung der Kommunalverfassung – DDR eine Bildung von rechtsfähigen Zweckverbänden unter Beachtung der vom RZVG vorgegebenen Voraussetzungen in den neuen Bundesländern grundsätzlich möglich.

1. Fortgeltung in den alten Bundesländern

Gem. Art. 123 Abs. 1 Grundgesetz gilt Recht aus der Zeit vor dem Zusammentritt des Bundestages fort, soweit es dem Grundgesetz nicht widerspricht[329]. Bei den zwischen 1933 und 1945 erlassenen Gesetzen stellt sich deshalb insbesondere die Frage, ob sie gegen das Grundprinzip der freiheitlich demokratischen Grundordnung verstoßen[330].
Nicht entscheidend ist, ob einzelne Vorschriften des Gesetzes typisch nationalsozialistisches Gedankengut enthalten und damit gegen das o.g. Grundprinzip verstoßen. Das für eine Weitergeltung nach Art.123 GG maßgebliche Gesetz darf vielmehr durch eine etwaige Nichtanwendbarkeit von Einzelvorschriften nicht zu einem nicht mehr verwendbaren, unverständlichen Bruchwerk werden[331].

---

[326] OLG Brandenburg LKV 99, 243(244)
[327] LVerfG M-V LKV 1999, 319; OVG Bautzen LKV 1997, 420(420); LKV 1997, 426(426); LG Potsdam LKV 97, 430(430)
[328] für eine Weitergeltung: Darsow LKV 1999, 308(308); Dierkes SächsVBl. 1997, 166(166); a. A. Anders LKV 1999, 50(51); Wellmann LKV 1997,402(402)
[329] Der 1. deutsche Bundestag trat am 7. September 1949 zusammen
[330] Theobald, S. 20
[331] Klüber, HKWP, Bd. 1, S. 544; Theobald, S. 10

Es ist allgemein anerkannt, dass das Zweckverbandsgesetz vom 7. 6. 1939 nicht überwiegend nationalsozialistisches Gedankengut beinhaltet[332]. Es entspricht damit auch der allgemeinen Auffassung, dass das Zweckverbandsgesetz nicht insgesamt dem Grundgesetz widersprach und gem. Art. 123 Abs. 1 GG in Verbindung mit Art. 124 ff. GG als Landesrecht in den alten Bundesländern fortgalt[333].
Zwar handelt es sich bei dem RZVG nicht um ein parlamentarisches Gesetz im Sinne der Vorschrift der Weimarer Reichsverfassung, sondern um ein sogenanntes Regierungsgesetz, welches durch Kabinettsbeschluss Gesetzeskraft erlangte. Dies ist nach richtiger Auffassung angesichts der eigenen normativen Geltungsanordnung des Art. 123 GG jedoch unerheblich, da es in der Staatspraxis als geltendes Recht angesehen wurde[334]. Es ist daher festzuhalten, dass das RZVG in den alten Bundesländern als Landesrecht fortgalt.

## 2. Fortgeltung in den neuen Bundesländern

Nunmehr bleibt zu diskutieren, ob eine Fortgeltung des RZVG auch für die neuen Bundesländer ab dem Zeitpunkt des Beitritts, also mit Wirkung zum 03. 10. 1990, anzunehmen ist.

### 2.1. Keine Fortgeltung aufgrund Art. 9 Einigungsvertrag

Eine Fortgeltung des Zweckverbandsgesetzes vom 7. 6. 1939 aufgrund Art. 9 des Vertrages zwischen der Bundesrepublik Deutschland und der Deutschen Demokratischen Republik für die Herstellung der Einheit Deutschlands – Einigungsvertrag – vom 31. August 1990[335] kann nicht angenommen werden[336].
Denn Voraussetzung für eine Weitergeltung des RZVG auf Grund dieser Vorschrift wäre, dass es sich um geltendes Recht der DDR handelte.
Das ist jedoch nicht der Fall:
Zwar regelte die Verfassung der DDR v. 17. Oktober 1949[337] in Art. 144 Abs. 1 Satz 1, Satz 2 auch, dass vorkonstitutionelle Normen weiter gelten, sofern sie

---

[332] Klingshirn, S. 9; Wößner-Helwig, S. 39
[333] Rothe, S. 22; Seydel, S. 105; Gönnenwein, S. 433; Pagenkopf, Kommunalwissenschaft, S. 120; Klüber Demokratische Gemeinde 1959, 68; Haug DÖV 1965, 119(119); Rengeling, HKWP, Bd. 2, S. 408; Oebbecke, S. 4
[334] Kirn in v. Münch/Kunig, Art 123 Rz. 4; Schulze in Sachs, Art 123 Rz. 3, 8; Holtkötten in BK, Art 123 Anm. II 2
[335] BGBl. II, S. 889
[336] so auch OVG Bautzen LKV 1999, 61(61)
[337] GBl. DDR I, S. 6

der Verfassung nicht widersprachen[338]. Auch war das Zweckverbandsgesetz vom 7. 6. 1939 nicht anderweitig – vgl. etwa SMAD Befehle Nr. 76, 79 – aufgehoben worden[339]. Der DDR-Gesetzgeber hatte jedoch später eigenes Zweckverbandsrecht geschaffen und damit das Zweckverbandsgesetz vom 7. 6. 1939 derogiert.
Die Derogation des RZVG begann mit dem Gesetz über die weitere Demokratisierung des Aufbaus und der Arbeitsweise der staatlichen Organe in den Ländern der Deutschen Demokratischen Republik vom 23. Juli 1952[340], dem Gesetz für den Aufbau und die Arbeitsweise der staatlichen Organe der Kreise vom 24. 07. 1952[341] sowie dem Gesetz über die örtlichen Organe der Staatsmacht vom 17. 01. 1957[342].
Diese Gesetze führten zu einer Zentralisierung des Verwaltungsaufbaus in der DDR und mithin auch zur Beseitigung der kommunalen Selbstverwaltung und der ihr zugrunde liegenden Gesetze[343]. So wurde dementsprechend mit der „Verordnung über die Organisation der Wasserwirtschaft" vom 28. August 1952[344] die Aufgabe der Wasserversorgung und Abwasserbeseitigung von den Zweckverbänden auf volkseigene Wasserwirtschaftsbetriebe delegiert[345]. Deren Aufgabenwahrnehmung regelte bis zum 03. 10. 1990 das Wassergesetz vom 02. Juli 1982[346].

Das Recht von Zweckverbänden wurde gleichwohl nicht völlig beseitigt, sondern hat mit Art. 84 der Verfassung der Deutschen Demokratischen Republik vom 06. April 1968[347] in der Fassung des Gesetzes zur Ergänzung und Änderung der Verfassung der Deutschen Demokratischen Republik vom 07. Oktober 1974[348] eine gesetzliche Ausführung erfahren.
Nach Art. 84 der DDR-Verfassung konnten die örtlichen Volksvertretungen zur gemeinsamen Wahrnehmung ihrer Aufgaben Zweckverbände bilden. Eine weitere gesetzliche Regelung des DDR-Zweckverbandsrechts findet sich in § 69

[338] OLG Brandenburg LKV 1999, 243(245)
[339] OLG Brandenburg LKV 1999, 243(245)
[340] GBl. DDR I, S. 613
[341] GBl. DDR I, S. 623
[342] GBl. DDR I, S. 57
[343] BGHZ 127, 285(288); OLG Brandenburg LKV 1999, 243(244); OLG Brandenburg DtZ 1996, 323(324)
[344] GBl. DDR II, S. 792
[345] vgl dazu § 7 der VO
[346] GBl. DDR I, S. 467
[347] GBl. DDR I, S. 199
[348] GBl. DDR I, S: 432

des Gesetzes über die örtlichen Volksvertretungen in der Deutschen Demokratischen Republik vom 12. Juli 1973[349]. Nach dem damaligen Verständnis wurden Zweckverbände in der DDR jedoch nicht als Zweckverbände im herkömmlichen Sinn verstanden, sondern vielmehr als „bewährte Form sozialistischer Gemeinschaftsarbeit"[350]. Das wird auch deutlich an der Stellung des Verbandsrates, der als ehrenamtliches „Beratungs-, Koordinierungs- und Kontrollorgan" im Auftrag der Volksvertretungen der beteiligten Städte und Gemeinden und deren Räte tätig wurde[351].
Das Recht der Zweckverbände hat in der DDR eine eigene Ausgestaltung erfahren, das sich insbesondere am „demokratischen Zentralismus" orientierte. Zweckverbände wurden nicht mit eigener Rechtspersönlichkeit ausgestattet, sondern dienten nur der besseren Koordination und Organisation der als Staatsorgane tätigen Städte und Gemeinden.[352]. Zweckverbände der DDR waren daher nach diesem Verständnis auch nicht als juristische Person anzusehen[353].
Es ist demzufolge festzustellen, dass durch diese o.g. Rechtsvorschriften das Zweckverbandsgesetz vom 7. 6. 1939 letztlich derogiert wurde.
Eine Fortgeltung des RZVG aufgrund Art. 9 Einigungsvertrag ist demnach deshalb ausgeschlossen, weil es zum Zeitpunkt des In-Kraft-tretens des Einigungsvertrages am 03. 10. 1990 nicht geltendes Recht der DDR war.

### 2.2. Keine Fortgeltung aufgrund Art. 8 Einigungsvertrag

Eine Fortgeltung des Zweckverbandsgesetzes vom 7. 6. 1939 für die neuen Bundesländer ab dem 03. 10. 1990 lässt sich auch nicht auf Art. 8 des Einigungsvertrages stützen[354]. Art. 8 Einigungsvertrag regelt eine Überleitung von Bundesrecht. Regelungen zum Zweckverbandsrecht – wie etwa das Zweckverbandsgesetz – unterfallen jedoch der Zuständigkeit der Landesgesetzgebung [355]. Das RZVG konnte daher nicht aufgrund Art. 8 Einigungsvertrag seine Fortgeltung in den neuen Bundesländern erlangen.

---

[349] GBl. DDR I, S. 313 i. d. F. v. 4. 7. 1985; GBl. DDR I, S. 213
[350] Armbrust/Beier, GÖV, § 69 Rz. 1.1
[351] Büchner-Uhder/Duckwitz, S. 155
[352] Mampol, Die sozialistische Verfassung der DDR, Art. 87 Rz. 5; Thebarth, S. 152; Sorgenicht/Weichelt, Verfassung der DDR, Art. 84 Rz. 1
[353] Tebarth, S. 152 f.
[354] so auch OLG Brandenburg, LKV 1999, 243(245); OVG Bautzen LKV 1999, 61(61)
[355] Anders LKV 1999, 50(51); siehe hierzu VI. Teil, 1. Kap.

## 2.3. Überleitung aufgrund Art. 123 Grundgesetz

Wie im folgenden aufzuzeigen ist, wurde das Zweckverbandsgesetz vom 7. 6. 1939 in den neuen Bundesländern am 03. 10. 1990 auf Grund Art. 123 GG in Landesrecht übergeleitet[356].

Die Fortgeltungsklausel des Art. 123 Abs. 1 GG betrifft Recht, dass vor dem Zusammentritt des ersten deutschen Bundestages galt. Dazu zählt, wie aus Art. 124 ff GG folgt, vorkonstitutionelles Recht, das Gegenstände der Landesgesetzgebung betrifft. Art. 123 Abs. 1 GG setzt grundsätzlich zwei Voraussetzungen für eine Überleitung von vorkonstitutionellem Recht.
Art. 123 Abs. 1 GG stellt zunächst darauf ab, ob dieses vorkonstitutionelle Recht im Zeitpunkt des Zusammentritts des ersten deutschen Bundestages in dem jeweiligen Gebiet des Bundeslandes galt[357].
Des weiteren muss das betreffende vorkonstitutionelle Recht mit dem Grundgesetz vereinbar sein[358].

### 2.3.1. Geltung des RZVG am 7. September 1949 auf dem Gebiet der neuen Bundesländer

Die erste Voraussetzung von Art. 123 Abs. 1 GG für eine Überleitung des Zweckverbandsgesetzes vom 7. 6. 1939 auf die neuen Bundesländer ist anzunehmen. Denn zum Zeitpunkt des Zusammentritts des ersten deutschen Bundestages am 07. September 1949 galt das Zweckverbandsgesetz vom 7. 6. 1939 auch in den jeweiligen Gebieten der neuen Bundesländer. Wie bereits dargestellt, war das Zweckverbandsgesetz vom 7. 6. 1939 zu diesem Zeitpunkt – am 7. September 1949 - nicht anderweitig aufgehoben, sondern ist durch Art. 144 Abs. 1 Satz 1, 2 Verfassung der DDR vom 07. 10. 1949[359] sogar übergeleitet worden.
Das dagegen erhobene Argument, die Legislative der DDR habe mit Art. 84 der Verfassung der Deutschen Demokratischen Republik vom 06. April 1968[360] eigene Regelungen geschaffen, verkennt indes die tatbestandlichen Voraussetzungen von Art. 123 Abs. 1 GG. Denn für eine Anwendung von Art. 123 Abs. 1 GG auf den Zeitpunkt nach der Wiedervereinigung kommt es nicht darauf an, dass

[356] i. Erg. auch LVerfG M-V, U. v. 4. 2. 1999, S. 15 des Urteilsumdrucks; a. A. VG Halle, B. v. 13. 8. 1998, S. 26 des Beschlussumdrucks
[357] Jarass/Pieroth, Art. 123 Rz. 4
[358] Maunz in Maunz/Dürig/Herzog/Scholz, Art. 123 Rz. 9
[359] GBl. DDR I, S. 6
[360] GBl. DDR I, S. 199

das vorkonstitutionelle Recht auch in der DDR noch gegolten hat. Art. 123 Abs. 1 GG setzt lediglich voraus, dass das vorkonstitutionelle Recht am 07. September 1949 in dem Gebiet der neuen Bundesländer galt.

Gegen eine Anwendung von Art. 123 Abs. 1 GG für eine Überleitung vorkonstitutionellen Rechts in den Geltungsbereich der neuen Bundesländer spricht auch nicht der Einwand der befristeten Anwendbarkeit dieser Norm.

Nach dieser Auffassung ist Art. 123 GG lediglich auf die historische Übergangssituation nach 1945 mit der späteren Gründung der Bundesrepublik Deutschland zugeschnitten und auf die Wiedervereinigungssituation nicht anwendbar[361].

Der in Art. 123 Abs. 1 GG aufgeführte Stichtag – Zusammentritt des ersten Bundestages – am 07. September 1949 könnte zwar dafür sprechen. Denn mit dem Zusammentritt des ersten deutschen Bundestages bestand erstmalig die Möglichkeit der Gesetzgebung im Bereich des ursprünglich räumlichen Geltungsbereiches des Grundgesetzes (vgl. Art. 23 a. F. GG). Der mit Art. 123 Abs. 1 GG verfolgte Zweck der Vermeidung eines gesetzlosen Zustandes spricht insofern für eine räumliche Begrenzung des Anwendungsbereiches von Art. 123 Abs. 1 GG auf die alten Bundesländer und somit auch für eine befristete Anwendbarkeit dieser Norm.

Allein die Zweckerreichung dieser Stichtagsregelung spricht jedoch nicht gegen eine Anwendung von Art. 123 GG zum Zeitpunkt der Wiedervereinigung. Die Wiedervereinigung erfolgte auf der Grundlage von Art. 23 a. F. GG am 03. 10. 1990. Entsprechend dieser Vorschrift trat das Grundgesetz im Beitrittsgebiet zu diesem Zeitpunkt in Kraft.

Unter dem Gesichtspunkt der „Einheit der Verfassung“[362] erlangte das gesamte Grundgesetz – also auch Art. 123 GG – Geltung im Gebiet der neuen Bundesländer. Für eine Anwendbarkeit von Art. 123 GG auf den Zeitpunkt der Wiedervereinigung spricht letztlich auch das in dieser Vorschrift geregelte Grundprinzip der Rechtskontinuität[363]. Beide Verfassungsgeber – sowohl in der Bundesrepublik Deutschland als auch in der Deutschen Demokratischen Republik – hätten die Übernahme von vorkonstitutionellem Recht zum Zeitpunkt der Schaffung ihrer Verfassungen verhindern können. Beide Verfassungsgeber haben sich unterdessen für eine grundsätzliche Fortgeltung von vorkonstitutionellem Recht – auf der Plattform der jeweiligen Verfassung – entschieden.

---

[361] LVerfG LSA, LVerfGE 7, 275
wohl auch Leibholz/Rinck/Hesselberger, GG, Art 123 Rz. 1;
Bothe in AK-GG, Art. 123 Rz. 3

[362] BVerfGE 82, 316; 84, 90

[363] Schulze in Sachs, Art 123 Rz. 2; LVerfG M-V, U. v. 4. 2. 1999, S. 16 des Urteilsumdrucks

Setzt man diesen inhaltlichen Grundmaßstab der Rechtskontinuität auf die spezifische Umbruchsituation der Wiedervereinigung um, erhält Art. 123 GG – mit der darin eingebetteten Grundentscheidung der Rechtskontinuität – auch Relevanz ab dem Zeitpunkt der Wiedervereinigung. Dagegen spricht auch nicht eine etwaige „Inhaltsleere" von Art. 123 GG für den Zeitpunkt der Wiedervereinigung. Zwar ist die praktische Bedeutung von Art. 123 GG zum Zeitpunkt der Wiedervereinigung weitaus geringer als im Jahre 1949. Darauf kommt es jedoch solange nicht an, wie es Rechtsmaterien gibt, die nur mittels einer Fortgeltung von vorkonstitutionellem Recht geregelt werden können.

### 2.3.2. Vereinbarkeit mit dem Grundgesetz

Die zweite Voraussetzung - Vereinbarkeit mit dem Grundgesetz – ist für das Zweckverbandsgesetz vom 7. 6. 1939 allgemeine Rechtsauffassung[364].

### 2.3.3. Fehlen von übergeleitetem Recht der DDR

Zwar ist die praktische Anwendbarkeit von Art. 123 GG zum Zeitpunkt der Wiedervereinigung weitaus geringer. Das ist jedoch unerheblich, solange es Rechtsmaterien gibt, die nur mittels einer Fortgeltung von vorkonstitutionellem Recht geregelt werden können.

Dies führt zu einer weiteren Voraussetzung für eine Anwendbarkeit von Art. 123 GG, die außerhalb der inhaltlich geregelten Voraussetzungen dieser Vorschrift zu finden ist und der besonderen Situation der Wiedervereinigung sowie dem damit verbundenen Zusammentreffen verschiedener Rechtssysteme geschuldet ist.

Es ist die Voraussetzung des Vorhandenseins einer Regelungslücke in Folge des Fehlens von übergeleitetem Recht der DDR.

Diese Voraussetzung beruht sowohl auf der lückenfüllenden Funktion von Art. 123 Abs. 1 GG, als auch auf dem Grundsatz lex posterior derogat lex priori.

Soweit durch die Regelungen des Einigungsvertrages Rechtsmaterien durch Überleitungen von DDR - Recht im Bereich der neuen Bundesländer geregelt werden, haben Regelungen des Einigungsvertrages Vorrang vor der Regelung des Art. 123 GG. Soweit aber kein DDR-Recht die betreffende Materie regelt bzw. nicht durch die Regelungen des Einigungsvertrages übergeleitet wurde, bleibt Raum für die Anwendung von Art. 123 GG.

---

[364] vgl. hierzu Sechster Teil, 2. Kap., 1.

Die gegenteilige Auffassung lässt insofern die deutliche Abgrenzung von der Wirkungsweise des Einigungsvertrages im Hinblick auf DDR - Recht und der Wirkungsweise des Art. 123 GG im Hinblick auf vorkonstitutionelles Recht vermissen[365]. Entgegen dieser Auffassung kann es aus o. g. Gründen nicht etwa zu einem unlösbaren Widerspruch im Sinne eines gordischen Knotens kommen[366]. Dies trifft insbesondere auch auf die hier zur Diskussion stehende Frage der Regelung des Zweckverbandsrechts zu.
Die bereits vorgenommene Darstellung von §§ 61, 75 KV - DDR hat aufgezeigt, dass diese auf Grund des Einigungsvertrages übergeleiteten Rechtsvorschriften keine hinreichende normative Grundlage für die Bildung von Zweckverbänden als rechtsfähige Körperschaften des öffentlichen Rechts darstellte[367].
Andere Zweckverbandsregelungen der DDR – wie etwa § 69 des Gesetzes über die örtlichen Volksvertretungen – wurden nicht vom Einigungsvertrag in das Recht der neuen Bundesländer übergeleitet, sondern wurden bereits durch die Kommunalverfassung - DDR derogiert (vgl. § 102 Abs. 1 KV - DDR).
Es bestand somit eine ausfüllungsbedürftige Regelungslücke zum Zeitpunkt der Wiedervereinigung Deutschlands auf dem Gebiet des Zweckverbandsrechts in den neuen Bundesländern. Denn verbunden mit der Wiedereinführung der kommunalen Selbstverwaltung war auch die Notwendigkeit für eine Regelung, Zweckverbände als Körperschaften des öffentlichen Rechts zu gründen[368]. Entgegen der Auffassung des VG Halle[369] war es gerade nicht so, dass die Kommunalverfassung - DDR vom 17. 5. 1990 an das bislang vorhandene Verständnis des Zweckverbandsbegriffs anknüpfen wollte. Vielmehr war es beabsichtigt im Zuge der Wiedereinführung der kommunalen Selbstverwaltung auch die dazu entwickelten Zweckverbandsstrukturen zu nutzen[370]. Da die geschaffenen Regelungen - §§ 61, 75 KV-DDR - jedoch nicht den Anforderungen für eine Gründung von Zweckverbänden als Körperschaft des öffentlichen Rechts genügten[371], gibt es keinen Grund, das aufgrund Art. 123 Abs. 1 GG übergeleitete Zweckverbandsgesetz vom 7. 6. 1939 nicht als Grundlage für die Gründung von

---

365 so auch LVerfG M-V, S. 16 des Urteilsumdrucks

366 so aber OVG Bautzen LKV 1999, 61(61); OVG Magdeburg LKV 1997, 417(418)

367 siehe Sechster Teil, 2. Kap.

368 so auch LVerfG M-V, S. 20 des Urteilsumdrucks; vgl. zur Frage der rechtlichen Orientierung der KV – DDR an bestehenden Kommunalverfassungen der alten Bundesländer ThürLVerfG; LVerfGE 5, 398; Bretzinger/Büchner-Uhder, Einl. Rz. 2

369 VG Halle, B. v. 13. 8. 1998, S. 27 des Beschlussumdrucks

370 vgl. dazu so auch LVerfG M-V, S. 20 des Urteilsumdrucks; zur Frage der rechtlichen Orientierung der KV- DDR an bestehenden Kommunalverfassungen der alten Bundesländer: LVerfG Thür, LVerfGE 5, 398; Bretzinger/Büchner-Uhder, Einl. Rz. 2

371 Vgl. dazu LVerfG LSA v. 3. 7. 1997; 6. Teil, 2. Kap.S. 69

Zweckverbänden als Körperschaften des öffentlichen Rechts in den neuen Bundesländern ab dem 03. 10. 1990 bis zum Erlass entsprechender landesrechtlicher Vorschriften anzuerkennen.
Es kann daher folgendes festgehalten werden:
Das Zweckverbandsgesetz vom 7. 6. 1939 wurde in den neuen Bundesländern mit der Wiedervereinigung gemäß Art. 123 Abs. 1 GG aufgrund bestehender Regelungslücken im Zweckverbandsrecht als geltendes Landesrecht bis zur Schaffung der Gesetze über die kommunale Gemeinschaftsarbeit bzw. Zusammenarbeit bzw. der Kommunalverfassung Mecklenburg-Vorpommern übernommen. Unter den im RZVG genannten Voraussetzungen war von daher grundsätzlich auch die Bildung rechtsfähiger Zweckverbände möglich.
Den zum Teil erfolgten Bestimmungen in den Heilungsgesetzen über die Verleihung der Rechtsfähigkeit (beispielsweise § 7 Satz 2 GKG LSA) bzw. die Geltungsanordnung des Zweckverbandsgesetzes (vgl. beispielsweise § 1 Abs. 3 ZwStabG Bbg., § 170 a Abs. 1 Satz 2 KV – M-V, Art. 2 Abs. 1 Satz 3 GORV Sachsen) kommt insofern allenfalls eine klarstellende Funktion zu, denn das RZVG galt ohnehin bereits als Landesrecht und auf dessen Grundlage konnte die Rechtsfähigkeit erlangt werden[372]. Gegen diese klarstellende Funktion ist unter verfassungsrechtlichen Gesichtspunkten nichts einzuwenden.

Indessen stellt sich nunmehr die Frage der Vereinbarkeit mit dem Grundgesetz im Hinblick auf die allen genannten Heilungsvorschriften – in jeweils unterschiedlicher Intensität – ausgestaltete Heilung von Fehlern bei der Gründung von Zweckverbänden unter dem Gesichtspunkt des Homogenitätsprinzips (3. Kapitel) sowie ferner nach den Kriterien der kommunalen Selbstverwaltung (4. Kapitel), des Rechtsstaatsprinzips (5. Kapitel) sowie der Gewährung effektiven Rechtsschutzes (6. Kapitel).

## 3. Kapitel Homogenitätsprinzip

Die den Heilungsvorschriften innenwohnende Heilung fehlerbehafteter Beschlüsse der Gemeindevertretungen bzw. teilweise Regelung der Substituierbarkeit von fehlenden Gemeinderatsbeschlüssen wird verschiedentlich als Verstoß gegen das im Homogenitätsprinzip mit enthaltene Demokratieprinzip angenommen[373].

---

[372] Vgl. § 4 S. 1 RZVG: Die Zweckverbände sind öffentliche Körperschaften

[373] VG Halle, B. v. 13. 8. 1998, S. 36 des Beschlussumdrucks; Millgramm SächsVBl. 1998, 125(129)

Die bislang damit beschäftigten Landesverfassungsgerichte der Länder Mecklenburg-Vorpommern und Sachsen-Anhalt erklärten sich nicht zu dieser Frage, da das in Art. 28 Abs. 1 GG enthaltene Homogenitätsprinzip nach herkömmlicher Ansicht nicht in den Ländern gilt, sondern als Verpflichtung für die Länder gegenüber dem Bund, diese Richtlinien einzuhalten[374]. Art. 28 Abs. 1 GG ist nicht als Bestandteil förmlichen Landesverfassungsrechts anzusehen und daher auch nicht Prüfungsmaßstab für die Landesverfassungsgerichte gewesen[375]. Es darf daher erwartet werden, dass auch das Landesverfassungsgericht Brandenburg im Rahmen des anhängigen Verfahrens zur Landesverfassungsbeschwerde gegen das Zweckverbandsstabilisierungsgesetz nicht in eine Auseinandersetzung mit dem in Art. 28 Abs. 1 GG enthaltenen Homogenitätsprinzip treten wird.
Unter dem Blickwinkel des Vorlagebeschlusses des Verwaltungsgerichtes Halle vom 13. 8. 1998 ist jedoch eine nähere Auseinandersetzung schon jetzt angebracht. Dazu erscheint zunächst eine nähere Darstellung des Schutzbereiches des Homogenitätsprinzips notwendig. Daran anschließend sollen die Heilungsgesetze an dem vom Grundgesetz vorgegebenen Rahmen des Homogenitätsprinzips überprüft werden.

### 1. Schutzbereich des Homogenitätsprinzips

Unter dem Homogenitätsprinzip wird herkömmlicherweise der Bestand eines Mindestmaßes an Übereinstimmung hinsichtlich verfassungsrechtlicher Grundsätze und Fundamentalentscheidungen zwischen Bund und Ländern bei gleichzeitiger Zulassung gewisser Ungleichheiten im Übrigen verstanden[376]. Das Homogenitätsprinzip ist im Grundgesetz namentlich durch Art. 28 Abs. 1 Satz 1 u. 2 GG festgeschrieben. Art. 28 Abs. 1 Satz 1 GG besagt, dass die verfassungsmäßige Ordnung in den Ländern den Grundsätzen des republikanischen, demokratischen und sozialen Rechtsstaats im Sinne des Grundgesetzes entsprechen muss.
Art. 28 Abs. 1 Satz 2 GG schreibt eine Vertretung des Volkes in den Ländern, Kreisen und Gemeinden vor, die aus allgemeinen, unmittelbaren, freien, gleichen und geheimen Wahlen hervorgegangen ist.
Dem Homogenitätsprinzip kommt damit eine Doppelfunktion zu: Denn einerseits setzt es die Verfassungsautonomie der Länder voraus und andererseits

[374] BVerfGE 1, 208(236); 6, 104(111); 83, 37(50);
Sachs in Sachs, GG, Art. 28 Rz. 26; Dreier, GG, Art. 28 Rz. 50
[375] Vgl. Dreier, GG, Art 28 Rz. 50; Sachs in Sachs, GG, Art 28 Rz. 27
[376] Maunz in Maunz/Dürig/Herzog/Scholz, GG, Art. 28 Rz. 2; Stern in BK, GG, Art. 28 Rz. 8, 14; v. Mangoldt/Klein, GG, Art. 28 Anm. III; Stern, StR, Bd. I, § 19 III 5, S. 704

nimmt es im Interesse der Bildung und Erhaltung politischer Einheit eine Begrenzung des Eigenlebens der Gliedstaaten vor[377]. Die vorgenommene Grenzziehung setzt nur ein Mindestmaß an Homogenität voraus, denn die Übereinstimmung verfassungsrechtlicher Grundsätze lässt einen gewissen Spielraum für die Landesgesetzgeber offen[378]. Uniformität oder gar Konformität ist nicht gefordert und sogar zu vermeiden[379]. Neben den staatsfundamentalen Grundsätzen der Republik, Sozialstaatlichkeit und Rechtsstaatlichkeit sind die Länder im Rahmen der Ausgestaltung ihrer Landesverfassungen auch an die Wahrung des Demokratieprinzips gebunden[380].
Der Schutzbereich von Art. 28 Abs. 1 Satz 1 GG erfasst daher auch die Fälle von unzulässigen Abweichungen hinsichtlich der demokratischen Organisation und Legitimation der Staatsgewalt[381].
Für die Ebene der Gebietskörperschaften wird das demokratische Prinzip nochmals ausdrücklich mit Art. 28 Abs. 1 Satz 2 GG geregelt[382]. Der Schutzbereich von Art. 28 Abs. 1 Satz 2 GG beinhaltet speziell die Vorgaben an die Länder hinsichtlich der Regelung der Wahlgrundsätze[383], sowie die institutionelle Garantie einer aus den Wahlen hervorgegangenen Volksvertretung[384]. Insbesondere auf der Ebene der Gebietskörperschaften und deren Garantie der kommunalen Selbstverwaltung verdeutlicht das Homogenitätsprinzip die demokratische Dimension[385].
Nunmehr soll überprüft werden, ob die Heilungsgesetze der neuen Bundesländer in den Schutzbereich des Homogenitätsprinzips eingreifen.

2. Kein Eingriff in den Schutzbereich des Homogenitätsprinzips

Das Verwaltungsgericht Halle geht in seinem Vorlagebeschluss wegen des zur verfassungsrechtlichen Überprüfung gestellten § 7 Satz 2 zweiter Halbsatz und § 8 a Abs. 1 GKG LSA auch von einem Verstoß gegen das in Art. 28 Abs. 1 Satz 2 GG enthaltene Homogenitätsprinzip aus und leitet dieses Ergebnis im Wesent-

---

377 BVerfGE 24, 367(390); 27, 44(56); Jarass/Pieroth, GG, Art. 28 Rz. 1; Maunz in Maunz/Dürig/Herzog/Scholz, GG, Art. 28 Rz. 2; Dreier, GG, Art. 28 Rz. 47;
378 Maunz in Maunz/Dürig/Herzog/Scholz, GG, Art. 28 Rz. 3, 17
379 BVerfGE 36, 342(360); v. Münch in StR, Bd. 1, S. 236 Rz. 586; Jarass/Pieroth, GG, Art. 28 Rz. 1; Stern in StR, Bd. 1, § 19 III 5, S. 704;
380 Maunz in Maunz/Dürig/Herzog/Scholz, GG, Art. 28 Rz. 22; Dreier, GG, Art. 28 Rz. 59
381 BVerfGE 83, 60(71); 93, 37(66) Jarass/Pieroth, GG, Art. 28 Rz. 2
382 Stern in StR, Bd. 1, § 19 III 5, S. 709
383 Jarass/Pieroth, GG, Art. 28 Rz. 4
384 Maunz in Maunz/Dürig/Herzog/Scholz, GG, Art. 28 Rz. 27
385 Stober, S. 21 u. 56

lichen wie folgt her: Da die Entscheidung über die Mitgliedschaft in Kommunalverbänden bzw. Zweckverbänden in der Zuständigkeit der Gemeindevertretung liege und der Gemeinderat sich dabei auch mit der Satzung zu beschäftigen habe, sei die „bloße Bekundung des Willens zum Beitritt“[386] ohne Vorlage des Verbandsstatuts (Satzung) nicht ausreichend. Eine Heilung derartiger Fehler mache jegliche Befassung der Gemeinderäte mit der Gründung eines Zweckverbandes entbehrlich. Die Heilungsregelungen würden daher im Hinblick auf die Abwasserentsorgung auf einen unzulässigen Entzug der Zuständigkeit für diesen Aufgabenbereich hinauslaufen[387] und zu einem Ausschluss der Mitwirkung der demokratisch durch Wahlen legitimierten Gemeindevertretungen führen [388].
Überzeugen kann diese Auffassung indessen nicht: Dafür spricht zwar, dass das Homogenitätsprinzip durch eine stufenweise gegliederte Volksrepräsentation[389] insbesondere den Bürgern auf der örtlich bezogenen Ebene der Gebietskörperschaften eine wirksame Teilnahme an den „Angelegenheiten des Gemeinwesens“ ermöglichen soll[390]. Dem trägt die Rechtsordnung Rechnung, indem sie den Gebietskörperschaften geeignete Aufgaben zur örtlichen Erledigung überlässt[391]. In diesem Zuständigkeitsbereich bedürfen die Gebietskörperschaften einer demokratischen Legitimation, denn die Staatsgewalt muss sich auf allen Ebenen immer auf das Staatsvolk zurückführen lassen[392]. Als Ausübung von Staatsgewalt, die demokratischer Legitimation bedarf, stellt sich alles amtliche Handeln mit Entscheidungscharakter dar[393]. Darunter fällt auch die Entscheidung über die Mitgliedschaft in einem Zweckverband und die Willensbekundung zur Verbandssatzung.
Die Heilung fehlender Gemeinderatsbeschlüsse und die Möglichkeit der Substitution von fehlenden Willenserklärungen der Gemeinde verstoßen jedoch nicht gegen den auch im Homogenitätsprinzip mitenthaltenen Demokratiegrundsatz:

---

386 S. 36 des Beschlussumdrucks
387 S. 37 des Beschlussumdrucks
388 S. 37 des Beschlussumdrucks; auch Cromme LKV 1999, 122(124) für ZwStabG Bbg; Millgramm SächsVBl. 1998, 125(129)
389 BVerfGE 52, 95(111); 83, 37(54); Gern, S. 69; Püttner, HKWP, Bd. 4, S. 1172
390 BVerfGE 79, 127(149); Schmidt-Aßmann in FS für H. Sendler, S. 123; Hendler in StR, Bd. 4, S. 1165; Püttner, HKWP, Bd. 4, S. 1175; Maihofer in Benda/Maihofer/Vogel, S. 478
391 v. Unruh DÖV 1986, 212(219); Püttner, HKWP; Bd. 4, S. 1175; Böckenförde in StR, Bd. I, S. 893; v. Arnim AöR 1988, 1(5)
392 BVerfGE 44, 125(138); 38, 258(271);Jarass/Pieroth, GG, Art. 28 Rz. 4; Dreier, GG, Art. 28 Rz. 76; Badura, S. 230; Sachs in Sachs, GG, Art 28 Rz. 27; v. Arnim AöR 1988, 1(5)
393 BVerfGE 83, 60(73); 47, 253(273)

Denn im Bereich kommunaler Selbstverwaltung erfährt auch das demokratische Legitimationsniveau gewisse Grenzen: Hier gilt zunächst einmal, dass die demokratische Legitimation durch das Teilvolk - Gemeindevolk - nur soweit wirken kann, wie auch die Zuständigkeit der jeweiligen kommunalen Volksvertretung reicht[394]. Die Schwierigkeit der kommunalen Selbstverwaltung besteht gerade im Spannungsverhältnis zwischen der Ermöglichung maximaler Partizipation der Bürger an der öffentlichen Verwaltung auf der einen Seite und der Verwaltungseffizienz auf der anderen Seite[395].

Das führt dazu, dass die eigenständige demokratische Legitimation der Gemeindevertretung in zweierlei Hinsicht ihre Grenzen hat:
Zum einen ist die demokratische Legitimation der Gemeindevertretung auf den Bereich der Angelegenheiten der örtlichen Gemeinschaft begrenzt. Nur in diesem Aufgabenbereich besteht eine Alleinzuständigkeit zur Sachentscheidung. Voraussetzung dafür ist, dass die jeweiligen Entscheidungen auch Sache der Entscheidenden sind und nicht auch Dritte betroffen sind[396].
Der jeweilige Aufgabenbereich und damit auch die Zuständigkeit ist jedoch variabel[397]. Wenn die Zuständigkeit beispielsweise nicht bei der Gemeindevertretung liegt, sondern etwa beim Landesgesetzgeber, muss ein Legitimationserfordernis durch das Landesvolk vorliegen.

Eine zweite – ebenso entscheidende – Grenze der demokratischen Legitimation besteht darin, dass Gemeindevertretungen keine echten Parlamente sind[398]. Ungeachtet der Tatsache, dass die Rechtssetzung der Gemeinde in mancherlei Hinsicht legislatorischen Charakter aufweist, unterfallen kommunale Gebietskörperschaften im System der staatlichen Gewaltenteilung dem Bereich der Verwaltung[399]. Als Verwaltungsorgane müssen sie folglich Vorrang und Vorbehalt des Gesetzes wahren [400]. Die „gegliederte Demokratie" erfolgt im Bereich der kommunalen Selbstverwaltung „im Rahmen der Gesetze"[401].

---

394 Waechter, S. 280 Rz. 415
395 BVerfGE 79, 127(148); Püttner, HKWP, Bd. 4, S. 1175
396 BVerfGE 44, 322(348); 64, 208(214); v. Arnim AöR 1988, 1(17)
397 Schink VerwArch 1990, 385(407)
398 BVerfGE 65, 283(289); Stober, S. 74
399 BVerfGE 65, 283(289)
400 BVerfGE 65, 283(289); 78, 344(348); Dreier, GG, Art. 20 Rz. 117; Schmidt-Aßmann AöR 1991, 329(329); v. Unruh NJW 1995, 2838; Böckenförde in StR, Bd. I, S. 908
401 vgl. v. Unruh DÖV 1986, 212(219)

Überträgt man diese Gedanken auf die Problematik der Heilungsgesetze, zeigt sich, dass weder die Heilung von fehlenden Gemeinderatsbeschlüssen noch die Substituierbarkeit von fehlenden Willenserklärungen der Gemeinde zum Zweckverbandsbeitritt den im Homogenitätsprinzip mit enthaltenen Demokratiegrundsatz verletzen:
Die Gemeindevertretung ist zwar für den Beschluss zur Vereinbarung zur Gründung bzw. zum Beitritt zu einem Zweckverband sowohl nach der Kommunalverfassung (vgl. § 21 Abs. 3 KV - DDR) als auch nach den Gemeindeordnungen der neuen Bundesländer (vgl. § 35 Abs. 2 Nr. 29 GO Bbg, § 22 Abs. 3 Nr. 13 KV – M-V, § 41 Abs. 2 Nr. 17 SächsGO, § 44 Nr. 17 GO LSA, § 26 Abs. 3 ThürGO), zuständig. Denn der Beitritt zu einem Zweckverband bewirkt auch eine Aufgabenübertragung und die Übertragung der Befugnis, die dazu notwendigen Rechte auch auf dem Gemeindegebiet auszuüben (vgl. § 6 Abs. 1 GKG Bbg, § 151 KV – M-V, § 46 SächsKomZG, § 9 Abs.1 Satz 1 GKG LSA, § 20 ThürGKG). Die Vereinbarung kommunaler Gebietskörperschaften über die Gründung eines Zweckverbandes setzt somit unter dem Gesichtspunkt des Homogenitätsprinzips - auch - eine jeweilige gebietskörperschaftlich interne Entscheidung des zuständigen Organs (Gemeindevertretung) im Hinblick auf den Beitritt zu einem Zweckverband voraus[402]. Daraus folgt auch, dass eine Willensbekundung jeder beitrittswilligen kommunalen Gebietskörperschaft vor dem Hintergrund des Homogenitätsprinzips insoweit erforderlich ist.
Jedoch verletzen die Heilungsvorschriften die Notwendigkeit von Willenserklärungen der kommunalen Gebietskörperschaften zum Zweckverbandsbeitritt und die Entscheidungszuständigkeit der Gemeindevertretung nicht.

Zur Regelung der Substituierbarkeit fehlender Willenserklärungen von Gemeinden zum Zweckverbandsbeitritt ist festzuhalten:
Die Heilungsvorschriften der Länder Sachsen, Sachsen-Anhalt und Thüringen regeln schon von ihrem sachlichen Anwendungsbereich her keine Möglichkeit der Substitution von fehlenden Willenserklärungen der kommunalen Gebietskörperschaften. In den Heilungsgesetzen dieser Bundesländer findet sich keine Möglichkeit der Substitution der fehlender Willenserklärungen kommunaler Gebietskörperschaften zum Zweckverbandsbeitritt. Diese Gesetze regeln lediglich die Heilung formeller Fehler. Zur Kategorie einer Heilung formeller Fehler im o.g. Sinn[403] zählt jedoch nicht eine Heilung einer gänzlich fehlenden Willensbekundung einer Gemeinde zum Zweckverbandsbeitritt. Denn die Anordnung der Unbeachtlichkeit von Verstößen gegen Verfahrens- und Formvor-

[402] OVG Frankfurt (O.) LKV 1996, 377(378) ; Cronauge, S. 124
[403] Dritter Teil, 2. Kap., 1.

schriften kann nur deren Verletzung heilen, nicht aber den Akt als solchen fingieren[404]. Dass ein solcher Akt erforderlich ist, wird von einer Verfahrens- und Formvorschrift nicht selbst geregelt, sondern vorrausgesetzt[405].
In Bezug auf die Heilungsgesetze dieser Länder ist davon auszugehen, dass Kommunen, die überhaupt keine Willenserklärung zum Zweckverbandsbeitritt getroffen haben, nicht von den Heilungsregelungen erfasst sind.
Diese Erkenntnis lässt sich auch diesen Heilungsgesetzen entnehmen. So vermittelt beispielsweise § 8 a Abs. 2 GKG LSA den kommunalen Gebietskörperschaften, die Statut- oder Verbandsatzung des Zweckverbandes nicht durch das zuständige Organ beschlossen haben, eine Austrittsmöglichkeit. Kommunen, die überhaupt keine Willenserklärung zum Zweckverbandsbeitritt abgegeben haben, steht ein solches Austrittsrecht nicht zu, da sie auch nicht als Zweckverbandsmitglieder angesehen werden.
Hätten die Gesetzgeber auch in diesen Heilungsvorschriften eine Möglichkeit der Substitution fehlender Willenserklärungen der kommunalen Gebietskörperschaften zum Zweckverbandsbeitritt beabsichtigt, hätten sie das schon auf Grund des Bestimmtheitsgrundsatzes regeln müssen.
Weder der sächsische, sachsen-anhaltinische noch der thüringische Gesetzgeber beabsichtigte jedoch eine solche Regelung[406], sondern beschränkte sich jeweils auf die Heilung von formellen Verstößen.
Eine Heilung von Fehlern im Zusammenhang mit der Gründung von Zweckverbänden auf Grund dieser Gesetze kann inhaltlich nur dann erfolgen, wenn kommunale Gebietskörperschaften vorher Willenserklärungen im Hinblick auf den Beitritt zum Zweckverband – wenn auch möglicherweise nicht durch das an sich zuständige Gemeindevertretungsorgan – abgegeben haben.
Die Idee, dass mit diesen Heilungsgesetzen ein gesetzlicher Aufgabenentzug erfolge, bleibt eben deshalb schon im Ansatz stecken. Denn zu einem Entzug von Aufgaben der Gemeinde kann es nicht kommen, wenn eine Gemeinde vorher eine eigene Willenserklärungen zum Zweckverbandsbeitritt und damit zum Aufgabenübergang – wenn auch möglicherweise nicht durch das zuständige Organ - abgegeben hat.
Zwar wurde in den Heilungsvorschriften der Länder Brandenburg[407] und Mecklenburg-Vorpommern[408] die Substituierbarkeit fehlender Willenserklärungen von Gemeinden zum Zweckverbandsbeitritt geregelt. Diese Regelung verstößt

[404] so OVG Bautzen LKV 1999, 61(63)
[405] vgl. OVG Bautzen LKV 1999, 61(63)
[406] vgl. LT-Drs. Sachsen 2/6568, S. 14; LT-Drs. LSA 2/1882, S. 5; Plenarprot. LSA 2/40, S. 3069; LT-Drs. LSA 23894, S. 6; Plenarprot. Thür 2/23, S. S. 1588
[407] § 2 III ZwStabG
[408] § 170 a II S. 3 KV – M-V, eingef. d. 3. ÄndG KV – M-V

jedoch nicht gegen den Homogenitätsgrundsatz. Denn die Heilung fehlender Willenserklärungen zum Zweckverbandsbeitritt setzt entsprechend dieser Vorschriften tatbestandlich voraus, dass die betreffende Gemeinde zumindest später als Zweckverbandsmitglied aufgetreten ist. In diesem Fall sind dann auch Dritte betroffen. Diese Drittbetroffenheit schließt eine Alleinzuständigkeit der Gemeinde im Rahmen der Entscheidung zum Zweckverbandsbeitritt aus.
In diesen Fällen kann einer kommunalen Gebietskörperschaft nicht mehr ein Recht zustehen, die alleinige Zuständigkeit zum Zweckverbandsbeitritt zu haben[409]. Denn ob die Gemeinde sich für eine Mitgliedschaft im Zweckverband im Nachgang entscheidet oder nicht, ist für Dritte relevant.
Zum einen für den Rechtsverkehr Dritter mit dem Zweckverband und zum anderen für die anderen Zweckverbandsmitglieder. Denn – und das darf nicht außer Acht gelassen werden – die Heilung fehlender Gemeinderatsbeschlüsse im Hinblick auf die Verbandsbildung erfolgt nach dem Wortlaut dieser Vorschriften nur, wenn diese Gemeinden Willenserklärungen zum Zweckverbandsbeitritt abgegeben haben oder zumindest schon als Zweckverbandsmitglied aufgetreten sind. Dritte sind auf Grund dessen davon ausgegangen, dass die Gemeinden, die Willenserklärungen zum Zweckverbandsbeitritt abgegeben haben bzw. als Zweckverbandsmitglieder aufgetreten sind, auch intern durch das zuständige Organ – Gemeindevertretung – eine Zweckverbandsmitgliedschaft beschlossen hatten. Dieser dadurch entstandene Vertrauenstatbestand in die Mitgliedschaft dieser Gemeinden begründete eine Drittbetroffenheit, die den Landesgesetzgeber der Länder Brandenburg und Mecklenburg-Vorpommern unter demokratischen Gesichtspunkten jeweils legitimierte, in diesen Fällen eine Fehlerheilung vorzunehmen.
Eine weitere Drittbetroffenheit ergibt sich aus der Gewährleistung des Schutzes natürlicher Lebensgrundlagen. Denn praktische Anwendung finden die Heilungsvorschriften vor allem auf dem Gebiet der Wasserversorgung und Abwasserentsorgung[410]. Die ordnungsgemäße Aufgabenerfüllung und damit auch der Schutz natürlicher Lebensgrundlagen war dadurch gefährdet, denn die Zuständigkeitsfrage für die Aufgabenerfüllung war auf Grund eines Widerspruchs aktiver Teilnahme im Zweckverband auf der einen Seite und fehlendem internen Willensbeschlusses auf der anderen Seite für die jeweiligen Gemeindegebiete fragwürdig. Es bestand dadurch eine Gefahr, dass durch die plötzliche Feststellung der Zuständigkeit der Gemeindevertretung - auf Grund des fehlenden Gemeinderatsbeschlusses - mangels technischer und personeller Grundlagen, der Gewässer- und Bodenschutz nicht mehr gewährleistet werden kann. Diese Ge-

[409] vgl. dazu BVerfGE 44, 322(348); 64, 208(214); v. Arnim AöR 1988, 3(17)
[410] gem. § 1 Abs. 1 ZwStabG ohnehin auf diesen Bereich begrenzt

fahr macht aber nicht vor Gemeindegrenzen Halt und geht von verfassungswegen[411] auch jeden Bürger an.

Auch die Heilung fehlender Gemeinderatsbeschlüsse zum Zweckverbandsbeitritt - ein formeller Fehler, der von den Heilungsgesetzen erfasst wird[412]- verstößt nicht gegen das Homogenitätsprinzip:
Zwar führt die in den Gesetzen festgeschriebene Unbeachtlichkeit von fehlenden Gemeinderatsbeschlüssen zum Zweckverbandsbeitritt dazu, dass in der Tat in diesen Fällen eine fehlende Mitwirkung der Gemeindevertretung zur Feststellung der Zweckverbandsmitgliedschaft unerheblich ist.
Unter der Prämisse des im Homogenitätsprinzips enthaltenen Demokratiegrundsatzes sind diese Regelungen jedoch nicht zu beanstanden:
Zum einen regeln diese Vorschriften nicht generell, dass Gemeinderatsbeschlüsse zu Zweckverbandsbeitritten nicht notwendig sind, sondern beschränken sich jeweils auf bereits erfolgte Verstöße gegen dieses Erfordernis[413].
Zum zweiten kann die Unbeachtlichkeit fehlender Gemeinderatsbeschlüsse aufgrund des Regelungsbereiches der Heilungsgesetze von Sachsen, Sachsen-Anhalt und Thüringen nur erfolgen, wenn die Gemeinden zumindest Willenserklärungen im Hinblick auf den Zweckverbandsbeitritt abgegeben haben. Aufgrund § 2 Abs. 2 ZwStabG Bbg und § 170 b Abs. 1 KV - M-V stehen fehlende oder nicht feststellbare Beschlüsse der Vertretungskörperschaft zur Verbandsbildung dieser nur dann nicht entgegen, wenn die Gemeinde in der Folgezeit als Verbandsmitglied aufgetreten ist. In diesen Fällen haben die von den Regelungen betroffenen Gemeinden jeweils eine rechtliche Situation herbeigeführt, von der auch Dritte - wie soeben bereits dargestellt - betroffen sind.
Es bestanden dadurch Verhältnisse, die die Landesgesetzgeber der Heilungsvorschriften von Brandenburg, Mecklenburg-Vorpommern, Sachsen, Sachsen-

---

[411] vgl. dazu Art. 2 I, 39 Verfassung des Landes Brandenburg v. 20. 8. 1992, GVBL. I, S. 298
Art. 12 Verfassung des Landes Mecklenburg-Vorpommern v. 23. 5. 1993, GVOBl. S. 372
Art. 10 Verfassung des Freistaates Sachsen v. 27. 5. 1992, GVBl. S. 243
Art. 2 I, 35 Verfassung des Landes Sachsen-Anhalt v. 16. 7. 1992, GVBl. S. 600
Art. 31 Verfassung des Landes Thüringen v. 25. 10. 1993; GVBl. S. 625

[412] In Thüringen kann dieser Fehler jedoch gemäß § 19 I S. 4 ThürGKG mit Wirkung für die Zukunft geltend gemacht werden

[413] so aber VG Halle, S. 37 des Beschlussumdrucks

Anhalt und Thüringen unter demokratischen Gesichtspunkten legitimierten, in diesen Fällen fehlende Gemeinderatsbeschlüsse von Gemeinden zu heilen[414].
Entgegen der Auffassung des Verwaltungsgerichts Halle ist unter dem Gesichtspunkt des Homogenitätsprinzips auch die Möglichkeit der Heilung von Gemeinderatsbeschlüssen zum Zweckverbandsbeitritt ohne vorherige Vorlage des entsprechenden Verbandsstatuts (Verbandssatzung) verfassungsrechtlich nicht zu beanstanden, denn von dem feststehenden, durch die Willenserklärungen bzw. das tatsächliche Auftreten Gemeinden zum Ausdruck gekommenen Willen und Wunsch, einem Zweckverband beizutreten bzw. einen Zweckverband zu gründen und bestimmte Aufgabenbereiche zukünftig mit anderen Gebietskörperschaften sowie sonstigen Mitgliedern gemeinsam wahrnehmen zu wollen, sind auch Dritte aus o. g. Gründen betroffen. Aufgrund dieser Drittbetroffenheit lag eine demokratische Legitimationsgrundlage für die Landesgesetzgeber vor, auch diese aufgetretenen Fehler per Gesetz einer Heilung zuzuführen.
Die Heilungsgesetze verletzen das in Art. 28 Abs. 1 GG wurzelnde Homogenitätsprinzip nicht.

## 4. Kapitel Recht der kommunalen Selbstverwaltung

Weiterer Punkt der verfassungsrechtlichen Überlegungen ist die Frage, ob die Regelung der Fehlerheilung die Garantie der kommunalen Selbstverwaltung verletzt. Hierzu wird zunächst der Schutzbereich näher dargestellt. Daran schließt sich die Prüfung der Frage eines Eingriffs in kommunale Selbstverwaltung.

### 1. Schutzbereich

Nach Art. 28 Abs. 2 S. 1 GG ist den Gemeinden das Recht zu gewährleisten, „alle Angelegenheiten der örtliche Gemeinschaft“ im Rahmen der Gesetze in eigener Verantwortung zu regeln[415].

---

[414] a. A. für Sachsen-Anhalt: VG Halle, B. v. 13. 8. 1998, S. 38 des Beschlussumdrucks; Millgramm SächsVBl. 1998, 125(129)

[415] BVerfGE 21, 117(118); 22, 353(354); BVerwGE 6, 19(22)

Art. 28 Abs. 2 GG enthält drei Garantieelemente der kommunalen Selbstverwaltung:

1. Institutionelle Rechtsgarantie
2. Objektive Aufgabengarantie
3. Subjektive Rechtsstellungsgarantie für Gemeinden und Gemeindeverbände[416]

1.1. Institutionelle Garantie

Art. 28 Abs. 2 GG enthält zum einen eine institutionelle Garantie der kommunalen Selbstverwaltung[417]. Grund dieser These ist die Überlegung, dass eine eigenverantwortliche Erledigung aller Angelegenheiten der örtlichen Gemeinschaft nur möglich ist, wenn eine entsprechende Einrichtung vorhanden ist[418]. Diese institutionelle Garantie der kommunalen Selbstverwaltung will zwar nicht eine rechtliche Formung durch den zuständigen Gesetzgeber verhindern[419]. Allerdings ist die Garantie der kommunale Selbstverwaltung - einer Institution mit grundlegender und ordnender Wirksamkeit für das gesamte Staatswesen[420]- vor einer substantiellen Aushöhlung zu bewahren[421]. Der Gesetzgeber ist aufgrund Art. 28 Abs. 2 GG gehindert, die Institute der Gemeinden und Gemeindeverbände zu beseitigen. Ein individueller Schutz der einzelnen Gemeinden - etwa gegen Auflösung - ist damit jedoch nicht verbunden[422].

1.2. Objektive Aufgabengarantie

Neben der institutionellen Garantie verleiht Art. 28 Abs. 2 GG den Gemeinden objektiv die eigenverantwortliche Erledigung aller Angelegenheiten der örtlichen Gemeinschaft[423].

---

[416] Jarass/Pieroth, GG, Art. 28 Rz. 5 a; Sachs in Sachs, GG, Art. 28 Rz. 92
[417] v. Münch in v. Münch, GG, Art. 28 Rz. 31; Schink VerwArch 1990, 385(392); Brohm DÖV 1989, 429(430); Petz DÖV 1991, 320 (320)
[418] vgl. Stober, S. 22
[419] Stober, S. 22
[420] Schmidt-Jortzig, Kommunalrecht, Rz. 514
[421] Stober, S. 22; Schink VerwArch 1990, 385(392)
[422] BVerfGE 56, 298(312); Stober, S. 22; Maunz in Maunz/Dürig/Herzog/Scholz, GG, Art. 28 Rz. 54; Stern BK, GG, Art. 28 Rz. 145
[423] Stober, S. 24; Reichel, S. 28; Schoch VerwArch 1990, 18(25)

### 1.2.1. Allzuständigkeit

Mit der Formulierung „alle Angelegenheiten der örtlichen Gemeinschaft“ wird der Grundsatz der Allzuständigkeit verbürgt[424]. Angelegenheiten der örtlichen Gemeinschaft sind solche Angelegenheiten, die in der örtlichen Gemeinschaft einen spezifischen Bezug zur örtlichen Gemeinschaft haben und eigenverantwortlich und selbständig bewältigt werden können[425]. Maßgebliche Kriterien sind die historische Entwicklung und die Charakteristik der Aufgabe für das Bild der Gemeinde[426]. Durch den Grundsatz der Allzuständigkeit ist den Gemeinden eine - im einzelnen nicht festschreibbare – Aufgabenzuständigkeit zu gewährleisten[427]. Hierbei bezieht sich Art. 28 Abs. 2 GG allein auf örtliche Angelegenheiten und damit auf sachliche Aufgaben, nicht auf die grundlegende Organisation der Gemeinde[428]. Ein Schwerpunkt der Allzuständigkeit liegt somit naturgemäß auf dem Gebiet der Daseinsvorsorge[429]. Diese Aufgabenzuständigkeit schafft die Grundlage für eine eigenverantwortliche Regelung.

### 1.2.2. Eigenverantwortlichkeit

Durch den Grundsatz der Allzuständigkeit wird den Gemeinden ein Entfaltungsraum zur Verfügung gestellt[430]. Die in diesem Entfaltungsraum befindliche Aufgabenzuständigkeit ist von der Gemeinde auszufüllen. Dem Grundsatz der „Eigenverantwortlichkeit“ kommt damit eine zentrale Stellung im Rahmen der kommunalen Selbstverwaltung zu[431].

Unter diesem Grundsatz ist die Entscheidungsfreiheit der Gemeinden, die Aufgaben, die in die Aufgabenzuständigkeit fallen, unabhängig und ohne Weisung und Vormundschaft des Staates so zu erfüllen, wie es nach Maßgabe der Rechtsordnung zweckmäßig erscheint[432]. Darin liegt ein politischer Gestaltungsspielraum, der die Entscheidung über das „Wie“ einer Aufgabenerfüllung umfasst[433].

---

424 Stober, S. 24; Oebbecke, S. 54

425 BVerfGE 7, 358(364); 22, 180(205); 50, 195(201)

426 BVerfGE 8, 122(134); Wolff/Bachof/Stober, Bd. II, §86 VII, S. 55

427 Stober, S. 24; Schoch VerwArch 1990, 18(25); Reichel, S. 28

428 BVerfGE 91, 228(228 f); BVerfG DVBl. 1995, 290

429 Stober, S. 37; Scholz DÖV 1976, 441(441)

430 Oebbecke, S. 55

431 BVerfGE 11, 266(273); 23, 353(356); BVerfG NJW 1981, 1659

432 Stern in BK, GG, Art. 28 Rz. 94; Oebbecke, S. 57; Reichel, S. 28, Stober, S. 30

433 v. Münch/ Schmidt-Aßmann, S. 18

Das Prinzip der Eigenverantwortlichkeit umschließt auch das die sog. „Organisationshoheit"[434]. Der Begriff umfasst die Befugnis der Gemeinden, ihre Verwaltungsorganisation nach eigenem Ermessen einzurichten[435] und beinhaltet auch die sog. Kooperationshoheit.

### 1.2.2.1. Negative Kooperationshoheit

Sowohl in der Rechtsprechung[436] als auch im Schrifttum[437] ist das grundsätzliche Bestehen einer negativen Kooperationshoheit von Gemeinden und Gemeindeverbänden anerkannt. Die negative Kooperationshoheit gewährleistet den Gemeinden und Gemeindeverbänden das Recht, nicht zwangsweise zu Zweckverbänden oder anderen Formen der interkommunale Zusammenarbeit zusammengeschlossen zu werden[438].

### 1.2.2.2. Positive Kooperationshoheit

Die Befugnis der Gemeinden, über die Verwaltungsorganisation nach eigenem Ermessen zu entscheiden, verleiht den Gemeinden die positive Kooperationshoheit und mithin auch die Befugnis, eine interkommunale Zusammenarbeit beispielsweise in Form eines Zweckverbandes – anzustreben[439].
Mit einer Entscheidung zugunsten einer interkommunalen Zusammenarbeit ist regelmäßig ein Zuständigkeitsverlust verbunden[440]. Unter dem Blickwinkel der Eigenverantwortlichkeit liegt insofern ein Minus vor. Da Gemeinden im Rahmen der Daseinsvorsorge jedoch verantwortlich für die ordnungsgemäße Aufgabenerfüllung sind, muß ihnen auch die Befugnis, zur Ausgestaltung dieser Aufgabenbereiche zugestanden werden.
Die kommunale Organisationshoheit umschließt auch das Recht, eigenverantwortlich über die Form der Wahrnehmung kommunaler Selbstverwaltung zu entscheiden[441]. Dies umschließt sowohl die Entscheidungsbefugnis für eine in-

---

434 BVerfGE 52, 95(117); 78, 331(341); Schmidt-Jortzig, Kommunale Organisationshoheit, S. 93, 161; Stober, S. 30; Reichel, S. 28; v. Mutius JURA 1982, 28(32)
435 BVerfG BayVBl. 1987, 556(557); Stober, S. 31
436 BVerfGE 26, 228(241); LVerfG M-V, U. v. 4. 2. 1999, S. 12 d. Urteilsumdrucks
437 Gönnenwein, S. 435; Wößner-Helwig, S. 67; Schmidt-Jortzig, Kommunale Organisationshoheit, S. 197; v. Münch in v. Münch, GG, Art. 28 Rz. 72
438 Gönnenwein, S. 435; Wößner-Helwig, S. 67
439 Stern in BK, GG, Art. 28 Rz. 80; Gönenwein, S. 391; Donhauser, S. 78; Duvenbeck, S. 93
440 so Oebbecke, S. 71
441 BVerfGE 79, 127(147); 91, 228(239)

terkommunale Zusammenarbeit als auch gegen eine interkommunale Zusammenarbeit.

### 1.2.3. Subjektive Rechtsstellungsgarantie

Das Recht der kommunalen Selbstverwaltung verleiht den aus der objektiven Einrichtungsgarantie Berechtigten des weiteren eine subjektive Rechtsstellungsgarantie[442]. Diese subjektive Rechtsstellungsgarantie berechtigt zur Abwehr von Eingriffen in den Garantiebereich der kommunalen Selbstverwaltung. Hierzu dient der im wesentlichen Maß in Art. 93 Abs. 1 Nr. 4 b GG i. V. m. § 91 BVerfGG geregelte Rechtsbehelf der kommunalen Verfassungsbeschwerde[443].

## 1.3. Im Rahmen der Gesetze

Allerdings gilt der Schutzbereich der kommunalen Selbstverwaltung nicht unbeschränkt, denn dieser wird gemäß Art. 28 Abs. 2 S. 1 GG „im Rahmen der Gesetze" gewährleistet.
Mit Gesetzen im Sinne des Art. 28 Abs. 2 S. 1 GG muß es sich nicht zwangsläufig um Gesetze im formellen Sinn handeln. Auch Rechtsverordnungen, Satzungen und Gewohnheitsrecht können das Selbstverwaltungsrecht eingrenzen[444]. Diese Gesetze ihrerseits dürfen die kommunale Selbstverwaltung zwar ausformen, nicht jedoch substantiell aushöhlen bis auf eine leere Hülle[445]. Die Beurteilung der Frage, ob ein Gesetz die kommunale Selbstverwaltung substantiell aushöhlt oder nur ausformt und konkretisiert, erfolgt durch eine Zuordnung zum Kernbereich oder Vorfeldbereich kommunaler Selbstverwaltung.

### 1.3.1. Kernbereich

Der Kernbereich kommunaler Selbstverwaltung ist unantastbar[446]. Dieser Kernbereich der kommunalen Selbstverwaltung ist das Essentielle einer Einrichtung, dass aus einer Institution nicht entfernt werden kann, ohne deren Struktur und Typus zu verändern[447]. Zum geschützten Kernbereich kommunaler Selbstver-

---

442 Stober, S. 23

443 vgl. dazu BVerfGE 1, 167(173); 59, 216(255); Stern in BK, GG, Art. 93 Rz. 766; Stober, S. 24

444 BVerfGE 26, 228(237); 56, 298(309); BVerwG DVBl. 1979, 116

445 Stober, S. 47

446 BVerfGE 1, 167(175); 38, 258(278); 52, 95(116); v. Münch in v. Münch, GG, Art. 28. Rz. 56; Maunz in Maunz/Dürig/Herzog/Scholz, GG, Art. 28 Rz. 53

447 Stern in BK, GG, Art. 28 Rz. 123; Stober, S. 47

waltung zählen die überkommenen identitätsstiftenden Merkmale, die essentiell das Bild der kommunalen Selbstverwaltung in ihren historischen Erscheinungsformen prägen[448].
Dieser Kernbereich ist verletzt, wenn in dieses „typische Erscheinungsbild"[449] dergestalt eingegriffen wird, dass die Gemeinde die Gelegenheit zu kraftvoller Betätigung verliert und nur noch ein Scheindasein führen kann[450]. Der Kernbereich der Organisationshoheit ist insoweit nur geschützt vor Regelungen, die eine eigenständige organisatorische Gestaltungsfähigkeit der Kommunen im Ergebnis ersticken oder den inneren Aufbau der Verwaltung einer eigenen Entscheidung der Gemeindeorgane entziehen würden[451].

### 1.3.2. Vorfeldbereich

Die Garantie kommunaler Selbstverwaltung entfaltet auch im Vorfeld dieses Kernbereiches rechtliche Wirkungen[452]. In diesen Bereich darf ein Gesetzgeber eingreifen, wenn es durch übergeordnete öffentliche Interessen gerechtfertigt und auf das zeitlich und sachlich unbedingt Notwendige begrenzt ist[453]. Der gesetzgeberisch zulässige Umfang des Eingriffsrechts richtet sich dabei nach den gesellschaftlichen Bedürfnissen[454]. In Fällen von außerordentlichen Notständen oder Notlagen ist dieser Umfang anders zu bewerten, als in ruhigen, verwaltungsmäßig unproblematischen Verhältnissen [455].
Auf dem Gebiet der Organisationshoheit - also auch dem Bereich der negativen Kooperationshoheit - sind Gemeinden daher gegen einen zwangsweisen Zusammenschluss zur gemeinsamen Aufgabenerfüllung nur geschützt, sofern dieser formell oder materiell nicht verfassungsgemäß ist[456]. Im Bereich der Organisationshoheit besteht somit grundsätzlich eine weitgehende Befugnis des staatlichen Gesetzgebers, der Regelung von Organisationsstrukturen seine Vorstellungen zugrunde zulegen[457]. Die Organisationshoheit ist also – wenn in den Vor-

---

448 BVerfGE 83, 363(381); 86, 90(107); Schoch VerwArch 1990, 18(30)
449 STGH BW DÖV 1976, 596; OVG Lüneburg DÖV 1980, 417; VerfGH RhPf NVwZ 1982, 614(615)
450 BVerfGE 38, 258(279); BVerwG NVwZ 1984, 378
451 BVerfGE 91, 228
452 LVerfG M-V, U. v. 4. 2. 1999, S. 12 des Urteilsumdrucks
453 BVerfGE 1, 167(178)
454 Stober, S. 47
455 BVerfGE 1, 167(178)
456 Gern, S. 113; Schmidt-Jortzig, Kommunale Organisationshoheit, S. 198
457 BVerfG DVBl. 1995, 290(292)

feldbereich eingegriffen wird – von vornherein nur relativ gewährleistet[458]. Demzufolge kann sie nicht nur aus Gründen, die außerhalb ihrer Selbst liegen, zurückgenommen werden, sondern wird auch als Prinzip selbst durch staatliche Regelungen inhaltlich ausgeformt und mit Grenzen versehen[459].
Eingriffe in die Organisationshoheit können daher grundsätzlich auch zum Zwecke der Verwaltungsvereinfachung sowie der Wirtschaftlichkeit und Sparsamkeit der Verwaltung oder dem Wunsch nach Übersichtlichkeit begründet werden[460].
Ist allerdings mit einem gesetzlichen Eingriff in die Organisationshoheit ein Entzug von sachlichen Aufgaben mit relevantem örtlichen Charakter - hier gilt der Grundsatz der Allzuständigkeit[461] - verbunden, stellen sich erhöhte materielle Anforderungen[462]. In diesem Fall darf der Gesetzgeber - unter Beachtung des Kernbereichs – nur dann einen Eingriff in die kommunale Selbstverwaltung vornehmen, wenn dies aus Gründen des Allgemeinwohls erforderlich ist[463]. Lediglich verwaltungspraktische Gründe oder allgemeine Wirtschaftlichkeitsüberlegungen rechtfertigen einen Aufgabenentzug nicht[464], es sei denn eine Belassung der Aufgaben bei den Gemeinden würde zu einem nicht mehr vertretbaren Kostenanstieg führen[465].
Im folgenden ist zu untersuchen, ob die Heilungsgesetze in den Schutzbereich der kommunalen Selbstverwaltung eingreifen.

2. Eingriff in den Schutzbereich der kommunalen Selbstverwaltung

Die Frage eines Eingriffs in die kommunale Selbstverwaltung durch die Heilungsgesetze stellt sich unter drei Gesichtspunkten:
Erstens hat eine Prüfung zu erfolgen, ob mit der Regelung der Heilung von Gründungsfehlern ein gesetzlicher Aufgabenentzug und daraus folgend ein Eingriff in die Allzuständigkeit verbunden ist.
Zweitens stellt sich die Frage, ob die Heilung von Gründungsfehlern die Bildung eines gesetzlichen Pflichtverbandssystems zur Folge hat, welches einen damit einhergehenden Eingriff in die Eigenverantwortlichkeit der Gemeinden bewirkt.

---

458 BVerfG DVBl. 1995, 290(292)
459 BVerfG DVBl. 1995, 290(292)
460 BVerfG DVBl. 1995, 290(292)
461 siehe Sechster Teil, 4. Kap.,1.2.1
462 BVerfGE 79, 127(143)
463 BVerfGE 79, 127(143)
464 BVerfGE 79, 127(143); v. Münch/Schmidt-Aßmann, S. 19
465 BVerfGE 79, 127(153)

Und letztlich ist zu untersuchen, ob die im Zusammenhang mit der Heilung von Gründungsfehlern teilweise erfolgten Regelungen zur Austrittsmöglichkeit – insbesondere den damit verbundenen finanziellen Auseinandersetzungen – jeweils eine gesetzliche Haftungsinanspruchnahme der austretenden Gemeinden begründen und so einen Eingriff in die kommunale Selbstverwaltung nach sich ziehen.

### 2.1. Eingriff in den Grundsatz der Allzuständigkeit durch ZwStabG Brandenburg und 3. ÄndG KV – M-V

Ein Eingriff in den durch die Garantie der kommunalen Selbstverwaltung gewährleisteten Grundsatz der Allzuständigkeit durch gesetzlichen Aufgabenentzug liegt nur dann vor, wenn es sich um den Entzug einer sachlichen Aufgabe der örtlichen Gemeinschaft handelt[466].

Von einem solchen Eingriff geht zumindest das Verwaltungsgericht Halle mit seiner Beschlussvorlage im Hinblick auf die sachsen – anhaltinischen Heilungsvorschriften aus[467].

Demnach werde durch die eingetretene Heilung der Gründungsfehler den – beteiligten – Gemeinden die nach § 151 WG LSA[468] grundsätzlich zustehende Kompetenz der Abwasserentsorgung entzogen[469].

Allein der Wortlaut der Heilungsvorschriften kann diese Überlegung nicht fundamentieren, denn ein offensichtlicher Aufgabenentzug – wie er beispielsweise im Fall Rastede[470] erfolgte – ist der sachsen-anhaltinischen Heilungsvorschrift nicht zu entnehmen.

Das VG Halle ist dennoch von einem gesetzlichen Aufgabenentzug überzeugt. So argumentiert es, dass nach § 21 KV-DDR sowie nach § 44 Abs. 3 Nr. 17 Gemeindeordnung LSA[471] der Gemeindevertretung die Entscheidung über eine Mitgliedschaft zustehe. Eine lediglich erfolgte Willensbekundung zum Beitritt sei nicht ausreichend, wenn das Verbandsstatut den beschließenden Gemeinderäten nicht vorgelegen habe. Die durch das Heilungsgesetz vorgenommene Heilung mache „jegliche Befassung mit den Gründungvorgängen überhaupt entbehrlich". Im Hinblick auf die Abwasserentsorgung würden die betroffenen

[466] vgl. Sechster Teil, 4. Kap., 1.2.1.
[467] VG Halle, B. v. 13. 8. 1998, S. 37 des Beschlussumdrucks
[468] Wassergesetz für das Land Sachsen-Anhalt (WG LSA) i. d. F. v. 21. 4. 1998 (GVBl. S. 186)
[469] VG Halle, S. 37 f des Beschlussumdrucks
[470] BVerfGE 79, 127 ff
[471] Gemeindeordnung für das Land Sachsen-Anhalt ( GO LSA) v. 5. 10. 1993 (GVBl. S. 568)

Gemeinden ihre Aufgabenzuständigkeit dadurch verlieren, was auf einen Aufgabenentzug hinauslaufe[472].

Die Auffassung des VG Halle ist abzulehnen. Ein gesetzlicher Entzug einer Aufgabe der Gemeinde – ohne eine vorherige Willensbekundung der Gemeinde zum Zweckverbandsbeitritt und damit zum Aufgabenübergang – wird durch den Anwendungsbereich der sachsen-anhaltinischen Heilungsregelung nicht ermöglicht. Der Anwendungsbereich dieser Zweckverbandsheilungsregelungen erfasst nur die Heilung von formellen Gründungsfehlern. In den sachsen-anhaltinischen Heilungsvorschriften findet sich keine Heilung fehlender Willensäußerungen von Gemeinden zum Zweckverbandsbeitritt.

Zum anderen vermittelt § 8 a Abs. 2 GKG LSA den kommunalen Gebietskörperschaften, die Statut oder Verbandssatzung des Zweckverbandes nicht durch das zuständige Organ beschlossen haben, die Austrittsmöglichkeit. Daraus kann im Umkehrschluss die Erkenntnis gezogen werden, das Kommunen, die überhaupt keine Willensentscheidung getroffen haben, auch nicht vom Anwendungsbereich des HeilungsG LSA erfasst sind[473]. Hätte der Gesetzgeber auch eine Heilung fehlender Willensbekundungen der Gemeinde zum Zweckverbandsbeitritt beabsichtigt, hätte er das schon aufgrund des Bestimmtheitsgrundsatzes regeln müssen[474].

Der sachsen – anhaltinische Gesetzgeber beabsichtigte aber nicht eine solche Regelung, sondern beschränkte den Anwendungsbereich auf die Heilung von formellen Fehlern.[475]. Zur Kategorie der Heilung formeller Fehler im o.g. Sinn[476] zählt jedoch nicht eine Heilung einer gänzlich fehlenden Willensbekundung einer Gemeinde zum Zweckverbandsbeitritt. Denn die Anordnung der Unbeachtlichkeit von Verstößen gegen Verfahrens- und Formvorschriften kann nur deren Verletzung heilen, nicht aber den Akt als solchen fingieren[477]. Dass ein solcher Akt erforderlich ist, wird von einer Verfahrens- und Formvorschrift nicht selbst geregelt, sondern vorrausgesetzt[478].

Das sächsische GORV und das 1. ÄndG zum ThürGKG regeln zwar auch die Heilung von formellen Fehlern im Zusammenhang mit der Gründung von Zweckverbänden. Aber auch mit diesen Gesetzen bezweckten die jeweiligen Gesetzgeber, den damaligen Willen der Beteiligten, den Verband rechtswirksam zu gründen, umzusetzen. Es wird daher weder nach Wortlaut noch nach Entste-

---

[472] VG Halle, S. 37 d. Beschlussumdrucks

[473] vgl. dazu Plenarprot. LSA 2/40, S. 3069

[474] VG Dessau, LKV 99, 330; so auch OVG Bautzen LKV 1999, 61(63)

[475] vgl. Prot. LSA 2/40, S. 3069

[476] Dritter Teil, 2. Kap., 1.

[477] so OVG Bautzen LKV 1999, 61(63)

[478] vgl. OVG Bautzen LKV 1999, 61(63)

hungshintergrund die Willensäußerung einer Gemeinde zum Beitritt zu einem Zweckverband fingiert und damit eine Aufgabenzuständigkeit entzogen[479].

Die von den Zweckverbandsheilungsgesetzen der Länder Sachsen, Sachsen-Anhalt und Thüringen erfasste Heilung fehlender Beitrittsbeschlüsse der Gemeindevertretung zu einem Zweckverband oder Beitrittsbeschlüsse der Gemeindevertretung zum Zweckverbandsbeitritt, ohne das dabei das Verbandsstatut vorgelegen hat, bewirkt keinen gesetzlichen Aufgabenentzug.
Denn in diesen Fällen hat die Gemeinde - wenn auch fehlerhaft – vorher der Gründung eines Zweckverbandes oder dem Beitritt zu einem solchen und der damit verbundenen Aufgabenverlagerung selbst zugestimmt. Eine Heilung formeller Gründungsfehler kann deshalb keinen gesetzlichen Aufgabenentzug bewirken.
Fehlt auch die Willenserklärung der Gemeinde zum Zweckverbandsbeitritt, ist diese Gemeinde nicht vom Anwendungsbereich dieser Gesetze erfasst. Die Gemeinde ist in diesem Fall nicht als Zweckverbandsmitglied zu behandeln, mit der Folge, dass die Aufgabenzuständigkeit bei der Gemeinde verblieben ist.
Ein Eingriff in die kommunale Selbstverwaltung in der Form eines gesetzlichen Aufgabenentzuges ist aufgrund dieser Heilungsgesetze nicht möglich[480].

Anders ist jedoch in den Fällen des 2. HeilungsG Brandenburg (ZwStabG) und dem 2. HeilunsgG MV (3. ÄndG KV – MV) zu entscheiden. Trotz fehlender Willenserklärungen der Gemeinde zum Verbandsbeitritt regeln diese Gesetze die Möglichkeit der Zweckverbandsmitgliedschaft[481].
Dabei ist für die Beurteilung der Frage eines Eingriffs in die kommunale Selbstverwaltung unerheblich, dass der Gesetzgeber diese Fehlerbehebung von einem späteren tatsächlichen Verhalten der Gemeinde abhängig macht. Denn mit der Ersetzung einer fehlenden Willenserklärung zum Zweckverbandsbeitritt wird grundsätzlich auch ein gesetzlicher Aufgabenentzug bewirkt werden können. Denn nach diesen Vorschriften kann einer Gemeinde, die keine Willenserklärung zum Beitritt zu einem Zweckverband abgegeben hat ein sachliches Aufgabengebiet „verloren" gehen, wenn nachweisbar spätere Auftritte der Gemeinde als Verbandsmitglied erfolgt sind.
Zwar beschränkt der brandenburgische Gesetzgeber mit § 1 Abs. 1 ZwStabG den Geltungsbereich auf Zweckverbände, bei denen eine Übertragung der Aufgaben der Wasserversorgung und Abwasserbeseitigung oder eine der beiden

[479] so auch OVG Bautzen LKV 1999, 61(63)
[480] Klügel LKV 1997, 197(199)
[481] vgl. § 2 III ZwStabG; § 170 a II S. 3 KV- M-V, eingefügt durch 3. ÄndG KV – M-V

Aufgaben stattgefunden hat. Allein daraus kann jedoch nicht den Schluss gezogen werden, dass eine Mitgliedschaft und Aufgabenübertragung ohne vorherige Willensbekundung zum Zweckverbandsbeitritt der Gemeinden nicht möglich ist. Denn sonst hätte die Möglichkeit der Substitution fehlender Willenserklärungen der Gemeinden im Hinblick auf den Zweckverbandsbeitritt keinen Anwendungsbereich. Dagegen kann aus dem in § 1 Abs. 1 ZwStabG festgelegten Anwendungsbereich mit der Beschränkung des Geltungsbereiches dieses Gesetzes auf die sachliche Aufgabe der Wasserversorgung und Abwasserbeseitigung ein anderer Schluss gezogen werden: In den Fällen der Substitution fehlender Willenserklärung zum Zweckverbandsbeitritt wird durch das ZwStabG die Aufgabe der Wasserversorgung und Abwasserentsorgung ohne vorherige Willenserklärung der Gemeinde auf die Ebene des Zweckverbandes verlagert, wenn ein späteres tatsächliches Verhalten der Gemeinde nachgewiesen wird.
Die Aufgabe der Wasserversorgung und Abwasserbeseitigung ist jedoch auch in Brandenburg (vgl. §§ 59 Abs. 1, 66 WG Bbg[482]) eine pflichtige Selbstverwaltungsaufgabe. Gleiches gilt auch in Mecklenburg-Vorpommern (§ 40 Abs. 1, 43 Abs. 1 LWaG M-V[483]).
Die im ZwStabG Bbg und 3. ÄndG KV – M-V geregelte Substituierbarkeit fehlender Willenserklärungen von Gemeinden zum Zweckverbandsbeitritt greift somit in den Grundsatz der Allzuständigkeit ein.
Allerdings handelt es sich nicht um einen Eingriff in den sog. Kernbereich kommunaler Selbstverwaltung. Denn weder wird die - auf die Gesamtheit bezogen – organisatorische Gestaltungsfreiheit der Kommunen erstickt, noch der gesamte innere Aufbau der Verwaltung der betroffenen Kommunen erstickt werden können oder der innere Aufbau der Verwaltung der Kommunen einer Entscheidung der Gemeindeorgane entzogen. Die Möglichkeit des Entzugs einer typischen Aufgabe der Daseinsvorsorge[484] vermag nicht eine eigenständige organisatorische Gestaltungsfähigkeit der Gemeinde zu ersticken[485]. Das typische Erscheinungsbild der Gemeinde wird weder durch das ZwStabG Bbg noch durch das 3. ÄndG KV - M - V aufgrund der gesetzlich eingeräumten Möglichkeit des Entzugs einer sachlichen Aufgabenzuständigkeit zerstört[486].

---

[482] Wassergesetz für das Land Brandenburg (WG Bbg) v. 13. 7. 1994 (GVBl. I S. 302) geänd. d. ÄndG v. 22. 12. 1997 (GVBl. I S. 168)
[483] Wassergesetz des Landes Mecklenburg-Vorpommern (LWaG M-V) v. 30. 11. 1992 (GVOBl. S. 178) geänd. d. EnteigG v. 2. 3. 1993 (GVOBl. S. 669)
[484] vgl. dazu Stober, S. 108
[485] i. Erg wohl auch Hüppe/Zwölfer LKV 1998, 436(437)
[486] vgl. dazu bereits Sechster Teil, 4. Kap., 1.3.1.

### 2.2. Eingriff in die negative Kooperationshoheit durch ZwStabG Brandenburg und 3. ÄndG KV – M-V

#### 2.2.1. Substituierbarkeit fehlender Willenserklärungen

Den Gemeinden und Gemeindeverbänden ist grundsätzlich das Recht gewährleistet, nicht gegen ihren Willen eine Zweckverbandsmitgliedschaft aufgezwängt zu bekommen[487].

Gesetzliche Regelungen, die eine solche Zwangsmitgliedschaft ermöglichen, greifen daher in die aus der kommunalen Selbstverwaltung abgeleitete Organisationshoheit – insbesondere die negative Koalitionshoheit – ein.

Dies gilt selbstverständlich auch für gesetzliche Regelungen, die aufgrund einer Fehlerbehebung, eine Zwangsmitgliedschaft nach sich ziehen.

Weder das sächsische GORV noch die Heilungsgesetze von Sachsen – Anhalt und Thüringen regeln eine Mitgliedschaft ohne vorherige Willenserklärung der Gemeinde zum Zweckverbandsbeitritt regeln. Die geregelte Heilung von Verfahrensfehlern ermöglicht keine Mitgliedschaft ohne Willensbekundung und damit erst recht keine Zweckverbandsmitgliedschaft gegen den Willen der Gemeinde.

Entgegen der im Vorlagebeschluss vertretenen Ansicht des VG Halle erfolgt durch die sachsen-anhaltinischen Heilungsvorschriften kein Eingriff in die negative Koalitionshoheit[488]. Ein gesetzliches Pflichtverbandssystem wird dadurch nicht begründet[489]. Gleiches gilt ebenso für die Zweckverbandsheilungsvorschriften der Länder Sachsen und Thüringen[490].

Etwas anderes gilt für das ZwStabG Bbg und das 3. ÄndG KV – M-V:

Sowohl durch § 2 Abs. 3 ZwStabG Brandenburg als auch durch den aufgrund des 3. ÄndG KV – MV eingefügten § 170 a Abs. 2 S. 3 KV – M-V wird eine gesetzliche Mitgliedschaft von Gemeinden und Gemeindeverbänden ohne vorherige Willensbekundung der Gemeinden und damit evtl. auch gegen den Willen der Gemeinden ermöglicht.

Ein Eingriff in die Organisationshoheit und somit ein Eingriff in die kommunale Selbstverwaltung ist durch diese Gesetze auch auf dieser Ebene erfolgt[491].

---

487 Gönnenwein, S. 435; Wößner-Helwig, S. 67;
Schmidt-Jortzig, Kommunale Organisationshoheit, S. 197

488 vgl. VG Halle, B. v. 13. 8. 1998, S. 40 des Beschlussumdrucks;
sowie VG Dessau LKV 1997, 466(467)

489 Klügel LKV 1997, 197(199); LVerfG LSA, u. v. 12. 12. 1997, LVerfGE 7, 275

490 siehe schon Vierter Teil, 2. Kap., 4.2.4.; Sechster Teil, 3. Kap., 2.

491 Hüppe/Zwölfer LKV 1998, 436(437)

Auch hier ist jedoch kein Eingriff in den Kernbereich kommunaler Selbstverwaltung zu verzeichnen[492]. Denn weder wird die - auf die Gesamtheit bezogen – organisatorische Gestaltungsfreiheit der Kommunen erstickt noch der gesamte innere Aufbau der Verwaltung der betroffenen Kommunen einer Entscheidung der Gemeindeorgane entzogen. Die Entscheidung des Gesetzgebers, in den Fällen des späteren Auftretens als Zweckverbandsmitglied auf eine vorherige Willenserklärung der Gemeinde zum Zweckverbandsbeitritt zu verzichten, vermag nicht eine eigenständige organisatorische Gestaltungsfähigkeit der Gemeinde zu ersticken[493]. Das typische Erscheinungsbild der Gemeinde wird weder durch das ZwStabG Bbg noch durch das 3. ÄndG KV - M - V aufgrund der gesetzlich eingeräumten Möglichkeit der Begründung einer Zweckverbandsmitgliedschaft ohne vorherige Willenserklärung zerstört[494].

2.2.2. nicht durch gesetzlich begründete Haftungsinanspruchnahme

Sowohl § 16 Abs. 2 ZwStabG als auch § 8 a Abs. 3 GKG LSA gewähren im Rahmen der Fehlerheilung ein Austrittsrecht von Kommunen nur bei Abschluss einer Auseinandersetzungsvereinbarung.
Gegen diese „unerlässliche Austrittsvoraussetzung"[495] wurde vor dem Hintergrund der in Rede stehenden mehrstelligen offenen Millionenkreditbeträge entsprechend eingewandt, dass diese gesetzlich normierte „Schuldenübernahmepflicht" einen Zwang zur Mitgliedschaft begründe[496].
In der Tat könnte darin ein Eingriff in die negative Koalitionshoheit gesehen werden, wenn durch die Heilungsvorschriften eine gesetzliche Haftung begründet worden ist, wodurch „dem Austrittsdrang erhebliche Grenzen gesetzt werden"[497].
Dem ist allerdings nicht so, denn eine Beteiligung austretender Kommunen an Altverbindlichkeiten des Zweckverbandes im Rahmen einer Vermögensauseinandersetzung besteht nach einhelliger Meinung unabhängig von diesen gesetz-

---

[492] so aber Cromme LKV 1999, 122(124)
[493] i. Erg wohl auch Hüppe/Zwölfer LKV 1998, 436(437)
[494] vgl. dazu bereits Sechster Teil, 1. Kap., 1.3.1.
[495] vgl. Durchführungshinweise zum ZwStabG des Ministerium des Innern Brandenburg, S. 54
[496] Cromme LKV 1999, 122(127)
[497] vgl. Plenarprot. LSA 2/40 ; S. 3069

lichen Vorgaben[498]. Insofern ist es in diesem Rahmen gleichgültig, welcher konkrete Lösungsansatz der Auseinandersetzungssituation der Zweckverbände am gerechtesten wird[499]. Fest steht, dass mit Gründungsfehlern behaftete Zweckverbände unabhängig von den in den Heilungsvorschriften verankerten Auseinandersetzungsvereinbarungen auch haftungsrechtliche Wirkungen erzeugen[500]. Eine Haftung der beteiligten Mitgliedsgemeinden für bestehende Verbindlichkeiten des Zweckverbandes besteht auch ohne die o.g. Haftungsregelungen und ist von daher ohnehin im Falle eines Austritts zu berücksichtigen.
Dementsprechend ist es nicht von Nachteil, dass sich in den Heilungsgesetzen der Länder Mecklenburg-Vorpommern, Sachsen und Thüringen eine solche Regelung nicht findet.
Ein Eingriff in die kommunale Selbstverwaltung wird durch diese Regelungen nicht bewirkt[501].

3. Rechtfertigung des Eingriffs in die kommunale Selbstverwaltung

Die Prüfungen haben in Bezug auf die in § 2 Abs. 3 ZwStabG Bbg sowie § 170 a Abs. 2 S. 3 KV – M-V geregelte Möglichkeit der Substitution von fehlenden Willenserklärungen zum Zweckverbandsbeitritt sowohl einen Eingriff in die Allzuständigkeit - durch die Möglichkeit des Entzugs eines Aufgabenbereiches mit relevantem örtlichen Charakter - als auch einen Eingriff in die Eigenverantwortlichkeit - negative Kooperationshoheit - aufgezeigt[502].
Zu untersuchen ist daher die Frage, ob diese festgestellten Eingriffe unter verfassungsrechtlichen Gesichtspunkten mit dem Grundgesetz vereinbar sind.

Im Vergleich zu einem Eingriff in die negative Kooperationshoheit ist ein Eingriff in die Allzuständigkeit - durch die Möglichkeit eines gesetzlichen Aufgabenentzugs in Folge einer Willensbekundungssubstitution - an erhöhte materielle Voraussetzungen gebunden[503]. Ein Eingriff in den Grundsatz der Allzuständigkeit kann nur aus hinreichend gewichtigen Gründen des Gemeinwohls ge-

---

498 LVerfG LSA, U. v. 12. 12. 1997; LVerfGE 7, 275; LG Potsdam LKV 1997, 430(430); OLG Jena OLG-NL 1995, 105; Kohlhosser NJW 1997, 3265(3267); Pencereci/Bluhm LKV 1998, 172(172); Klügel LKV 1997, 197(200); Wellmann LKV 1997, 402(403); Tomerius LKV 1997, 404 f

499 vgl. hierzu Siebenter Teil, 1. Kap.

500 LVerfG LSA, U. v. 12. 12. 1997, LVerfGE 7, 275; Kohlhosser NJW 1997, 3265(3267); Wellmann LKV 1997, 402(403)

501 so auch Klügel LKV 1997, 197(200)

502 siehe Sechster Teil, 4. Kap., 2.

503 siehe Sechster Teil, 4. Kap., 1.3.2.

rechtfertigt werden[504]. Soweit solche Gründe vorliegen, rechtfertigen sie auch einen Eingriff in die negative Kooperationshoheit.

Wie nunmehr aufzuzeigen ist, liegen diese Gemeinwohlgründe vor:

### 3.1. Wiederherstellung der Rechtssicherheit

Vor dem Hintergrund der Dimension fehlerhafter Zweckverbands-gründungen verfolgen die Heilungsgesetze von Brandenburg und Mecklenburg-Vorpommern (sowie auch der anderen neuen Bundesländer) einen wichtigen öffentlichen Zweck: die Schaffung von Rechtssicherheit und Wiederherstellung des Vertrauens des Rechtsverkehrs in die Rechtsfähigkeit der Zweckverbände.
Durch die Heilung von Gründungsfehlern wird eine (Wieder-)Herstellung der Funktionsfähigkeit einer großen Anzahl von Zweckverbänden bezweckt[505]. Der durch die Gründungsfehler zu verzeichnende Vertrauensverlust des Rechtsverkehrs (beispielsweise der Banken, Investoren und Bürger) in die Existenz von Zweckverbänden wird damit wieder ausgeglichen.
In Fällen der fehlenden Willensbekundung vermag nur eine rückwirkende Heilung dieser Gründungsfehler die Zweckverbände wieder ins Leben zurückzurufen[506]. Die Zweckverbände – und nicht nur deren Mitglieder im Rahmen einer Haftungsgemeinschaft – werden aufgrund der Vorschriften wieder vollwertige Teilnehmer am Rechtsverkehr. Gewährleistet ist damit zum einen eine klare Zuordnung der bisher getätigten Investitionen und zum anderen die Möglichkeit der Zweckverbände, im eigenen Namen die Gebühren und Beiträge von den Abgabenschuldnern für die bisher in Anspruch genommenen Leistungen in Anspruch zu nehmen[507].
Auch die – durch die Gründungsfehler aufgetretene - Frage der Zuständigkeit für die jeweilige Aufgabenwahrnehmung erfährt damit eine eindeutige Lösung und damit auch eine rechtliche Absicherung der Aufgabenwahrnehmung[508]. Denn für den Rechtsverkehr war nicht mehr erkennbar, ob es sich um einen fehlerfrei gegründeten und damit rechtsfähigen Zweckverband handelt oder ob Gründungsfehler vorlagen und damit die Rechtsfähigkeit des Zweckverbandes zu verneinen war. Die rechtliche Absicherung der Aufgabenverteilung bewirkt -

---

[504] vgl. Sechster Teil, 4. Kap., 1.3.2.
[505] LVerfG M-V, u. v. 4. 3. 1999, S. 18 des Urteilsumdrucks; OVG Frankfurt(O.) LKV 1997, 460(462)
[506] OVG Frankfurt(O.), LKV 1997, 460(462)
[507] OVG Frankfurt(O.), LKV 1997, 460(462)
[508] OVG Frankfurt(O.), LKV 1997, 460(462)

auf dem jeweiligen betroffenen Aufgabengebiet[509] - die beabsichtigte Funktionsfähigkeit der Verwaltungsorganisation[510].

Die Wiederherstellung der Rechtssicherheit ist ein Gemeinwohlgrund, der den durch die Heilungsgesetze der Länder Brandenburg und Mecklenburg-Vorpommern bewirkten Eingriff in die kommunale Selbstverwaltung durch die gesetzliche Regelung einer Willensbekundungssubstitution rechtfertigt. Dementsprechend hat auch das Landesverfassungsgericht Mecklenburg-Vorpommern im Rahmen einer Landesverfassungsbeschwerde gegen das Heilungsgesetz einen Verstoß gegen die Garantie kommunaler Selbstverwaltung verneint[511].

### 3.2. Schutz natürlicher Lebensgrundlagen

Die Heilungsgesetze von Brandenburg und Mecklenburg-Vorpommern[512] bezwecken einen weiteren Gemeinwohlgrund: die Sicherung natürlicher Lebensgrundlagen. Denn die Heilungsgesetze wirken in der Praxis sich im Wesentlichen auf die Heilung von Zweckverbänden der Wasserversorgung und Abwasserbeseitigung aus: Durch die hohe Anzahl fehlerhafter Zweckverbandsgründungen und daraus resultierende Austrittsbestrebungen[513] war insbesondere dieser Aufgabenbereich rechtlich ungeordnet. Denn die Zuständigkeitsfrage für die Wasserversorgung und Abwasserbeseitigung war dadurch wieder offen und zog damit auch eine Gefährdung einer ordnungsgemäßen, den fachgesetzlichen Vorgaben entsprechenden Wasserversorgung und Abwasserentsorgung nach sich[514]. Denn weder für fehlerhaft gegründete Zweckverbände noch daran beteiligte Gemeinden war die Zuständigkeit für die Wasserversorgung bzw. Abwasserentsorgung hinreichend klar. Mutmaßungen jedoch gab es in zahlreichen Formen. Gerade im Wasserversorgungs- und Abwasserentsorgungsbereich war die Arbeitsfähigkeit der Zweckverbände gefährdet, da sich eine große Anzahl von Gemeinden nicht mehr als Zweckverbandsmitglieder verantwortlich fühlten und daher auch jede weitere Mitarbeit im Verband verweigerten[515].

---

[509] durch das ZwStabG Bbg ohnehin begrenzt auf den Bereich der Wasserversorgung und Abwasserbeseitigung

[510] Hoffmann-Riem in Schmidt-Aßmann/Hoffmann-Riem, S. 364: Gewährleistungsver antwortung

[511] LVerfG M-V, U. v. 4. 2. 1999, S. 11 f.

[512] ebenso auch die Zweckverbandsheilungsgesetze der übrigen Bundesländer

[513] KNSA-Beitrag 500/96: 47. LT-Sitzung, Austritte aus Zweckverbänden

[514] Hüppe/Zwölfer LKV 1998, 436(437); LT-Drs. Bbg. 2/5171, S. 15

[515] LT-Drs. Bbg. 2/2918, S. 8

Der Schutz der natürlichen Lebensgrundlagen – Wasser- und Bodenschutz - für die jeweiligen Gemeindegebiete ist jedoch nicht mehr gewährleistet, wenn nicht eindeutig feststeht, wer zuständiger Aufgabenträger ist[516]. Durch das drohende Aufkeimen eines „ungeordneten Auflösungsprozesses"[517] wurde die Gefährdung der natürlichen Lebensgrundlagen noch weiter erhöht. Denn nicht durchweg waren die verantwortlichen Kommunen personell, technisch oder finanziell in der Lage, die ordnungsgemäße Aufgabenerfüllung zügig zu gewährleisten. Denn die ordnungsgemäße Aufgabenerfüllung hätte vorher einer zeit- und kostenintensiven Planung der Aufgabenwahrnehmung und Anlagenerstellung, die Schaffung der Finanzierungsvoraussetzungen und die Anlagenerstellung vorausgesetzt.
Aufgrund dieser bestehenden Gefahr konnten die Landesgesetzgeber von Brandenburg und Mecklenburg-Vorpommern die Möglichkeit der Substitution fehlender Willenserklärungen der Gemeinden zum Zweckverbandsbeitritt gesetzlich verankern.
Auch der Schutz natürlicher Lebensgrundlagen ist daher ein Gemeinwohlgrund, der die gesetzlich festgeschriebene Möglichkeit der Substitution fehlender Willenserklärungen zum Zweckverbandsbeitritt und die damit eröffnete Möglichkeit eines Eingriffs in die kommunale Selbstverwaltung rechtfertigt .

### 3.3. Beseitigung einer wirtschaftlichen Ausnahmesituationen

Zwar rechtfertigen allgemeine Wirtschaftlichkeitsgründe einen Aufgabenentzug grundsätzlich nicht[518]. Nur ausnahmsweise kann die allgemeine Wirtschaftlichkeit einer Aufgabenwahrnehmung, einen Aufgabenentzug rechtfertigen, wenn die Kosten einer Aufgabenerfüllung durch die Kommune zu einem unverhältnismäßigen Missverhältnis zu dem erwarteten Aufwand einer überörtlichen Erledigung stehen[519].
Bei der mit den fehlerhaft gegründeten Zweckverbänden verbundenen Problematik handelt es sich aber nicht mehr um „allgemeine Wirtschaftlichkeitsaspekte", sondern um jeweils mehrstellige Millionenbeträge allein bei den rückständi-

---

[516] vgl. dazu Art. 2 I, 39 Verfassung des Landes Brandenburg v. 20. 8. 1992, GVBL. I, S. 298
Art. 12 Verfassung des Landes Mecklenburg-Vorpommern v. 23. 5. 1993, GVOBl. S. 372
Art. 10 Verfassung des Freistaates Sachsen v. 27. 5. 1992, GVBl. S. 243
Art. 2 I, 35 Verfassung des Landes Sachsen-Anhalt v. 16. 7. 1992, GVBl. S. 600
Art. 31 Verfassung des Landes Thüringen v. 25. 10. 1993; GVBl. S. 625
[517] LT-Drs. Bbg. 2/5171, S. 15
[518] siehe Sechster Teil, 4. Kap., 1.3.2.
[519] Bodanowitz, S. 21 unter Hinweis auf BVerfGE 79, 127(153)

gen Abgabenforderungen[520]. Unter Hinzuziehung bestehender Kreditbelastungen belief sich die finanzielle Problematik auf einen Milliardenbetrag[521]. Diese Statistiken zeigen auf, dass es sich hierbei um wirtschaftliche Hintergründe handelte, die eine Dimension erreichten, die den gesamten Bereich der Wasserversorgung und Abwasserbeseitigung gefährdeten. Vor diesem Hintergrund ist die rechtliche Stabilisierung der betroffenen Verwaltungsinstitutionen - also auch der Zweckverbände - eine grundlegende Voraussetzung für eine gesicherte Aufgabenwahrnehmung durch eine funktionsfähige Verwaltungsorganisation[522].
Unter diesen genannten Gesichtspunkten ist daher auch die Beseitigung dieser wirtschaftlichen Ausnahmesituation durch eine rechtliche Stabilisierung als Gemeinwohlgrund anzuerkennen und rechtfertigt ebenfalls die festgestellten Eingriffe in die kommunale Selbstverwaltung durch das ZwStabG Bbg und 3. ÄndG KV – M-V.
Es kann daher festgehalten werden, dass die Garantie der kommunalen Selbstverwaltung durch die Zweckverbandsheilungsvorschriften nicht verletzt wird.

## 5. Kapitel Rechtsstaatsprinzip

Die allen genannten Heilungsvorschriften der neuen Bundesländer innenwohnende Intention ist eine gesetzlich normierte Änderung der rechtlichen Behandlung eines in der Vergangenheit liegenden Sachverhalts: die nachträglich geänderte Bewertung fehlerhafter Zweckverbandsgründungen.
Daher drängt sich auch die Frage der Rechtmäßigkeit dieser Intention unter dem Blickwinkel des Rechtsstaatsprinzip und den daraus abgeleiteten Grundsätzen des Rückwirkungsverbotes sowie der Verhältnismäßigkeit auf. Hierzu soll zunächst der Schutzbereich des Rechtsstaatsprinzips näher dargestellt werden, um daran anschließend die Frage eine Eingriffs durch Verstoß gegen das Rückwirkungsverbot bzw. das Verhältnismäßigkeitsprinzip zu prüfen.

### 1. Schutzbereich

Das Rechtsstaatsprinzip – als ein fundamentales Strukturprinzip der deutschen Verfassung - enthält keinen in allen Einzelheiten eindeutig bestimmten verfassungsmäßigen Inhalt[523]. Der Grundsatz der Rechtstaatlichkeit bedarf vielmehr

---

520 Klügel LKV 1997, 197(199)
521 Hüppe/Zwölfer LKV 1998, 436(436)
522 vgl. Hoffmann-Riem in Schmidt-Aßmann/Hoffmann-Riem, S. 364
523 Katz, S. 82; Pieroth JZ 1984, 971(976)

der Konkretisierung je nach den sachlichen Gegebenheiten. Fundamentale Elemente des Rechtsstaates und der Rechtsstaatlichkeit müssen dabei gewahrt werden[524].

Zu diesen fundamentalen Elementen gehören sowohl das Prinzip der Rechtssicherheit und des Vertrauens des Schutzes mit dem darin verankerten Rückwirkungsverbot als auch der Grundsatz der Verhältnismäßigkeit[525]. Da das Rechtsstaatsprinzip jedoch nicht die inhaltlich nähere Festlegung erfahren hat, ist grundsätzlich der Gesetzgeber für die nähere Ausgestaltung je nach den sachlichen Gegebenheiten verantwortlich[526].

### 1.1. Prinzip der Rechtssicherheit – Rückwirkungsverbot

Mit dem Prinzip der Rechtssicherheit verbindet sich der Gedanke von Rechtskontinuität und Rechtsklarheit[527]. Für den Bürger erlangt das Prinzip der Rechtssicherheit in erster Linie über den Vertrauensschutz Bedeutung, denn nur dann wird das Recht auch für den Einzelnen als verbindlich anerkannt werden können[528]. Dieser Grundsatz der Rechtssicherheit und der darin verankerte Vertrauensschutz gilt auch für juristische Personen, zu denen auch kommunale Gebietskörperschaften gehören[529]. Denn auch kommunale Gebietskörperschaften sind dem Recht unterworfen[530] und genießen daher im Hinblick auf die verfassungsrechtliche Absicherung der Garantie kommunaler Selbstverwaltung Vertrauensschutz[531].

Dieser Vertrauensschutz wird dann berührt, wenn der Gesetzgeber ein rückwirkendes Gesetz erlässt. Der Erlass eines rückwirkenden Gesetzes ist jedoch nicht generell ausgeschlossen (Ausnahme: Strafgesetze – Art. 103 Abs. 2 GG)[532]. Gleichwohl muss sich der Gesetzgeber beim Erlass eines rückwirkenden Gesetzes am verfassungsrechtlichen Maßstab des Vertrauensschutzes orientieren[533].

---

524 BVerfGE 25, 269(290); 57, 250(276); 65, 283(290)
525 BVerfGE 13, 261(270); 23, 12(32); 68, 287(306); 88, 384(403); 95, 64(82)
526 BVerfGE 65, 283(290); 35, 41(47)
527 BVerfGE 21, 73(79); 35, 41(47); 60, 253(266); 78, 374(381)
528 BVerfGE 23, 12(31); 88, 384(403); Maurer in Isensee/Kirchhof, Bd. 3, S. 212, 216
529 BVerfGE 71, 25(38); Hoppe in Starck/Stern, Bd. II, S. 291
530 LVerfG LSA, U. v. 12. 12. 1997, LVerfGE 7, 275
531 BVerfGE 71, 25(38); BVerfG DVBl. 1997, 420(423)
532 BVerfGE 30, 367(385)
533 BVerfGE 18, 429(439); 43, 242(286); 45, 142(167); 71, 1(10)

Anhand dieses Maßstabs wird - im Sinne der Rechtssprechung des 1.Senats des Bundesverfassungsgerichts - zwischen einer „echten“ und „unechten“ Rückwirkung von Gesetzen unterschieden[534].

### 1.1.1. echte Rückwirkung

Eine echte (retroaktive) Rückwirkung liegt vor, wenn ein Gesetz nachträglich ändernd in abgewickelte, der Vergangenheit angehörende Tatbestände eingreift[535]. Soweit es sich dabei um ein belastendes Gesetz handelt, ist dieser Eingriff mit dem schutzberechtigten Vertrauen und damit mit dem Rechtsstaatsprinzip grundsätzlich nicht vereinbar und daher nichtig[536].
Belastende Gesetze sind alle eine bestehende Rechtsposition verschlechternden Normen, auch wenn nur wenige Rechtsgutträger betroffen sind[537].

### 1.1.2. unechte Rückwirkung

Ein Fall der unechten (retrospektiven) Rückwirkung ist dann gegeben, wenn eine Norm auf Sachverhalte und Rechtsbeziehungen zukünftig einwirkt, die zwar in der Vergangenheit begründet, aber noch nicht abgeschlossen worden sind[538].
Gesetze mit einer unechten Rückwirkung sind grundsätzlich zulässig[539].

### 1.1.3. Verfassungsrechtliche Grenzen der Rückwirkung

Das Rückwirkungsverbot findet im Rechtsstaatsprinzip sowohl seinen Grund als auch seine Grenze[540]. Die - grundsätzlich unzulässige - echte (retroaktive) Rückwirkung ist ausnahmsweise zulässig, wenn sich kein Vertrauen auf den Bestand des geltenden Rechts bilden konnte.
In mittlerweile ständiger Rechtssprechung sind dazu vom Bundesverfassungsgericht - derzeit -[541] fünf Ausnahmetatbestände entwickelt worden.

---

[534] vgl. zur Kritik an dieser Unterscheidung Götz in BVerfG und GG, S. 435; Grabitz DVBl. 1973, 675; Kloepfer, S. 101; Stern in FS für Th. Maunz zum 80. Geb.; S. 382
[535] BVerfGE 11, 139(145); 18, 429(439); vgl. dazu die Terminologie des 2. Senats in BVerfGE 72, 200(243): Rückbewirkung
[536] BVerfGE 13, 261(270); 25, 371(403);
[537] BVerfGE 30, 367(386); Klügel LKV 1998, 169(171)
[538] BVerfGE 30, 367(386); 30, 392(402); 79, 29(45)
[539] BVerfGE 63, 152(175); 72, 141(154)
[540] BVerfGE 88, 384
[541] vgl. BVerfG NJW 1998, 1547(1548)

Ein Schutz des Vertrauens auf den Bestand einer bestimmten Rechtslage ist ausgeschlossen, wenn:

1. zu dem Zeitpunkt, auf den der Eintritt der Rechtsfolge vom Gesetz rückbezogen ist, mit einer solchen Regelung zu rechnen war[542],
2. die bisherige Rechtslage unklar und verworren war[543],
3. die bisherige Regelung so systemwidrig und unbillig war, dass ernsthafte Zweifel an deren Verfassungsmäßigkeit bestanden[544],
4. zwingende Gründe des Allgemeinwohls, die dem Vertrauensschutz vorgehen und damit der Rechtssicherheit übergeordnet sind, vorliegen[545] oder
5. dadurch kein oder nur ganz unerheblicher Schaden verursacht wird (sog. Bagatellvorbehalt)[546].

Im Vergleich zur echten Rückwirkung gilt für die - grundsätzlich zulässige - unechte (retrospektive) Rückwirkung ein umgekehrtes Regel-Ausnahmeverhältnis[547].

Eine unechte Rückwirkung ist dann nicht zulässig, wenn bei der Abwägung zwischen dem Vertrauensinteresse des Einzelnen auf den Fortbestand einer gesetzlichen Regelung einerseits (Schützwürdigkeit der Rechtsposition) und der Bedeutung des gesetzgeberischen Anliegens für das Wohl der Allgemeinheit andererseits das Vertrauen auf die bestehende Rechtslage überwiegt[548]. Das ist insbesondere der Fall, wenn die Betroffenen mit dem Eingriff nicht rechnen und daher bei ihren Dispositionen nicht berücksichtigen konnten[549].

### 1.2. Prinzip der Verhältnismäßigkeit

Auch das Prinzip der Verhältnismäßigkeit (Übermaßverbot) ist als übergreifende Leitregel allen staatlichen Handelns aus dem Rechtsstaatsprinzip abzuleiten[550].
Es besagt, dass belastendes Handeln nicht nur einer gesetzlichen Grundlage bedarf, sondern auch so auszuüben ist, dass individuelle Rechte geschützt sind und Eingriffe darin nur zum unerlässlichen Schutz öffentlicher Interessen erfolgen[551].

---

542 BVerfGE 37, 363(397); 45, 142(173)
543 BVerfGE 7, 129(151); 11, 64(73); 45, 142(173)
544 BVerfGE 19, 187(197)
545 BVerfGE 13, 261 f ; 30, 367(387); 72, 200(257)
546 BVerfGE 30, 367(389); 72, 200(258)
547 vgl. Friauf DD 1972, 669(673)
548 BVerfGE 74, 129(155); 76, 256(345)
549 BVerfGE 24, 260(266); auch BVerfGE 14, 288(297); 51, 356(363)
550 BVerfGE 20, 45(49)
551 BVerfGE 30, 292(316); 77, 84(107)

Im Rahmen dieser Abwägung muss das belastende Handeln - in Anlehnung an die Rechtssprechung des Bundesverfassungsgerichts - sowohl der Geeignetheit (Pkt. a.) als auch der Erforderlichkeit (Pkt. b.) und der Verhältnismäßigkeit im engen Sinne (Pkt. c.) entsprechen[552].

1.2.1. Geeignetheit des staatlich belastenden Handelns

Das belastende staatliche Handeln ist als Mittel geeignet, wenn mit seiner Hilfe der gewünschte Erfolg, das angestrebte Ziel der Maßnahme, gefördert werden kann. Die Frage der sog. Zwecktauglichkeit ist vom Standpunkt des Gesetzgebers exante zu beurteilen[553].

1.2.2. Erforderlichkeit des staatlich belastenden Handelns

Wenn zur Erreichung des gewünschten Ziels nicht ein anderes, ebenso geeignetes, die Rechte Einzelner weniger beeinträchtigendes Mittel hätte gewählt werden können, entspricht das staatlich belastende Handeln auch dem Grundsatz der Erforderlichkeit[554].

1.2.3. Angemessenheit des staatlich belastenden Handelns

Im Rahmen der Verhältnismäßigkeit im engen Sinne (Proportionalität) erfolgt eine Auslotung des Zweck - Mittelverhältnisses durch eine Gesamtabwägung aller betroffener Rechtsgüter und Umstände[555]. Diese Relation unter Beachtung von Kriterien der Intensität des Eingriffs, Gewicht und Dringlichkeit der Gemeinwohlinteressen und individueller Interessen, darf nicht außer Verhältnis zueinander im Sinne einer übermäßigen Belastung des Betroffenen stehen[556].

---

[552] vgl. dazu Jakobs DVBl. 1985, 97
[553] BVerfGE 39, 210(230)
[554] BVerfGE 30, 292(310); 17, 269(279); 21, 261(270)
[555] BVerfGE 17, 306(310); 17, 269(279); 21, 261(270)
[556] BVerfGE 17, 306(310); 17, 269(279); 21, 261(270)

## 2. Vereinbarkeit der Heilungsgesetze mit dem Rechtsstaatsprinzip

In dem jetzt folgenden Abschnitt ist zu untersuchen, ob durch die Heilungsvorschriften zu den fehlerhaften Zweckverbandsgründungen ein Eingriff in die Rechtssicherheit durch eine unzulässige Rückwirkung bzw. eine Verletzung des Prinzips der Verhältnismäßigkeit erfolgt ist.
Zum Teil wird die Auffassung eines rechtswidrigen Eingriff des sachsen-anhaltinischen Heilungsgesetzes in das Prinzip der Rechtssicherheit und das Prinzip der Verhältnismäßigkeit vertreten[557].

### 2.1. Vereinbarkeit mit dem Prinzip der Rechtssicherheit

Im Rahmen der Prüfung eines Eingriffs in das Prinzip der Rechtssicherheit durch unzulässige Rückwirkung ist zunächst zu untersuchen, welchen Regelungen der Heilungsgesetze eine Rückwirkungsqualität zukommt.

#### 2.1.1. Heilungsvorschriften – Qualität einer echten Rückwirkung

Den Regelungen über die rückwirkende Anordnung der Geltung des Zweckverbandsgesetzes vom 7. 6. 1939[558] kommt auf Grund der bereits festgestellten Weitergeltung des Zweckverbandsgesetzes vom 7. 6. 1939 als Landesrecht bis zum entsprechenden In-Kraft-Treten der Gesetze über die kommunale Gemeinschaftsarbeit bzw. kommunale Zusammenarbeit allenfalls deklaratorische Wirkung zu. Insofern liegt darin keine Rückwirkung im Sinne der Grundsätze zum Rückwirkungsverbot vor[559].
Gleiches gilt auch im Hinblick auf die Anordnung der Rechtsstellung von Zweckverbänden nach dem RZVG[560] und die durch § 7 S. 2 GKG LSA vorgenommene Regelung, wonach als Körperschaften des öffentlichen Rechts auch diejenigen Zweckverbände gelten, die vor dem Erlass des GKG LSA gegründet wurden. Letztere Regelung basiert auf der Entscheidung des LVerfG LSA vom 3. 7. 1997[561]. Nach Auffassung des LVerfG LSA konnten Zweckverbände vor Erlass des GKG LSA mangels Rechtsgrundlage nicht als Körperschaft des öffentlichen Rechts entstehen.
Diese Auffassung des LVerfG LSA ist jedoch rechtsfehlerhaft:

---

557 VG Halle, B. v. 13. 8. 1998, S. 43 des Beschlussumdrucks;
vgl. auch Cromme LKV 1999, 122(126) zum ZwStabG Bbg
558 § 170 a I KV – M-V
559 So auch LVerfG M-V, u. v. 4. 2. 1999, S. 19 des Urteilsumdrucks
560 § 1 III ZwStabG; Art. 2 I S. 3 GORV Sachsen
561 LVerfG LSA v. 3. 7. 1997, LVerfGE 7, 251

Denn vor Erlass des GKG LSA gab es eine ausreichende Rechtsgrundlage, auf deren Basis Zweckverbände als Körperschaften des öffentlichen Rechts entstehen konnten: Das RZVG galt auch in Sachsen-Anhalt bis zum Erlass des GKG LSA als Landesrecht weiter[562]. Die auf Grundlage des RZVG gegründeten Zweckverbände haben auch den Status einer Körperschaft des öffentlichen Rechts auf dieser Grundlage erlangen können. Den Regelungen zur Rechtsstellung der Zweckverbände nach dem RZVG bzw. der Regelung des § 7 S. 2 GKG LSA kommt deshalb kein rechtsbegründender Charakter zu. Auch hier kann nicht von einer Rückwirkung im Sinne der Grundsätze zum Rückwirkungsverbot ausgegangen werden.

Rückwirkende Regelungen im o. a. Sinn sind jedoch die Vorschriften zur Heilung von aufgetretenen Fehlern im Rahmen der Gründung von Zweckverbänden:

Alle genannten Heilungsgesetze bestimmen - in zum Teil unterschiedlicher Intensität[563]- eine Heilung von Fehlern bei der Gründung von Zweckverbänden.

Die Heilung der Gründungsfehler knüpft tatbestandlich jeweils an ein in der Vergangenheit abgeschlossenes Geschehen - die Zweckverbandsgründung - an, das zeitlich vor In-Kraft-treten der Heilungsvorschriften liegt.

Damit kommt den genannten Regelungen zur Heilung von Gründungsfehlern die Qualität einer echten (retroaktiven) Rückwirkung[564] bzw. „Rückbewirkung“[565] zu.

Soweit es sich bei diesen Regelungen, denen die Qualität einer echten Rückwirkung zukommt, um belastende Normen handelt, sind sie an den vom Bundesverfassungsgericht entwickelten falltypischen Grundsätzen der Ausnahmetatbestände des grundsätzlichen Verbots echter Rückwirkung zu messen. Denn nur in diesem Fall kann die Frage des Vertrauenstatbestandes eine Rolle spielen.

### 2.1.2. Heilungsvorschriften – belastende Gesetze

In der Tat geht sowohl die mit dieser Frage bislang konfrontierte Rechtssprechung als auch die Literatur vom Vorliegen belastender Gesetze aus[566]. Es ist nunmehr jedoch zunächst festzustellen, für wen die Heilungsgesetze belastend

---

[562] siehe Sechster Teil, 2. Kap., 2.3.

[563] §§ 1-6 ZwVerbSG; §§ 2, 4-13 ZwStabG; §§ 170 a I –XI; 170 b I – IX KV – M-V; Art. 1 I – VII GORV Sachsen; § 8 a I GKG LSA; § 19 I S. 5 ThürGKG

[564] nach der Rechtsprechung des 1. Senat des BVerfG; vgl BVerfGE 68, 287(306); 72, 175(196)

[565] im Sinne der Rspr. des 2. Senats; BVerfGE 72, 200(243)

[566] VG Halle, B. v. 13. 8. 1998; S. 45 des Beschlussumdrucks; LVerfG LSA, U. v. 12. 12. 1997, LVerfGE 7, 275; Hüppe/Zwölfer LKV 1998, 436(436)

wirken und welche Rechtspositionen durch die Heilung von Fehlern bei Zweckverbandsgründungen verschlechtert worden sind.

2.1.2.1. Für die kommunalen Gebietskörperschaften

Auch das VG Halle geht in seinem Vorlagebeschluss von einer belastenden Wirkung des sachsen-anhalter Heilungsgesetzes für die Kommunen aus[567].
Zum einen bewirke die – rückwirkende - Heilungsvorschrift des § 8 a GKG LSA eine Einschränkung der kommunalen Organisationshoheit der an den betreffenden Zweckverbänden beteiligten Kommunen[568]. Dies ist jedoch weder für § 8 a GKG LSA noch für die Heilungsvorschriften Sachsens bzw. Thüringens der Fall[569]. Unter diesem Gesichtspunkt liegt keine Belastung für die Kommunen durch die genannten Heilungsvorschriften vor. Denn die nachträgliche gesetzliche Klärung der Zugehörigkeit der von diesen Heilungsvorschriften betroffenen Gemeinden zu den in Rede stehenden Zweckverbänden kann dann nicht zu einer Einschränkung der kommunalen Organisationshoheit und zu einer Belastung der Gemeinden führen, wenn die Mitgliedschaft zu einem Zweckverband durch die Gemeinde gewollt und - wenn auch fehlerhaft - beschlossen wurde[570]. Umgesetzt wird durch diese Gesetze nur das, was die beteiligten Kommunen zum Zeitpunkt der Gründungsverfahren beabsichtigten: die Mitgliedschaft in einem rechtsfähigen Zweckverband. Insofern stellt auch die Heilung fehlender Beschlüsse der Gemeindevertretungen zum Zweckverbandsbeitritt keine belastende Wirkung für die Kommunen dar.
Eine belastende Wirkung für die Kommunen durch einen Eingriff in die Organisationshoheit – speziell die negative Kooperationshoheit - ist nur dem brandenburgischen ZwStabG und dem 3. ÄndG KV – M-V beizumessen.
Denn nur auf Grund dieser beiden Heilungsregelungen können Kommunen ohne einen vorher bekundeten Willen im Zweckverband festgehalten werden[571].
Unter dem Gesichtspunkt des Rückwirkungsverbotes hat hinsichtlich dieser beiden Rechtsvorschriften - § 2 Abs. 2 ZwStabG Bbg; § 170 a Abs. 2 S. 3 KV – M-V - eine verfassungsrechtliche Überprüfung zu erfolgen.

---

[567] VG Halle, B. v. 13. 8. 1998, S. 43 des Beschlussumdrucks;
vgl. auch Cromme LKV 1999, 122(126) zum ZwStabG Bbg
[568] Klügel LKV 1998, 169(171)
[569] vgl. Sechster Teil, 4. Kap., 2.2
[570] vgl. auch Droste-Lehmann, S. 318
[571] § 2 III ZwStabG Bbg; § 170 a II S. 3 KV – M-V
vgl. dazu auch Sechster Teil, 4. Kap., 2.2.

Nach Auffassung des LVerfG LSA entfalten die sachsen-anhalter Heilungsvorschriften eine belastende Wirkung im Hinblick auf einen rückwirkenden Aufgabenentzug[572]. So argumentierte das LVerfG LSA, dass die Gemeinden Trägerinnen der betreffenden Aufgabe verblieben waren, da keine rechtsfähigen Zweckverbände gegründet werden konnten. Die Aufgabe (Wasserversorgung bzw. Abwasserentsorgung) sei durch § 7 Satz. 2 in Verbindung mit § 8 a GKG LSA rückwirkend auf die Zweckverbände übergegangen[573].
Diese Argumentation überzeugt jedoch nicht:
Denn durch § 7 Satz 2 i. V. m. § 8 a GKG LSA wird keine Aufgabenverlagerung ohne Willensbekundung – und damit auch nicht gegen den Willen - der Kommunen im Sinne eines gesetzlichen Aufgabenentzugs ermöglicht[574]. § 7 Satz 2 i. V. m. § 8 a GKG LSA ermöglicht nur eine Heilung von Gründungsfehlern von Zweckverbänden, die den beteiligten Gemeinden auch ursprünglich gewollt waren und durch Willenserklärungen der Gemeinden zum Zweckverbandsbeitritt zum Ausdruck gekommen ist. Die Vorschriften setzen daher nur das von den Kommunen bezweckte und beabsichtigte Ergebnis, die Schaffung eines rechtsfähigen Zweckverbandes, um. Die damit verbundene und von den Gemeinden gewollte Verlagerung der Aufgabenzuständigkeit auf die Ebene des Zweckverbandes kann aus diesem Grund nicht belastend wirken. Eine belastende Wirkung für die betroffenen Kommunen durch Eingriff in die kommunale Selbstverwaltung in Form der Möglichkeit eines gesetzlich normierten Aufgabenentzugs ist mit diesen Vorschriften nicht verbunden[575]. Gleiches gilt auch für die Heilungsvorschriften der Länder Sachsen und Thüringen.

Den Vorschriften des brandenburgischen ZwStabG und des 3. ÄndG KV - M-V ist dagegen ist im Hinblick auf die Möglichkeit einer Substitution fehlender Willenserklärungen von Gemeinden zum Zweckverbandsbeitritt unter dem Gesichtspunkt eines Aufgabenentzugs - eine belastende Wirkung für die Kommunen beizumessen[576].
Denn hier kann diese Substitution zu einer Aufgabenverlagerung auf die Ebene des Zweckverbandes und damit zu einem Aufgabenentzug führen.
Die zum Teil[577] normierten Auseinandersetzungsvereinbarungen mit einer darin enthaltenen Haftungsinanspruchnahme austretender Kommunen entfalten keine kommunal belastende Wirkung im Sinne des Rechtsstaatsprinzips, da es sich

572 LVerfG LSA, u. v. 12. 12. 1997, LVerfGE 7, 275
573 LVerfG LSA, u. v. 12. 12. 1997, LVerfGE 7, 275
574 vgl. dazu bereits Sechster Teil, 4. Kap., 2.1.
575 vgl. Sechster Teil, 4. Kap., 2.1.
576 vgl. Sechster Teil, 4. Kap., 2.1.
577 vgl. § 16 II ZwStabG Bbg; § 8 a GKG LSA

hier ebenfalls nur um eine klarstellende – deklaratorische - Normierung handelt. Denn eine Haftung austrittswilliger Kommunen besteht unabhängig von dieser Regelung bereits auf Grund anderer Rechtsvorschriften[578].
Eine für Kommunen belastende Wirkung der Heilungsvorschriften der Länder Brandenburg, Mecklenburg-Vorpommern, Sachsen, Sachsen-Anhalt und Thüringen lässt sich ebenso wenig unter dem Blickwinkel des Homogenitätsprinzips feststellen, denn der im Homogenitätsprinzip mit enthaltene Demokratiegrundsatz wird durch die Heilung der Gründungsfehler nicht verletzt[579].

Im Hinblick auf eine belastende Wirkung für die Kommunen ist daher festzuhalten:
Aus Sicht der von den Heilungsvorschriften der Länder Sachsen, Sachsen-Anhalt und Thüringen betroffenen Kommunen erfolgt mit der Heilung von Verfahrens- und Formfehlern bei der Gründung von Zweckverbänden keine Verschlechterung bestehender Rechtspositionen, sondern – im Gegenteil - eine Verbesserung. Denn durch die rückwirkende Heilung wird dem Willen der betroffenen Kommunen, einen Zweckverband zu gründen bzw. diesem beizutreten, die von Anfang an gewollte Wirksamkeit zugeführt. Der Anwendungsbereich dieser Heilungsvorschriften erfasst nur Fälle, in denen die Beteiligten zum damaligen Gründungszeitpunkt glaubten, die von ihnen durchgeführten Gründungsvorgänge würden sie zu einem rechtsfähigen Zweckverband zusammenführen[580].
Ferner ist festgestellt worden, dass die im ZwStabG Bbg und 3. ÄndG KV – M-V enthaltene Möglichkeit der Substituierbarkeit von fehlenden Willenserklärungen[581] der Gemeinden zum Zweckverbandsbeitritt eine belastende Rückwirkung für diese Kommunen entfaltet. Denn hier kommt eine belastende Wirkung für betroffene Kommunen sowohl unter dem Gesichtspunkt der Möglichkeit eines Aufgabenentzugs als auch unter dem Gesichtspunkt eines Eingriffs in die negative Kooperationshoheit zum Tragen.[582]
Die Heilungsgesetze der Länder Sachsen, Sachsen-Anhalt und Thüringen entfalten dagegen unter den genannten Gesichtspunkten keine belastende Rückwirkung für die Kommunen.

---

[578] siehe Siebenter Teil, 1. Kap.
[579] Sechster Teil, 4. Kap., 2.2.2.
[580] so auch LVerfG LSA, LVerfGE 7, 275
[581] § 2 III ZwStabG Bbg; § 170 a II S. 3 KV – M-V
[582] siehe hierzu Sechster. Teil, 4. Kap., 2.

2.1.2.2. nicht für den Bürger

Aus Sicht der Bürger, deren Abgabepflichtigkeit sich nun mehr an die Zweckverbände richtet, führt die Heilung von Gründungsfehlern zu keiner Belastung.[583]

Zum einen kann eine belastende Rückwirkung der genannten Heilungsvorschriften nicht mit dem Erlass von rückwirkenden Abgabesatzungen begründet werden[584]. Denn die genannten Heilungsvorschriften beziehen sich in ihrem Anwendungsbereich lediglich auf rückwirkende Heilungen von Fehlern im Rahmen von Zweckverbandsgründungen, jedoch nicht auf den rückwirkenden Erlass von Abgabesatzungen. Der Erlass einer rückwirkenden Abgabesatzung ist vom Anwendungsbereich der Heilungsvorschriften nicht erfasst. Unter rechtsstaatlichen Gesichtspunkten hätten die Gesetzgeber dann ausdrücklich und unmissverständlich eine solche Rückwirkungsanordnung aufnehmen müssen[585].
Eine belastende Rückwirkung der Heilungsvorschriften für den abgabepflichtigen Bürger lässt sich auch nicht darauf stützen, dass die rückwirkende Heilung von Gründungsfehlern nunmehr bewirkt, dass den bisher erlassenen Abgabenbescheiden der „Zweckverbände" nicht mehr der Makel der Rechtswidrigkeit auf Grund der fehlerhaften Gründung der Zweckverbände anhaftet. Diese rückwirkende Rechtsfolge der Fehlerheilung bewirkt keine Belastung für die Bürger im o. a. Sinn, da die auf Basis dieser Verwaltungsakte verlangten Abgaben ohnehin erst mit einer erfolgten Inanspruchnahme von Leistungen der „Zweckverbände" entstanden sind. Die abgabepflichtigen Bürger haben diese Leistungen der „Zweckverbände" erhalten und angenommen, von deren Unentgeltlichkeit sie jedoch zu keinem Zeitpunkt ausgehen konnten und durften. Ein schutzwürdiges Vertrauen in den Nichtbestand einer öffentlich rechtlichen Körperschaft bzw. eine rechtliche Betroffenheit dieser Bürger kann sich dann nicht entwickeln, wenn gleichzeitig von dieser „Scheinkörperschaft" Leistungen erhalten und auch angenommen worden sind[586]. Dass diese Leistungen nicht unentgeltlich bleiben würden und mittels Abgabenbescheiden, die dazu entsprechenden Gebühren und Beiträge verlangt werden würden, ist insoweit ein zwingender Schluss[587]. Denn die betroffenen Bürger mussten mit der Heranziehung zur Abgabenentrichtung rechnen[588], weil Beträge und Gebühren als Ausgleich für gewährte Sondervortei-

[583] vgl. dazu OVG Frankfurt(O.), LKV 2001, 132(137)
[584] vgl. aber Klügel LKV 1998, 169(171)
[585] VG Dessau LKV 1998, 322(324)
[586] vgl. schon Sechster Teil, 5. Kap., 2.1.2.
[587] vgl. Klügel LKV 1998, 168(171)
[588] BVerfGE 12, 261(272); 37, 252(253); BVerwGE 67, 12(131)

le erhoben werden und allenfalls unter ganz außergewöhnlichen Bedingungen schutzwürdig erwartet werden darf, dass eine nach ihrem Wesen abgabepflichtige Leistung abgabefrei gewährt werden soll[589].
Dagegen schließt ein vorangegangener Erlass einer – auch nichtigen - Abgabesatzung eine solche Schutzwürdigkeit aus[590]. Ein guter Glaube an die Unwirksamkeit einer Abgabesatzung ist folgerichtig nicht geschützt[591].
Dass die Gebührenschuld der abgabepflichtigen Bürger nunmehr eindeutig gegenüber den Zweckverbänden und nicht etwa gegenüber den Gemeinden besteht, kann nicht als belastende Rückwirkung angesehen werden[592].
Unter dem Blickwinkel belastender Rückwirkungen ist es auch gleichgültig, ob der Zweckverband nunmehr auf öffentlich-rechtlicher oder auf privatrechtlicher Ebene dem abgabepflichtigen Bürger gegenüber tritt, denn in beiden Fällen ist Rechtsschutz gleichermaßen verfassungsrechtlich garantiert[593].

### 2.1.2.3. Ergebnis

Mit Ausnahme der im brandenburgischen ZwStabG und 3. ÄndG KV - M-V enthaltenen Möglichkeit der Substitution von fehlenden Willens-erklärungen der Gemeinden zum Zweckverbandsbeitritt bewirken die Heilungsvorschriften der neuen Bundesländer im Zusammenhang mit der fehlerhaften Gründung von Zweckverbänden keine rückwirkende Belastung. Weder für die beteiligten kommunalen Gebietskörperschaften noch für die abgabepflichtigen Bürger wurde ein schutzwürdiges Vertrauen zerstört und damit eine belastende Wirkung geschaffen. Sondern es wurde - im Gegenteil - ehemals vorhandenes Vertrauen in den rechtlichen Bestand der Zweckverbände wieder hergestellt[594].
Eine belastende Rückwirkung ist daher nur in den vom ZwStabG Bbg und dem 3. ÄndG KV - M-V geregelten Fall der Substituierbarkeit von fehlenden Willenserklärungen der Gemeinden zum Zweckverbandsbeitritt anzunehmen.
Im Hinblick auf den Grundsatz des Rückwirkungsverbotes sind die Heilungsvorschriften der Länder Sachsen, Sachsen-Anhalt und Thüringen nicht zu beanstanden.

---

[589] Klügel LKV 1998, 168(171)
[590] BVerwGE 67, 129(131)
[591] BVerwGE 50, 2(7 f.); Driehaus/Bauernfeind, KAG, § 2 Rz. 94
[592] OVG Frankfurt(O.), LKV 1997, 460(462)
[593] vgl. hierzu noch Sechster Teil, 6. Kap., S. 137 f.
[594] so auch LVerfG LSA, LVerfGE 7, 275 unter Hinweis auf den dazu passenden Beurkundungsfall BVerfGE 72, 302(321); Klügel LKV 1998, 169(171)

### 2.1.3. Vorliegen von Ausnahmetatbeständen

Zu prüfen ist im folgenden, ob die o. g., vom ZwStabG Bbg und 3. ÄndG KV - M-V ausgehenden belastenden echten Rückwirkungen vor dem Hintergrund der vom Bundesverfassungsgericht entwickelten Ausnahmetatbestände zulässig sind.

In Betracht kommt zum einen, dass im Hinblick auf das Erfordernis von Willenserklärungen von Gemeinden im Zusammenhang mit dem Beitritt zu einem Zweckverband eine bislang unklare Rechtslage rückwirkend beseitigt wurde und zum zweiten, dass dem Gesetzgeber hinsichtlich der geregelten Möglichkeit der Substitution von fehlenden Willenserklärungen der Gemeinden zum Zweckverbandsbeitritt zwingende Gründe des Allgemeinwohls zur Seite standen.

#### 2.1.3.1. Beseitigung unklarer Rechtslage

Nach den vom Bundesverfassungsgericht entwickelten Grundsätzen, kann sich kein Vertrauen auf dem Bestand des geltenden Rechts bilden, wenn die bisherige Rechtslage unklar und verworren war[595].

In Bezug auf den Ablauf und die Anforderungen an ein Verfahren zur Gründung eines Zweckverbandes sowie die rechtliche Behandlung der fehlerhaft gegründeten Zweckverbände bestand bis dato eine unklare und verworrene Rechtslage:

Die am 17. 05. 1990 in Kraft getretene Kommunalverfassung der DDR regelte weder die konstitutive Feststellung der Bildung der Zweckverbände durch die Rechtsaufsichtsbehörde, dessen Form, noch die Modalitäten der öffentlichen Bekanntmachung des Statuts (Verbandssatzung). Diese Rechtsunklarheiten setzten sich hinsichtlich der Veröffentlichungsmodalitäten auch ab in Kraft treten der Gesetze über die kommunale Gemeinschaftsarbeit bzw. kommunale Zusammenarbeit und der Kommunalverfassung Mecklenburg-Vorpommern fort.

Wenn vereinzelt dem entgegengesetzt wird, die KV - DDR habe sowohl das „Ob“ als auch das „Wie“ der Bildung von Zweckverbänden geregelt, kann dem gerade nicht gefolgt werden[596]. Denn die Bekanntmachungsmodalitäten waren dort gerade nicht mit enthalten. Die Berufung auf § 5 Abs. 3 KV - DDR bzw. die Gemeindeordnungen der Länder (so etwa § 6 Abs. 2 GO LSA), wonach Satzungen bekannt zu machen sind, bringt ebenso wenig Licht in das Dunkel der Bekanntmachungsregeln.

So verwundert es im Rückblick eben auch nicht, dass die überwiegende Anzahl der Gründungsvorgänge auf Grund von Verstößen gegen Bekanntmachungs-

---

[595] BVerfGE 7, 129(151); 13, 261(273)

[596] so aber VG Halle, B. v. 13. 8. 1998; S. 45 des Beschlussumdrucks

vorschriften zu einem fehlerhaften Ergebnis führte[597]. Denn wenn die Rechtslage eben nicht unklar gewesen wäre, hätte es diese hohe Anzahl von Rechtsverstößen auch nicht gegeben. Da jedoch hinsichtlich der Bekanntmachungsvoraussetzungen von Satzungen zur Zeit der maßgeblichen Gründungsvorgänge von 1990 bis 1992 keine landesgesetzlichen Regelungen vorhanden waren, kam es auf das Ortsrecht an. Unter Beachtung der vom Bundesverwaltungsgericht aufgestellten Grundsätze hätten die Satzungen dann in den Amtsblättern veröffentlicht werden müssen[598]. Da aber zu der Zeit - 1990 bis 1992 - nur wenige Gebietskörperschaften über Amtsblätter verfügten[599], fehlte eine gesetzlich alternative bzw. kumulative Regelung.
Dem kann auch nicht entgegengehalten werden, die Einholung von Rechtsrat wäre ohne Weiteres möglich gewesen[600]. Denn insofern unterstreicht dieses Argument sogar noch die unklare Rechtslage; denn wenn für die Gemeinden der Veröffentlichungsmodus klar und deutlich gewesen wäre, hätte es keines Rechtsrates bedurft.
Diese unklare Rechtslage bestand - wie die jeweils hohe Anzahl der festgestellten Gründungsfehler aufzeigt - auch im Hinblick auf die anderen Abschnitte des Gründungsverfahrens und den notwendigen Inhalt von Satzungen. Denn auch hier fehlte den §§ 61, 75 KV - DDR die - zur Zeit der Umbruchsituation - erforderliche Klarheit.

Zwar wurde bereits erörtert, dass den Regelungen zur Geltung des RZVG allenfalls eine deklaratorische Wirkung zukommt. Aufgrund einer unklaren und verworrenen Rechtslage stände aber selbst eine konstitutive rückwirkende Geltungsanordnung des RZVG[601] für den Zeitraum vom 3. 10. 1990 bis zum Erlass der landesrechtlichen Vorschriften zum Zweck-verbandsrecht dem Rückwirkungsverbot nicht entgegen[602]:
Aus § 1 der KV – DDR lässt sich schlussfolgern, dass der Gesetzgeber eine an den bestehenden Kommunalverfassungen der Bundesrepublik orientierte rechtliche Grundlage für die - wieder eingeführte - kommunale Selbstverwaltung in der DDR schaffen wollte[603].

---

[597] LT-Drs. LSA 2/ 1882, S. 6
[598] Klügel LKV 1997, 197(197)
[599] Klügel LKV 1997, 197(197)
[600] VG Halle, s. o. , S. 40 des Beschlussumdrucks; Millgramm SächsVBl. 1998, 125(128)
[601] vgl. dazu Sechster Teil, 2. Kap.
[602] vgl. LVerfG M-V, s. o., S. 20
[603] vgl, LVerfG M-V, u. v. 4. 2. 1999, s. 20 des Beschlussumdrucks; ThürVerfG LVerfGE 5, 398(418); Bretzinger/Büchner-Uhder, Einl. Rz. 1

Nach dem allgemeinen Verständnis werden daher Zweckverbände insofern auch als rechtsfähige Körperschaften des öffentlichen Rechts errichtet[604]. Demzufolge ging auch die Kommentarliteratur zu §§ 61, 75 KV - DDR einhellig davon aus, dass die auf Grundlage von §§ 61, 75 KV – DDR gegründeten Zweckverbände die Rechtsfähigkeit erlangen würden[605].
Da dem aber nicht so war, bestand eine unklare und verworrene Rechtslage, die sich den Beteiligten zunächst nicht offensichtlich zeigte. Erst die Entscheidung des LVerfG LSA verdeutlichte die Lückenhaftigkeit der Vorschriften der Kommunalverfassung der DDR zur Rechtsfähigkeit von Zweckverbänden. Wenn dem Gesetzgeber bis zum Erlass der KV - DDR deutlich geworden wäre, dass die §§ 61, 75 KV - DDR keine zureichende Rechtsgrundlage für die Erlangung der Rechtsfähigkeit der Zweckverbände bieten werden, hätte er jedenfalls eine entsprechend konkretisierte Regelung treffen können, um die an den bestehenden Kommunalverfassungen der Bundesrepublik orientierte rechtliche Grundlage der kommunalen Selbstverwaltung auch im Hinblick auf die Zweckverbände zu bieten.
Gerade weil dem aber nicht so war, der Gesetzgeber und auch die spätere Kommentarliteratur vielmehr von einer zureichenden Rechtsgrundlage ausging und erst die genannten Entscheidungen die Lückenhaftigkeit von §§ 61, 75 KV - DDR aufzeigten, war die Rechtslage zum Zeitpunkt der gesamten Gründungsabläufe hinsichtlich einer ausreichenden rechtlichen Grundlage für die Erlangung der Rechtsfähigkeit unklar und verworren, auch wenn die Beteiligten subjektiv eine eindeutige Rechtslage – insbesondere die Erlangung der Rechtsfähigkeit - vor sich glaubten[606]. Gerade auch auf Grund gerichtlicher Entscheidungen wird jedoch der Gesetzgeber dazu angehalten, Verhältnisse, die er geregelt glaubt, rückwirkend regeln zu dürfen[607].
Eine unklare Rechtslage ist jedoch nicht im Hinblick auf die Notwendigkeit von Willenserklärungen der Gemeinden zum Zweckverbandsbeitritt feststellbar. Denn sowohl aufgrund §§ 61 Abs. 1 S. 1, 75 KV-DDR als auch nach § 150 Abs. 2 KV - M-V bzw. § 4 Abs. 1 GKGBbg ergibt sich die Notwendigkeit einer Willenserklärung der Gemeinde zum Beitritt zu einem Zweckverband. Demzufolge kann die jeweils geregelte Möglichkeit der Substitution fehlender Willenserklärungen der Gemeinden zum Zweckverbandsbeitritt durch das ZwStabG Bran-

---

604 vgl. Zweiter Teil, 2. Kap.
605 vgl. Sechster Teil, 2. Kap., S. 66
606 LVerfG LSA, LVerfGE 7, 275; LVerfG M-V, s. o., S. 22 f.;
a. A. VG Halle, s. o., S. 39 u. 46 des Beschlussumdrucks;
Millgramm SächsVBl. 1998, 125(130)
607 BVerfGE 7, 89(94); 7, 129(152)

denburg und das 3. ÄndG KV- M-V nicht auf eine unklare Rechtslage gestützt werden.
Allerdings wäre die Möglichkeit der Substitution von Willenserklärungen der Gemeinden zum Zweckverbandsbeitritt durch das ZwStabG bzw. das 3. ÄndG KV - M-V mit dem Rückwirkungsverbot vereinbar, wenn sich das gesetzgeberische Handeln auf zwingende Gründe des Allgemeinwohls stützen lässt.

#### 2.1.3.2. Zwingende Gründe des Allgemeinwohls

Gründe des Allgemeinwohls rechtfertigen eine echte Rückwirkung nur, wenn sie dem Vertrauensschutz vorgehen und damit der Rechtssicherheit übergeordnet sind[608]. Im Interesse des Allgemeinwohls liegen insofern nicht nur Ziele, über deren Gemeinwohlrelevanz allgemein Einverständnis besteht, sondern auch Gründe, die der Entscheidung und politischen Wertung des jeweiligen Gesetzgebers – als Repräsentanten des Volkes – vorbehalten sind[609]. Hinsichtlich der Substituierbarkeit fehlender Willenserklärungen von Gemeinden ist demzufolge zu prüfen, ob den Landesgesetzgebern für diese Regelung Allgemeinwohlgründe zur Seite standen und ob diese Allgemeinwohlgründe gegenüber einem etwa bestehenden Vertrauensschutz dieser Gemeinden, nicht Mitglied im Zweckverband geworden zu sein, überwiegen.

##### 2.1.3.2.1. Schutz natürlicher Lebensgrundlagen

Der Schutz natürlicher Lebensgrundlagen könnte im Hinblick auf die durch das ZwStabG Bbg und das 3. ÄndG KV – M-V geregelte Substituierbarkeit von fehlenden Willenserklärungen der Gemeinden zum Zweckverbandsbeitritt ein zulässiger Allgemeinwohlgrund sein.
Der praktische Anwendungsbereich der Vorschriften des ZwStabG und des 3. ÄndG KV - M-V erfasst in der Regel[610] fehlerhafte Gründungen von Zweckverbänden für Wasserversorgung und Abwasserbeseitigung.
Durch die Möglichkeit der Substitution von fehlenden Willenserklärungen von Gemeinden zum Zweckverbandsbeitritt erfolgt im Ergebnis ein Schutz der mit Verfassungsrang (vgl. Art. 2 u. 39 Landesverfassung Brandenburg[611]; Art. 12

[608] BVerfGE 13, 261; 30, 367(387); 72, 200(257)
[609] vgl. dazu auch BVerfGE 13, 97(107)
[610] das ZwStabG Bbg ist auf Zweckverbände der Wasserversorgung und Abwasserbeseitigung begrenzt
[611] Verfassung des Landes Brandenburg (Verf Bbg) v. 20. 8. 1992 (GVBl. I S. 298)

Landesverfassung Mecklenburg-Vorpommern[612]) ausgestatteten natürlichen Lebensgrundlagen.
Die natürlichen Lebensgrundlagen wären gefährdet gewesen, wenn die Gemeinden, die keine Willenserklärung zum Zweckverbandsbeitritt abgegeben haben, in der Folgezeit aber nachweisbar als Zweckverbandsmitglieder aufgetreten sind, nicht als Zweckverbandsmitglieder behandelt worden wären. Denn auch diesen Gemeinden wurde für ihr Gemeindegebiet die Wahrnehmung der Wasserversorgung bzw. Abwasserentsorgung durch die bereits tätig gewordenen „Zweckverbände“ abgenommen. So wurden sowohl die technischen als auch die personellen Investitionen auch auf diese Gemeindegebiete ausgedehnt.
Die nachträgliche Einbeziehung dieser Gemeinden in die Zweckverbandszugehörigkeit bewirkt insofern eine Sicherstellung dieser natürlichen Lebensgrundlagen[613]. Denn die plötzliche Feststellung einer Nichtmitgliedschaft und die damit verbundene Verantwortlichkeit für die permanent bestehende Notwendigkeit der Wasserversorgung und Abwasserentsorgung hätte keine personelle oder technische Grundlage für die betroffenen Gemeinden gehabt. Auch wenn den fehlerhaft gegründeten Zweckverbänden insofern für diese Gemeindegebiete unter rechtlichen Gesichtspunkten nicht die Aufgabenzuständigkeit übertragen worden war, wurde sie dennoch tatsächlich von diesen wahrgenommen.
Der von verfassungswegen vorgegebene Schutz der natürlichen Lebensgrundlagen ist zumindest ein zulässiger Allgemeinwohlgrund, der die Substituierbarkeit von Willensbeschlüssen durch das ZwStabG Bbg und das 3. ÄndG KV – M-V und den dadurch bewirkten Eingriff in die kommunale Selbstverwaltung der betroffenen kommunalen Gebietskörperschaften rechtfertigen könnte.

2.1.3.2.2. Wirtschaftliche Ausnahmesituation

Die wirtschaftliche Ausnahmesituation könnte ein weiterer zulässiger Grund des Allgemeinwohls für die Regelung der Substituierbarkeit fehlender Willenserklärungen von Gemeinden zum Zweckverbandsbeitritt darstellen:
Die Durchführung der Investition erfolgte durch die Zweckverbände insbesondere auch unter dem Blickwinkel der Anzahl der beteiligten Gemeinden, deren Einzugsbereich und der Einwohner - bzw. Einwohnergleichwerte. Entsprechend wurden Investitionen vorgenommen, die einen gesamten Umfang von mehreren Milliarden DM ausmachen. Die Feststellung, dass eine große Anzahl von Zweckverbänden nicht rechtsfehlerfrei gegründet wurde, führte im Rechtsver-

---
612 Verfassung des Landes Mecklenburg-Vorpommern (Verf M-V) v. 23. 5. 1993 (GVOBl. S. 372)
613 LVerfG LSA, LVerfGE 7, 275

kehr zu einer großen Unsicherheit und zum Teil zu Kündigungen durch kreditierende Institute in Millionenhöhe und zur Verweigerungshaltung der Abgabenschuldner[614].
Im Vergleich zu den jeweiligen Landeshaushaltsmitteln waren die finanziellen Schwierigkeiten nicht mehr als allgemeine Wirtschaftlichkeitsaspekte zu bezeichnen, sondern erreichten eine Dimension, die den Bereich der Wasserversorgung und Abwasserentsorgung wirtschaftlich hätte ruinieren können[615].
Um dieser Gefahr des wirtschaftlichen Auseinanderbrechens und des Verlustes hoher Investitionen zu begegnen, ist auch die wirtschaftliche Ausnahmesituation für die Möglichkeit der Substitution von fehlenden Willenserklärungen von Gemeinden zum Zweckverbandsbeitritt unter den Voraussetzungen des ZwStabG Bbg bzw. des 3. ÄndG KV – M-V ein zulässiger Allgemeinwohlgrund.
Im Rahmen einer vorzunehmenden Abwägung ist daher zu untersuchen,, ob die o. a. Allgemeinwohlgründe im Verhältnis einem Vertrauensschutz von Gemeinden, nicht Mitglied in einem Zweckverband geworden zu sein, überwiegen.

#### 2.1.3.2.3. Abwägung mit dem Vertrauensschutz

Die Möglichkeit der Substitution fehlender Willensbekundungen durch die Regelungen des ZwStabG Bbg sowie des 3. ÄndG KV - M-V verstößt nicht gegen das Rückwirkungsverbot, wenn in Abwägung zwischen einem feststellbaren Vertrauensschutz der Gemeinden und den o.g. zwingenden Allgemeinwohlgründen letztere überwiegen und damit der Rechtssicherheit übergeordnet sind.
Hierbei ist auch zu beachten, dass entsprechend der Vorschriften des ZwStabG Bbg bzw. des 3. ÄndG KV – M-V die Möglichkeit einer Substitution fehlender Willenserklärungen von Gemeinden zum Zweckverbandsbeitritt nur dann besteht, wenn die betroffenen Gemeinden später als Zweckverbandsmitglieder aufgetreten sind.
Voraussetzung für eine Abwägung eines Vertrauensschutzes betroffener Gemeinden mit den o. g. Allgemeinwohlgründen ist die Feststellung, dass überhaupt ein Vertrauenstatbestand der betroffenen Gemeinden besteht.
Ein solcher Vertrauenstatbestand hat sich indessen gar nicht bilden können:
Es konnte sich kein Vertrauenstatbestand der betroffenen Gemeinden aufbauen, da sich die Gemeinde damit in einen - von außen betrachtet - Widerspruch begibt. Denn einerlei, ob eine an sich notwendige Willenserklärung der betreffenden Gemeinde zum Zweckverbandsbeitritt abgegeben wurde oder nicht, sind die

---

[614] Klügel LKV 1997, 197(199)
[615] vgl. dazu Hüppe/Zwölfer LKV 1998, 436(436); Klügel LKV 1997, 197(199)

von der Substituierbarkeit der fehlenden Willenserklärung zum Zweckverbandsbeitritt betroffenen Gemeinden zumindest als Zweckverbandsmitglieder aufgetreten und haben als Zweckverbandsmitglieder am Rechtsverkehr teilgenommen.

Ohne dieses Auftreten bzw. Teilnahme am Rechtsverkehr hätte die bis dato gemeinsam wahrgenommene Aufgabenerfüllung in der jeweils bestehenden Form und Dimension jedoch nicht wahrgenommen werden können.

Wenn im Folgenden diese Gemeinden auf Grund festgestellter Gründungsfehler und anderer Motivationen (beispielsweise den nunmehr nicht mehr gewollten Zweckverband loszuwerden) nicht mehr Mitglied sein wollen, trägt dieses Verhalten einen Widerspruch in sich, welcher auch nach zivilrechtlichen Grundsätzen –„venire contra factum proprium“- keinen Vertrauenstatbestand bilden kann und daher auch keinen Schutz verdient[616].

Dies muss um so mehr gelten, wenn den Gemeindevertretungen das Auftreten der Gemeinde als Zweckverbandsmitglied bekannt war und geduldet wurde.

Dieser Widerspruch zwischen fehlender Willenserklärung zum Zweckverbandsbeitritt und äußeren Auftreten als Zweckverbandsmitglied ist mit der Problematik der unbeschränkten Außenvertretungsmacht des Bürgermeisters durchaus vergleichbar:

Auch für kommunale Gebietskörperschaften ist ähnlich wie bei zivilrechtlichen juristischen Personen zwischen der internen Willensbildung einerseits und rechtsgeschäftlicher Außenvertretungsmacht andererseits zu unterscheiden[617].

Die Reichweite der Vertretungsmacht des Bürgermeisters richtet sich dabei nach der jeweiligen Kommunalverfassung des Landes.

Der Bundesgerichtshof hat für die Vorschriften zum Gemeinderecht von alten Bundesländern entschieden, dass die dem Bürgermeister übertragene Verfügungsmacht allumfassend und unbeschränkt sei und die Gemeinde daher ohne erforderliche Beschlussfassungen des Gemeinderats verpflichtet werde[618]. Im Gegensatz dazu richtet sich für das Gemeinderecht in Bayern nach Auffassung des bayerischen Oberlandesgerichts die Vertretungsmacht des Bürgermeisters nach der Maßgabe der Erforderlichkeit eines Gemeinderatsbeschlusses[619], ist also nicht unbeschränkt.

---

[616] vgl. dazu Brox, S. 56; Fikentscher, S. 139

[617] vgl. dazu §§ 35, 67 I GO Brandenburg; § 22 II, 37 II KV – M-V; §§ 28 I, 51 GO Sachsen; § 44 II, 57 GO LSA; § 22 III ThürGO; siehe auch Reuter DtZ 1997, 15(15)

[618] BGHZ 92, 164(169); BGH MDR 1966, 669; BGH NJW 1980, 117

[619] BayObLG NJW-RR 1986, 1080

In den letzten Jahren gab es sodann eine kontroverse Diskussion und verschiedene Auffassungen darüber, ob diese vom Bundesgerichtshof entwickelten Grundsätze auch für die KV - DDR gelten[620]. Denn auch durch die KV - DDR wird zwischen interner Willensbildung und Außenvertretung differenziert ( vgl. § 21 Abs. 2 Satz 1, § 27 Abs. 1 Satz 2 KV – DDR ). Zu dieser Frage liegt dementsprechend auch eine unterschiedliche Rechtssprechung verschiedener Oberlandesgerichte vor[621]. Das Oberlandesgericht Brandenburg[622], das Oberlandesgericht Rostock[623] und das Oberlandesgericht Dresden[624] entschieden sich für die Anwendung der vom BGH entwickelten Grundsätze zur grundsätzlich unbeschränkten Vertretungsmacht des Bürgermeisters im Rahmen der DDR-Kommunalverfassung.

Währenddessen folgten das Oberlandesgericht Naumburg[625] und das Oberlandesgericht Jena[626] im Ergebnis der Rechtssprechung und Argumentation des bayerischen Oberlandesgerichts.

Die Literatur hat sich im Wesentlichen auch für eine unbeschränkte Außenvertretungsmacht des Bürgermeisters ausgesprochen[627] und unter mehreren Gesichtspunkten auch die letztgenannten Urteile des Oberlandesgerichtes Naumburg und des Oberlandesgerichtes Jena kritisiert[628]. Zwischenzeitlich ist auch der Bundesgerichtshof mit einer Grundsatzentscheidung dieser Rechtssprechung der Oberlandesgerichte Naumburg und Jena entgegengetreten und hat abschließend dazu Stellung genommen, indem mit eindeutiger Klarheit festgestellt wurde, dass im Rahmen der DDR-Kommunalverfassung die Außenvertretungsmacht des Bürgermeisters unabhängig von internen Willensbeschlüssen der Gemeindevertretung ist[629].

---

620 Hasselbach OLG-NL 1997, 6; Bergemann LKV 1995, 169; Reuter DtZ 1997, 15; Hasselbach/Hirte OLG-NL 1996, 122; Bayer OLG-NL 1997, 241

621 OLG Rostock OLG-NL 1995, 145; OLG Dresden OLG-NL 1996, 267; OLG Brandenburg DtZ 1996, 323; OLG Brandenburg LKV 1997, 426; OLG Naumburg LKV 1994, 303; OLG Jena OLG-NL 1995, 105

622 OLG Brandenburg LKV 1997, 426(428); OLG Brandenburg DtZ 1996, 323(325)

623 OLG Rostock OLG-NL 1995, 145(147)

624 OLG Dresden OLG-NL 1996, 267(268)

625 OLG Naumburg LKV 1994, 303(304); OLG Naumburg OLG-NL 1996, 73

626 OLG Jena OLG-NL 1995, 241(242); OLG Jena DtZ 1997, 130

627 Wolff/Bachof/Stober; Bd. II, S. 110: Schmidt-Aßmann in v. Münch/Schmidt-Aßmann, S. 54; Gönnenwein, S. 345; Schmidt-Jortzig, Kommunalrecht, S. 99 Rz. 257; Bretzinger/Büchner-Uhder, § 27 Rz. 4; Wohlfahrt, Rz. 170

628 Reuter DtZ 1997, 15(16); Hasselbach OLG-NL 1997, 6(6); Kohlhosser NJW1997, 3265(3269); Vietmaier LKV 1995, 178; a. A. Bergemann LKV 1995, 169; Kreissl LKV 1997, 120(120)

629 BGH DtZ 1997, 358

Die rechtliche Würdigung des BGH ist unter rechtssystematischen Gesichtspunkten überzeugend, denn sie entspricht dem Bedürfnis nach Rechtssicherheit und angemessenem Verkehrsschutz.
Die Gefahren für den Schutz des Rechtsverkehrs würden sich sonst im Ergebnis vergrößern[630].
Diesen Gedanken kann man auch auf die Situation der Zweckverbände übertragen: Denn jeder Vertragspartner des Zweckverbandes müsste dann bei allen Gemeindevertretungen der am Zweckverband beteiligten Kommunen zunächst prüfen, ob alle als Zweckverbandsmitglieder auftretende Gemeinden auch eine entsprechende Willenserklärung abgegeben haben, entsprechende Gründungsbeschlüsse gefasst worden sind, ob die notwendige Beschlussfähigkeit und Mehrheit vorlag und der Beschluss nicht angefochten wurde. Da jedoch nach außen hin die Vertretungsmacht des handelnden Bürgermeisters nicht beschränkbar ist, müssen sich die Gemeinden an ihrem nach außen erfolgten Auftreten festhalten lassen und können sich nicht darauf berufen, überhaupt keine Willenserklärung zum Zweckverbandsbeitritt abgegeben zu haben.
Dies wäre sonst ein widersprüchliches Verhalten der Gemeinde und kann daher einen Vertrauenstatbestand für die Gemeinde gar nicht erst zur Entstehung bringen.
Der Schutz des Rechtsverkehrs - und damit die Rechtssicherheit - geht insoweit dem Ziel dieser Gemeinden, sich nicht verpflichtet zu haben, vor. Denn ein Erfordernis des Rechtsverkehrs, Willenserklärungen von Gemeinden zum Zweckverbandsbeitritt und interne Willensbeschlüsse der Gemeinden überprüfen zu müssen, ist schlichtweg unzumutbar[631]. Für den Rechtsverkehr, der auch mit den als Zweckverbandsmitglieder aufgetretenen Gemeinden in rechtsgeschäftlichen Kontakt getreten ist, war objektiv nicht erkennbar, ob die Willenserklärung jeder einzelnen als Zweckverbandsmitglied auftretenden Gemeinde auch wirklich abgegeben wurde und die internen Beschlussvoraussetzungen zur Mitgliedschaft im Zweckverband vorlagen oder nicht[632]. Eine generelle Prüfungs- und Erkundigungspflicht des Rechtsverkehrs, ob alle als Zweckverbandsmitglieder auftretenden Gemeinden auch Zweckverbandsmitglieder sind, kann jedoch nicht angenommen werden, wenn hierzu keinen gegenteiligen Anhaltspunkte ersichtlich sind[633].

---

630 vgl Kohlhosser NJW 1997, 3265(3269)
631 Kohlhosser NJW 1997, 3265(3269)
632 vgl. dazu BGH DtZ 1997, 358; OLG Rostock OLG-NL 1995, 145(147); OLG Dresden OLG-NL 1996, 267(268)
633 BGH DtZ 197, 358

Selbst wenn man – entgegen der hier vertretenen Ansicht im Einzelfall feststellen würde, dass betroffene Gemeinden darauf vertraut hatten, doch nicht Mitglied im Zweckverband geworden zu sein, weil die Voraussetzung eines Willenserklärung zum Zweckverbandsbeitritt nicht gegeben ist, erscheint dieses Vertrauen in Abwägung mit den genannten Allgemeinwohlgründen nicht schutzwürdig. Denn der mit der Substituierbarkeit von fehlenden Willenserklärungen von Gemeinden zum Zweckverbandsbeitritt verfolgte Schutz natürlicher Lebensgrundlagen geht dem Vertrauensschutz betroffener Gemeinden im Hinblick auf die Nichtmitgliedschaft in einem Zweckverband vor, da vor allem in den Gemeindegebieten dieser Gemeinden eine ordnungsgemäße Wahrnehmung der Aufgabe der Wasserversorgung und Abwasserbeseitigung nicht mehr gewährleistet werden konnte. Auch die wirtschaftliche Ausnahmesituation würde einem solchen Vertrauen vorgehen, da diese Gemeinden einen nicht unerheblichen Anteil an der Entstehung dieser Situation hatten, war es doch insbesondere auch die Unsicherheit über die Mitgliedschaft von Kommunen, die zu der wirtschaftlichen Destabilisierung der Zweckverbände führte. Nicht zuletzt deswegen kam es zur Kündigung zahlreicher Investitionskredite und zur Nichtzahlung der Gebühren und Beiträge durch die Abgabenschuldner

Es erscheint daher nur konsequent, diese Gemeinden auf Grund ihres Auftretens als Zweckverbandsmitglieder im Rechtsverkehr auch als wirkliche Mitglieder zu behandeln.

Ein Verstoß gegen das im Rechtsstaatsprinzip innenwohnende Rückwirkungsverbot durch die Möglichkeit der Substitution fehlender Willenserklärungen von Gemeinden zum Zweckverbandsbeitritt kann daher nicht angenommen werden. Denn in Abwägung der o. g. Allgemeinwohlgründe (Schutz natürlicher Lebensgrundlagen, wirtschaftliche Ausnahmesituation) mit dem Interesse der betroffenen Gemeinden, nicht Mitglied eines Zweckverbandes geworden zu sein, ist festzustellen, dass sich zum einen kein Vertrauenstatbestand zugunsten dieser Gemeinden aufbauen konnte. Zum zweiten wäre ein Vertrauen, wenn es hätte entstehen können, nicht schützenswert.[634]

---

[634] Vgl. grundlegend Brox, S. 56; Fikentscher, S. 139

## 2.2. Vereinbarkeit mit dem Prinzip der Verhältnismäßigkeit

Den Heilungsvorschriften der neuen Bundesländer steht das Prinzip der Verhältnismäßigkeit nicht entgegen.

### 2.2.1. Geeignetheit der Heilungsvorschriften

Zum einen konnte dem jeweiligen Landesgesetzgeber der Erlass der genannten Heilungsvorschriften geeignet erscheinen, das jeweils angestrebte Ziel zu erreichen. Denn der Zweck dieser Heilungsvorschriften liegt jeweils in der Schaffung einer stabilen rechtlichen Grundlage für die gebildeten Zweckverbände sowie die damit verbundene Wiederherstellung der Rechtssicherheit und Funktionsfähigkeit der errichteten Zweckverbände[635] und der Gewährleistung des Schutzes natürlicher Lebensgrundlagen. Die Regelungstechnik der rückwirkenden Heilungsanordnung ermöglicht die Erreichung dieser Zielsetzung. Im übrigen ist die rechtliche Sicherung der Zweckverbände zwar nur ein Baustein im Gesamtgefüge der Sanierungs- und Umschuldungsprogramme. Sie ist aber ein notwendiger Teil dessen, um auch in diesem Rahmen stabile Verhältnisse schaffen zu können und nicht lediglich befristet alle Beteiligten in wirtschaftlicher Sicherheit zu wiegen.
Lediglich überlegenswert ist die Frage, ob die Heilungsgesetze der Länder Sachsen, Sachsen-Anhalt und Thüringens aufgrund ihrer Beschränkung auf formelle Fehler bzw. auf fehlende oder nicht ordnungsgemäße Ausfertigungen der Verbandssatzungen, die bezweckte Rechtssicherheit und Funktionsfähigkeit erbringen können. Gegenteilige Nachweise sind jedoch nicht erbracht worden. Insbesondere sind keine weiteren Verfahren bekannt geworden, die diesen Heilungsgesetzen eine Lückenhaftigkeit bescheinigen.
Maßstab für die Beurteilung der Geeignetheit der Heilungsgesetze sind insofern die vom Landesgesetzgeber jeweils bezweckten Zielvorgaben. Soweit diese zum Teil unterschiedlich im Verhältnis[636] zueinander sind, ist das unerheblich, solange die vom Landesgesetzgeber verfolgten Ziele jeweils durch die Heilungsge-

---

[635] LT-Drs. Bbg. 2/5171, S. 1; LT-Drs. Bbg. 2/2918, S. 1; LT-Drs. M-V 2/3239, S. 1; LT-Drs. Sachs. 2/6568, S. 1 u. 8; LT- Drs. LSA 2/1882, S. 5; LT-Drs. LSA 2/3894; S. 5; Plenarprot. Thür. 2/23, S. 1588

[636] mit der Einfügung von § 19 I S. 4 ThürGKG sollte beispielsweise keine echte Heilungsvorschrift konzipiert werden, durch die eine Geltendmachung an sich beachtlicher Fehler eingeschränkt wird, sondern im Interesse der Rechtssicherheit lediglich eine rückwirkende Geltendmachung dieser Fehler verhindert werden; vgl. dazu auch OVG Weimar LKV 2000, 75(77) unter Verweis auf LT-Drs. Thür 1/788, S. 28

setze erreicht werden. In Thüringen bewirkt § 19 Abs. 1 S. 5 ThürGKG eine rückwirkende Heilung nur für den Fall der nicht oder nicht ordnungsgemäßen Ausfertigung der Verbandssatzung. Sollten im Rahmen der Gründung eines Zweckverbandes weitere Fehler aufgetreten sein, sind diese Fehler nicht von dieser Vorschrift erfasst, bringen den Zweckverband somit entgegen der in Thüringen vorherrschenden Auffassung[637] nicht als Körperschaft des öffentlichen Rechts zur Entstehung. Denn auch mit § 19 Abs. 1 S. 4 ThürGKG ist keine Heilung bestehender Rechtsverstöße verbunden, sondern nur eine Einschränkung der Geltendmachung dieser Rechtsverstöße für die Zukunft[638]. Mangels gerichtlicher Feststellungen im Hinblick auf eine Lückenhaftigkeit der Vorschrift ist dennoch davon auszugehen, dass auch diese Vorschrift für die Wiederherstellung der Rechtssicherheit geeignet ist.
Es kann somit festgehalten werden, dass die genannten Heilungsgesetze der neuen Bundesländer geeignet sind, jeweils eine stabile Rechtsgrundlage für die fehlerhaft gegründeten Zweckverbände zu erbringen und damit auch die bezweckte Rechtssicherheit und die Funktionsfähigkeit für diese Zweckverbände schafft.

### 2.2.2. Erforderlichkeit der Heilungsvorschriften

Die Heilungsvorschriften sind auch unter dem Gebot der Erforderlichkeit nicht zu beanstanden, denn die Erreichung der Rechtssicherheit, Schaffung stabiler rechtlicher Grundlagen für die Funktionsfähigkeit der fehlerhaft gegründeten Zweckverbände sowie die Absicherung des Schutzes natürlicher Lebensgrundlagen hätte nicht durch ein anderes, ebenso geeignetes aber weniger einschneidendes Mittel erreicht werden können.
Eine des Öfteren vorgeschlagene Neugründung von Zweckverbänden[639] wäre von vornherein nicht tauglich gewesen, eine rückwirkende Regelung zur bisherigen Tätigkeit (beispielsweise der Abgabenbescheide etc.) zu erreichen[640]. Denn zum einen hätten nicht wenige Gemeinden einer nochmaligen Wiederholung der Gründungsabläufe nicht mehr zugestimmt[641]. Zum anderen hätte die Neugründung - mit der Folge der Neuentstehung einer juristischen Person - wiederum das Problem aufgeworfen, ob die damit entstandene Satzungsautonomie der

---

[637] vgl. dazu bereits Zweiter Teil, 4. Kap., 2.
[638] so ausdrücklich LT-Drs. Thür. 1/788, S. 28
[639] Millgramm SächsVBl. 1998, 125(123 f. )
[640] LVerfG LSA, U. v. 12. 12. 1997, LVerfGE 7, 275
[641] so selbst Millgramm SächsVBl. 1998, 125(126)

neugegründeten Zweckverbände auch die in der Vergangenheit liegenden Vorgänge mit umfasst.
Dies mag zumindest bezweifelt werden. Rechtssicherheit ist damit jedoch nicht geschaffen. Aktuell wird derzeit in Sachsen ein Referentenentwurf zum Gesetz zur Erleichterung der Sicherheitsgründung von Zweckverbänden diskutiert[642]. Hintergrund ist die Tatsache, dass das sächsische Zweckverbandsheilungsgesetz lediglich Form- und Verfahrensfehler heilt und mit einer Sicherheitsgründung mehr Sicherheit geschaffen werden soll. Aus o. a. Gründen erscheint ein solcher Weg jedoch nicht Erfolg versprechend.
Selbst die zum Teil vorgeschlagene gesetzliche Schaffung von Pflichtverbänden oder eine Hochzonung der Aufgabe der Wasserversorgung bzw. Abwasserentsorgung auf die Ebene der Landkreise schafft die in der Vergangenheit liegenden und fortwirkenden angesprochenen Problemfelder nicht aus der Welt. Zwar ist damit für zukünftige Vorgänge auch die Zuständigkeit für einzelne Aufgabenbereiche nicht mehr angreifbar. Eine Problembewältigung im Zusammenhang mit den fehlgeschlagenen Zweckverbandsgründungen verbindet sich damit jedoch nicht.
Im Übrigen handelte es sich dann auch nicht um ein milderes Mittel, sondern - im Gegenteil - um eine einschneidendere Maßnahme, da den Gemeinden die Entscheidungshoheit, eine Aufgabe zukünftig interkommunal wahrzunehmen oder nicht, entzogen wird.
Auch die Anordnung des vorläufigen Fortbestehens von Zweckverbänden läuft im Ergebnis auf eine befristete Pflichtverbandsbildung hinaus, bereinigt aber nicht die Gründungsfehler[643].
Es stellt sich lediglich die Frage, ob die damals bestehende Rechtsunsicherheit und Gefahr für die Funktionsfähigkeit des Zweckverbandes und des Schutzes der natürlichen Lebensgrundlagen durch eine Analoganwendung von Vorschriften zu anderen öffentlich rechtlichen oder privatrechtlichen Vorschriften hätte beseitigt werden können[644].
Man wird diese Frage im Ergebnis verneinen müssen. Denn sowohl unter sachlichen als auch unter rechtsstaatlichen Gesichtspunkten bietet ein gesetzgeberisches Tätigwerden in einem normierungsbedürftigen Sachverhalt, der noch nicht formell gesetzlich geregelt war[645], mehr Rechtssicherheit als eine weiterhin bestehende Untätigkeit[646].

---

642 vgl. dazu Maslaton, LKV 2001, 163 m. w. N.
643 so aber Cromme LKV 1999, 122(126)
644 so Cromme LKV 1999, 122(126); vgl. hierzu noch VII. Teil, S. 143
645 BVerfGE 13, 275(283); 13, 274(279)
646 LVerfG M-V, U. v. 4. 2. 1999, S. 23 des Urteilsumdrucks

Dies gilt sowohl für die Heilung von Fehlern bei der Gründung von Zweckverbänden als auch für die rückwirkende Geltungsanordnung von Rechtsgrundlagen[647] für die Erlangung der Rechtsfähigkeit bzw. rückwirkende Anordnung der Rechtsfähigkeit dieser Zweckverbände[648]. Selbst wenn es sich dabei um konstitutive Vorschriften gehandelt[649]hätte, wären sie unter dem rechtsstaatlichen Gesichtspunkt der Erforderlichkeit nicht zu beanstanden. Denn insbesondere die Verleihung hoheitlicher Befugnisse (Satzungshoheit) hängt untrennbar mit der Rechtsfähigkeit zusammen[650], macht die Erlangung einer solchen demzufolge auch erforderlich.

### 2.2.3. Angemessenheit der Heilungsvorschriften

Auch im Rahmen der Angemessenheit (Proportionalität) und der damit verbundenen Auslotung des Mittelverhältnisses sprechen keine Gesichtspunkte gegen die Verfassungsmäßigkeit der genannten Heilungsvorschriften.
Vor dem Hintergrund der Umbruchs– und wirtschaftlichen Ausnahme-situation und den zwingenden Allgemeinwohlgründen sind die Heilungsvorschriften auch angemessen:
Hinsichtlich der rückwirkenden Anordnung der Rechtsfähigkeit[651] bzw. der rückwirkenden Geltungsanordnung des RZVG[652] stellt sich die Frage der Angemessenheit insofern schon deshalb nicht, weil es sich jeweils um eine deklaratorische Bestimmung handelt[653]. Im Übrigen wäre das auch bei konstitutiver Rechtsnatur nicht anders zu bewerten. Denn eine bestehende unklare Rechtslage rechtfertigt eine gesetzgeberisches Tätigwerden[654]. Festgestellt wurde diese unklare und verworrene Rechtslage auch für die Anforderungen an das Gründungsverfahren, da die Kommunalverfassung der DDR weder Regelungen zur konstitutiven Feststellung der Bildung der Zweckverbände, deren Form noch Bekanntmachungsmodalitäten enthielt[655].
Insbesondere in Zeiten des gesellschaftlichen Umbruchs - wie den zurückliegenden Jahren nach der Wiedervereinigung - muss dem Gesetzgeber die Mög-

---

[647] § 170 a I KV – M-V
[648] § 1 III ZwStabG; § 7 S. 2 GKG LSA; Art. 2 I S. 3 GORV Sachsen
[649] vgl. hierzu aber Sechster Teil, 2. Kap., 2.3.3.
[650] vgl. Kohlhosser NJW1997, 3265(3265)
[651] § 1 III ZwStabG; § 7 S. 2 GKG LSA, Art. 2 I S. 3 GORV Sachsen
[652] § 170 a I KV – M-V
[653] vgl. Sechster Teil, 2. Kap., 2.3.3.
[654] vgl. Sechster Teil, 5. Kap., 2.1.3.
[655] vgl. Sechster Teil, 5. Kap., 2.1.3.

lichkeit gegeben sein, Widersprüchlichkeiten und Unklarheiten in der Rechtslage rechtsstaatlich zu bewältigen[656].
Die Heilungsvorschriften setzen - mit Ausnahme der Substitutionsfälle - nur das um, was die Gemeinden auch ursprünglich wollten, nämlich die Schaffung von rechtsfähigen Zweckverbänden. Demzufolge führen diese Regelungen zu keiner Belastung oder Betroffenheit von Rechtsgütern oder Umständen.
Aber auch die Substituierbarkeit fehlender Willenserklärungen von Gemeinden zur Zweckverbandsmitgliedschaft verstößt nicht gegen den Grundsatz der Angemessenheit:
Ein Vertrauen einzelner Gemeinden mangels Willenserklärung zum Zweckverbandsbeitritt, nicht Mitglied des Zweckverbandes geworden zu sein, konnte sich nicht bilden und müsste selbst dann zurückstehen. Aufgrund § 2 Abs. 3 ZwStabG Bbg bzw. § 170 a Abs. 2 S. 3 KV – M-V sind fehlende Willenserklärungen von Gemeinden zum Zweckverbandsbeitritt nur dann unerheblich, soweit betreffende Gemeinden später als Zweckverbandsmitglied aufgetreten sind. In diesen Substitutionsfällen ist eine Mitverantwortung der Gemeinden für den eingetretenen Zustand auszumachen[657]. Denn letztlich haben diese Gemeinden nach außen in zurechenbarer Art und Weise erkennbar als Zwecksverbandsmitglieder am Rechtsverkehr teilgenommen[658]. Mit dieser tatsächlich ausgeübten Mitgliedschaft haben sie auch den Aufbau und die Wahrnehmung der Aufgaben - in der Regel die Wasserversorgung und Abwasserbeseitigung - in der Form und dem Umfang mitbewirkt. Das wäre jedenfalls nicht ohne ein nach außen gezeigtes Auftreten als Zweckverbandsmitglied möglich gewesen[659]. Wenn diese Gemeinden nunmehr darauf vertrauten, auf Grund fehlender Willenserklärungen zum Zweckverbandsbeitritt nicht Mitglied im Zweckverband geworden zu sein, ist dieses Vertrauen im Rahmen einer Abwägung nicht erheblich. Denn es zeigt damit ein widersprüchliches Verhalten der Gemeinden im Vergleich zum damaligen tatsächlichen Auftreten als Zweckverbandsmitglieder und erscheint nach den Grundsätzen des venire contra factum proprium nicht schützenswert[660]. Dies muss um so mehr gelten, wenn - wie hier - auch dem Schutz der natürlichen Lebensgrundlagen gedient ist[661].

Demzufolge ist festzuhalten, dass die genannten Heilungsvorschriften der neuen Bundesländer zur Frage der fehlerhaften Gründung von Zweckverbänden dem

[656] Maurer in Isensee/Kirchhoff; Bd. 3, § 60 Rz. 28
[657] OVG Frankfurt (O.) LKV 1997, 460(462)
[658] OVG Frankfurt (O.) LKV 1997, 460(462)
[659] OVG Frankfurt (O.) LKV 1997, 460(462)
[660] Sechster Teil, 5. Kap., 2.1.3.
[661] vgl. Sechster Teil, 4. Kap., 3.2.

Grundsatz der Angemessenheit nicht widersprechen und daher auch nicht gegen das Verhältnismäßigkeitsprinzip verstoßen.
Ein Verstoß gegen das Rechtsstaatsprinzip kann mithin nicht attestiert werden.

## 6. Kapitel Garantie der Gewährung des effektiven Rechtsschutzes

Das Verwaltungsgericht Halle nimmt mit seinem Vorlagebeschluss an das Bundesverfassungsgericht auch an, dass die Heilungsvorschriften des Landes Sachsen-Anhalt gegen die in Art. 19 Abs. 4 GG enthaltene Garantie der Gewährung effektiven Rechtsschutzes verstoßen.
Mit Blickwinkel auch auf die Heilungsvorschriften der anderen neuen Bundesländer erscheint es daher notwendig, sich mit diesem Punkt auseinander zusetzen. Hierzu ist zunächst der Schutzbereich von Art. 19 Abs. 4 GG näher auszuloten.

### 1. Schutzbereich von Art. 19 Abs. 4 Grundgesetz

Die Vorschrift des Art. 19 Abs. 4 GG besagt, dass jedem, der durch die öffentliche Gewalt in seinen Rechten verletzt ist, der Rechtsweg offen steht.

Art. 19 Abs. 4 GG enthält einen umfangreichen Teilbereich des allgemeinen Justizgewähranspruchs, der wiederum Teil des allgemeinen Rechtsstaatsgebots ist[662]. Der Justizgewähranspruch beinhaltet neben der Möglichkeit, die Gerichte anzurufen, die Effektivität des Rechtsschutzes[663] und den Anspruch auf ein faires rechtsstaatliches Verfahren[664] unter Erachtung des Gebots der Waffengleichheit[665].
In Abgrenzung zu dem im allgemeinen Rechtsstaatsprinzip innewohnenden Teil des Justizgewähranspruchs kommt der durch Art. 19 Abs. 4 GG zum Ausdruck kommende Teil für öffentlich rechtliche Streitigkeiten zum Tragen.[666]
In diesem Bereich ist Art. 19 Abs. 4 GG mithin eine vorrangige Spezialregelung[667].

---

[662] Jarass/Pieroth, GG, Art. 19 Rz. 19; Pieroth/Schlink, S. 100
[663] BVerfGE 88, 118(123); Jarass/Pieroth, GG, Art. 20, 66 b
[664] BVerfGE 49, 252(256); 78, 123(126);Pieroth/Schlink, S. 100
[665] BVerfGE 52, 131(144); 69, 248(254)
[666] Jarass/Pieroth, GG, Art. 20 Rz. 64
[667] BVerfGE 83, 182(194); Jarass/Pieroth, GG, Art. 20 Rz. 64

### 1.1. Öffentliche Gewalt – der Begriff

Der Begriff der öffentlichen Gewalt im Sinne des Art. 19 Abs. 4 GG umfasst die gesamte exekutive Gewalt[668]. Nach nahezu einhelliger Auffassung fällt die Judikative (rechtssprechende Gewalt) nicht unter Art. 19 Abs. 4 GG, da Rechtsschutz nicht gegen sondern durch den Richter gewährleistet wird[669]. Art. 19 Abs. 4 GG gewährt auch keinen Rechtsschutz gegen formelle Akte der gesetzgebenden Körperschaften (Legislative)[670], weil die gerichtliche Überprüfung von formellen Gesetzen bereits ausdrücklich an anderen Stellen des Grundgesetzes (vgl. Art. 93 Abs. 1 Nr. 2, Art. 93 Abs. 1 Nr.4 a, Art. 100 Abs.1 GG) geregelt ist und die ordentliche Gerichtsbarkeit, wie in Art. 19 Abs. 4 Satz 2 GG benannt, dafür nicht zuständig ist[671].

### 1.2. Rechtsverletzung

Unter Rechten im Sinne des Art. 19 Abs. 4 GG sind alle subjektiven Rechte des öffentlichen und privaten Rechts einzuordnen[672]. Diese sind dann verletzt, wenn ein rechtswidriger Eingriff in sie erfolgte[673].
Für Art. 19 Abs. 4 GG reicht es jedoch aus, wenn die Möglichkeit der rechtlichen Betroffenheit, also ein sog. „Rechtswidrigkeitszusammenhang", feststellbar ist[674].

## 2. Kein Eingriff in den Schutzbereich von Art. 19 Abs. 4 Grundgesetz

In seiner Normenkontrollvorlage an das Bundesverfassungsgericht begründet das Verwaltungsgericht Halle den attestierten Verstoß gegen das Gebot des effektiven Rechtsschutzes nach Art. 19 Abs. 4 GG mit dem Argument, dass mit den Heilungsvorschriften dem Bürger eine erlangte Rechtsposition entzogen werde, um dem Nachteil eines Unterliegens vor Gericht zu entgehen[675]. Die Hei-

---

[668] Jarass/Pieroth, GG, Art. 19 Rz. 24; Pieroth/Schlink, S. 263

[669] BVerfGE 15, 275(280); 49, 329(340); 65, 76(90); Pieroth/Schlink, S. 262; Jarass/Pieroth, GG, Art. 19 Rz. 26

[670] BVerfGE 24, 33(49); Maunz/Zippelius, S. 94; Jarass/Pieroth, GG, Art. 19 Rz. 25

[671] Pieroth/Schlink, S. 262; Bettermann AöR 1961, 129(155)

[672] BVerfGE 31, 33(39); 83, 182(194); Pieroth/Schlink, S. 263; Jarass/Pieroth, GG, Art. 19 Rz. 21

[673] Pieroth/Schlink, S. 263

[674] Schmidt-Aßmann in Maunz/Dürig/Herzog/Scholz, GG, Art. 19 Rz. 156; Jarass/Pieroth, GG, Art. 19 Rz. 23

[675] VG Halle, B. v. 13. 8. 1998, S. 41 des Beschlussumdrucks

lung der Gründungsfehler laufe darauf hinaus, einen Zustand im Bereich der Staatsorganisation gegenüber dem Bürger abzusichern, der dagegen Rechtsschutz in Anspruch nehmen könnte oder bereits in Anspruch genommen habe[676]. Es stehe jedoch dem Staat nicht ohne Weiteres das Recht zu, Fiktionen - wie etwa die rechtmäßige Bildung eines Zweckverbandes trotz vorliegender Rechtsverstöße - zu schaffen, um sich über evidente rechtliche Fehler hinwegzusetzen[677]. Die Heilungsvorschriften würden damit das in der Garantie des effektiven Rechtsschutzes enthaltene Prinzip der Waffengleichheit unterwandern[678]. Die durch die Heilungsvorschriften bewirkte Einschränkung der Wahrnehmung von Rechtspositionen der Bürger sei auch nicht aus Gründen des allgemeinen Wohls gerechtfertigt[679].

Diese Argumentation verdient unter verschiedenen Gesichtspunkten eine kritische Auseinandersetzung:

Zum einen umfasst der Schutzbereich des hier - im öffentlichen Recht - anzuwendenden Art. 19 Abs. 4 GG keinen Rechtsschutz gegen Akte der Gesetzgebung und damit auch nicht gegen die vorliegenden Heilungsvorschriften[680]. Die in Art. 19 Abs. 4 GG enthaltene Garantie des öffentlichen Rechtsschutzes und der davon mitumfasste Teilbereich des allgemeinen Justizgewähranspruchs auf dem Gebiet des öffentlichen Rechts schließt schon deshalb nicht die formellen Akte der Gesetzgebung mit ein, weil die gerichtliche Überprüfung von formellen Gesetzen nicht der ordentlichen Gerichtsbarkeit zugeordnet, sondern Aufgabe der Verfassungsgerichtsbarkeit ist.

Zweitens wird den Bürgern durch die rückwirkende Heilung von Gründungsfehlern auch keine bereits erlangte Rechtsposition entzogen. Der Rechtsschutz der Bürger bezieht sich mithin gegen die von fehlerhaft gegründeten Zweckverbänden erlassenen Abgabenbescheide. Eine Einschränkung der Garantie des effektiven Rechtsschutzes der Bürger, gegen diese Exekutivakte vorzugehen, erfolgt durch die Heilungsvorschriften jedoch nicht.
Soweit es nur um die Frage der fehlerhaften Gründung von Zweckverbänden geht, kann einer allein darauf gestützten Klage wegen Rechtswidrigkeit des Abgabenbescheides keine Erfolgsaussicht eingeräumt werden.

---

676 VG Halle, s. o., S. 41 des Beschlussumdrucks
677 VG Halle, s. o., S. 41 des Beschlussumdrucks
678 VG Halle, s. o., S. 41 des Beschlussumdrucks
679 VG Halle, s. o., S. 42 des Beschlussumdrucks unter Hinweis auf BVerfGE 42, 263
680 vgl. 6. Teil, 6. Kap.

Die Garantie des effektiven Rechtsschutzes wird dadurch jedoch nicht beeinträchtigt, denn diese Rechtsposition ist nach grundrechtlichen bzw. allgemeinrechtsstaatlichen Gesichtspunkten nicht schützenswert. Denn ein schutzwürdiges Vertrauen in den Nichtbestand einer öffentlich rechtlichen Körperschaft bzw. eine rechtliche Betroffenheit dieser Bürger kann sich dann nicht entwickeln, wenn gleichzeitig von dieser „Scheinkörperschaft" Leistungen erhalten und auch angenommen worden sind[681]. Dass diese Leistungen nicht unentgeltlich bleiben würden und mittels Abgabenbescheiden, die dazu entsprechenden Gebühren und Beiträge verlangt werden würden, ist insoweit ein zwingender Schluss[682]. Denn die betroffenen Bürger mussten mit der Heranziehung zur Abgabenentrichtung rechnen[683], weil Beträge und Gebühren als Ausgleich für gewährte Sondervorteile erhoben werden und allenfalls unter ganz außergewöhnlichen Bedingungen schutzwürdig erwartet werden darf, dass eine nach ihrem Wesen abgabepflichtige Leistung abgabefrei gewährt werden soll[684].
Dagegen schließt ein vorangegangener Erlass einer – auch nichtigen - Abgabesatzung eine solche Schutzwürdigkeit aus[685]. Ein guter Glaube an die Unwirksamkeit einer Abgabesatzung ist folgerichtig nicht geschützt[686].
Wenn diese Abgabenbescheide aus anderen Gründen materiell rechtswidrig sind, sich also insofern nicht nur auf die fehlerhafte Gründung der jeweiligen Zweckverbände stützen, bleibt es den betroffenen Bürgern unbenommen, gerichtlichen Rechtsspruch in Anspruch zu nehmen[687].

In gewisser Hinsicht ist diese rechtliche Situation mit einer verwaltungsprozessualen Situation vergleichbar:
Für Verpflichtungsklagen gilt im Regelfall als maßgeblicher Zeitpunkt der Beurteilung der Begründetheit die Sach- und Rechtslage der letzten mündlichen Verhandlung[688].

---

681 vgl.. schon Sechster Teil, 5.2.1.2.
682 vgl. Klügel LKV 1998, 168(171)
683 BVerfGE 12, 261(272); 37, 252(253); BVerwGE 67, 12(131)
684 Klügel LKV 1998, 168(171)
685 BVerwGE 67, 129(131)
686 BVerwGE 50, 2(7 f.); Driehaus/Bauernfeind, KAG, § 2 Rz. 94
687 Klügel LKV 1997, 197(200)
688 Kopp, VwGO; 113 Rz. 95

Eine Ausnahme von diesem Grundsatz gilt jedoch dann, wenn sich im Hinblick auf einen durch grundrechtliche oder allgemeine Grundsätze (Vertrauensschutz) geschützten Besitzstand die Rechtsposition durch Nichtberücksichtigung der früheren Sach- oder Rechtslage verschlechtert[689].
Fehlt es jedoch schon an der Schutzbedürftigkeit einer Rechtsposition, besteht kein Anlass vom maßgeblichen Zeitpunkt der Beurteilung der Begründetheit der Sach- und Rechtslage bei der letzten mündlichen Verhandlung abzuweichen.
An eben dieser Schutzbedürftigkeit bzw. fehlenden Vertrauensposition der abgabepflichtigen Bürger fehlt es im Zusammenhang der Heilung von Fehlern bei der Gründung von Zweckverbänden.

Drittens bleibt anzuführen, dass die Landesgesetzgeber den Erlass der Heilungsvorschriften nicht nur bezweckten, um dem Nachteil eines Unterliegens vor Gericht zu entgehen[690]. Entgegen der Auffassung des Verwaltungsgerichts Halle standen den Landesgesetzgebern zwingende Gründe des Allgemeinwohls mit dem Erlass der jeweiligen Heilungsvorschrift zur Seite[691]. Es kann also nicht davon ausgegangen werden, dass ohne Weiteres „Fiktionen“[692] geschaffen worden sind, die sich über evidente rechtliche Fehler und rechtsstaatliche Grundsätze hinwegsetzen. Es ist - im Gegenteil - davon auszugehen, dass sich die Heilungsvorschriften im Rahmen dieser Grundsätze bewegen.
Ein Verstoß der Heilungsvorschriften gegen die in Art. 19 Abs.4 GG enthaltene Garantie der Gewährleistung des effektiven Rechtsschutzes ist aus o.g. genannten Gründen nicht gegeben.

## 7. Kapitel Gesamtergebnis

Die rechtliche Bewertung der Heilungsgesetze der neuen Bundesländer im Zusammenhang mit dem Problem der fehlerhaften Gründung von Zweckverbänden hat im Ergebnis deren Vereinbarkeit mit dem Grundgesetz ergeben. Es kann den Heilungsgesetzen weder ein Verstoß gegen das Homogenitätsprinzip noch ein Verstoß gegen die Garantie kommunaler Selbstverwaltung bescheinigt werden.
Zwar wurde ein Eingriff in die kommunale Selbstverwaltung aufgrund der durch die Heilungsgesetze von Brandenburg und Mecklenburg-Vorpommern geregel-

---

689 Kopp, VwGO, § 113 Rz. 98; BVerwGE 51, 15(25), 52, 226(233)
690 so aber VG Halle, s. o., S. 41 des Beschlussumdrucks
691 vgl. hierzu bereits Sechster Teil, 4. Kap., 3.
Sechster Teil, 5. Kap., 2.1.3.
692 so aber VG Halle, B. v. 13. 8. 1998, S. 41

ten Substituierbarkeit von fehlenden Willenserklärungen von Gemeinden zum Zweckverbandsbeitritt festgestellt. Jedoch sind diese Eingriffe durch die Zwecke der (Wieder-)Herstellung der Rechtssicherheit, des Schutzes natürlicher Lebensgrundlagen und die Beseitigung der wirtschaftlichen Ausnahmesituation gerechtfertigt.

Auch der teilweise attestierte Verstoß des sachsen-anhalter Heilungsgesetzes gegen die Rechtsstaatsprinzipien des Rückwirkungsverbotes und Verhältnismäßigkeit hat sich weder für dieses Heilungsgesetz noch im Hinblick auf die übrigen Heilungsgesetze nachweisen lassen. Zwar wurde eine belastende echte Rückwirkung durch die vom ZwStabG Bbg und 3. ÄndG KV – M-V vorgenommene Substituierbarkeit von fehlenden Willenserklärungen von Gemeinden zum Zweckverbandsbeitritt festgestellt. Allerdings liegen hierzu in Anlehnung an die vom BVerfG entwickelten Ausnahmetatbestände Gründe vor, die diese belastende echte Rückwirkung rechtfertigen. Das Rückwirkungsverbot wird insoweit von keinem Heilungsgesetz verletzt. Auch eine Verletzung des Verhältnismäßigkeitsprinzips oder der Garantie der Gewährung effektiven Rechtsschutzes liegt nicht vor.

Die rechtliche Bewertung der untersuchten Heilungsgesetze hat zum anderen ergeben, dass die insbesondere vom LVerfG LSA vertretene Ansicht, das RZVG habe in den neuen Bundesländern nicht weitergegolten, rechtsfehlerhaft ist. Auch nach der Wiedervereinigung bis zur Schaffung der Gesetze über die kommunale Gemeinschaftsarbeit bzw. Zusammenarbeit sowie der Kommunalverfassung Mecklenburg-Vorpommern war unter Beachtung der vom RZVG vorgegebenen Regelungen die Bildung rechtsfähiger Zweckverbände grundsätzlich möglich.

## Siebenter Teil Grundsätze zur Behandlung nicht geheilter Zweckverbände

Aus den unterschiedlichen Anwendungsbereichen der genannten Heilungsvorschriften lässt sich die Erkenntnis ziehen, dass nicht alle Gründungsfehler in den jeweiligen Landesgesetzen einer Heilung zugeführt werden. Mit Ausnahme der Heilungsvorschriften der Länder Brandenburg und Mecklenburg-Vorpommern[693] erfassen die Heilungsvorschriften der Bundesländer Sachsen, Sachsen-Anhalt und Thüringen keine materiellen Gründungsfehler - wie etwa Fehler der Gründungssatzung.

Das wirft die Frage auf, welche grundsätzliche Charakteristik die nicht geheilten „Zweckverbände" haben und welche rechtliche Behandlung sie zu erfahren haben.

### 1. Kapitel Status- und haftungsrechtliche Einordnung

Die Praxis hat aufgezeigt, dass Zweckverbände auch schon vor Erlangung ihrer Rechtsfähigkeit - aus welchen Gründen diese noch nicht erlangt ist, kann insoweit dahinstehen - mit ihrer Tätigkeit und Teilnahme am Rechtsverkehr beginnen[694].
Die Gesetze erwähnen nicht, wie diese Zweckverbände im Gründungsstadium statusrechtlich einzuordnen sind, weisen insoweit eine Lücke auf[695]. Zum Teil wurden sie sogar als „rechtlich irrelevante Gebilde" bezeichnet, was den praktischen Bedürfnissen wohl aber eher nicht gerecht wird[696]. Auch die Erörterung der Frage, wie diese Lücke im Gesetz geschlossen werden kann, fand bis vor einiger Zeit relativ wenig Interesse[697], da der Mangel bisher nicht als wirklich erschwerend in Einklang getreten sei[698].
Spätestens mit den zahlreichen fehlerhaften Zweckverbandsgründungen in den neuen Bundesländern ist diese Auffassung in der Praxis überholt worden. Zum

[693] vgl. Vierter Teil, 2. Kap., 4.2.1.
[694] Kohlhosser NJW1997, 3265(3268); Goette DStR 1996, 266(269)
[695] Dierksmeier, S. 62; Stuible-Treder DÖV 1987, 58(58)
[696] Dierksmeier, S. 62; Stuible-Treder DÖV 1987, 58(58)
[697] vgl. Dierksmeier, S. 62; Seydel, S. 111
[698] Kunze/Hekking, GKG BaWü, § 1 Anm. 4

Teil befürwortete man daher die gesetzliche Normierung einer „öffentlich rechtlichen Gesellschaft“ bzw. „nicht rechtsfähigen Körperschaft“[699].
Um der Rechtsklarheit willen sollte der Zweckverband im Gründungsstadium ausdrücklich normiert und mit entsprechenden Befugnissen ausgestattet werden[700]. Da das bislang jedoch nicht erfolgte, ist davon auszugehen, dass es sich bei diesen Zweckverbänden im Gründungsstadium zwar nicht um eine juristische Person, aber um Vor-Zweckverbände mit einer Rechtsnatur sui generis handelt[701].
Erlangt der Vor-Zweckverband später planmäßig die Rechtsfähigkeit, sind auf ihn, die im Zivilrecht entwickelten Grundsätze zum Vorverbandsrecht heranzuziehen[702]. Zunächst für die Vor-GmbH[703], die Vor-AG[704] und den wirtschaftlichen Vor-Verein[705] entwickelt, beruhen diese Grundsätze auf einem allgemeinen Recht vom unabhängigen Grundgedanken[706].
Dieser Gedanke, das legitime anzuerkennende Bedürfnis, schon vor Erlangung der vollen Rechtsfähigkeit, am Rechtsverkehr teilnehmen zu können, knüpft nicht spezifisch an die zivilrechtliche Natur der einzelnen Vor-Verbandsarten an[707].
Abgesehen davon führt eine unterschiedliche Behandlung von Rechtsgeschäften vor der Entstehung des Verbandes und danach für mit dem Noch-Vorverband in rechtliche Beziehung tretende Dritte zu rechtlichen Unsicherheiten[708]. Denn wenn ein Vor-Verband am Rechtsverkehr teilnehmen kann, muss auch er für eingegangene Verpflichtungen einstehen[709].
Demzufolge ist der Vor-Verband auf zivilrechtlicher Ebene zwar noch keine juristische Person, aber in der Lage, Rechte zu erwerben und Verpflichtungen zu übernehmen[710]. Er ist ein Zusammenschluss mit einer Rechtsnatur sui generis[711].
Die Mitglieder eines Vor-Verbandes haften im Innenverhältnis gegenüber dem Vor-Verband nach dem allgemeinen Grundsatz, dass derjenige, der als Einzel-

---

699 Rehm, Zweckverbandsgesetz BaWü, § 1 Rz. 8

700 so auch Stuible-Treder DÖV 1987, 58(62)

701 OLG Brandenburg LKV 1999, 243(246); vgl. Kohlhosser NJW1997, 3265(3271)

702 OLG Brandenburg LKV 1999, 243(247); Kohlhosser NJW1997, 3265(3270); vgl. zur Frage der Teilrechtsfähigkeit Bachof AöR 1958, 208(266)

703 BGHZ 80, 129(184); 91, 148

704 BGHZ 117, 323

705 BGHZ 22, 240(244)

706 Kohlhosser NJW1997, 3265(3271)

707 OLG Brandenburg LKV 1999, 243(246); Kohlhosser NJW1997, 3265(3271)

708 OLG Jena OLG-NL 1995, 105(106; Stuible-Treder DÖV 1987, 58(60)

709 Kohlhosser NJW1997, 3265(3271)

710 OLG Brandenburg LKV 1999, 243(246); Kohlhosser NJW1997, 3265(3270)

711 Kohlhosser NJW1997, 3265(3271)

person oder in Gemeinschaft mit anderen Geschäfte betreibt, für die daraus entstandenen Verpflichtungen haftet[712]. Dies gilt solange, wie es nicht durch Gesetz abgeändert wurde, oder die Gesellschafter mit dem Vertragspartner keine vertragliche Beschränkung der Haftung herbeigeführt haben[713].
Diese Grundsätze gelten auch für den Vor-Zweckverband[714].
Das bedeutet, dass ein Vor-Zweckverband Verpflichtungen eingehen kann, für die er auch einzustehen hat. Die Mitglieder eines Vor-Zweckverbandes, mithin die kommunalen Gebietskörperschaften, haften im Innenverhältnis gegenüber dem Vor-Zweckverband unbeschränkt und gesamtschuldnerisch für dessen Schulden.
Auch in der Rechtssprechung ist dieser rechtliche Ansatz mittlerweile anerkannt[715].

Erlangt ein Vor-Zweckverband aus bestimmten Gründen[716] später nicht die Rechtsfähigkeit, werden verschiedene Auffassungen zum Status und zur haftungsrechtlichen Einordnung vertreten. Nach zum Teil vertretener Ansicht sollen die Regeln über den nicht rechtsfähigen wirtschaftlichen Verein analog angewandt werden[717]. Nach anderer Ansicht sind GbR-Regeln anzuwenden, denn nach dieser Auffassung ist der Vor-Zweckverband eine GbR, bestehend aus den Bürgermeistern als vollmachtslose Vertreter [718].
Nach Auffassung des OLG Brandenburg sind diese Grundsätze zur Vor-Gesellschaft insbesondere dann nicht anwendbar, wenn der Vor-Zweckverband mangels rechtlicher Voraussetzungen nicht zum rechtsfähigen Zweckverband erstarken konnte[719]. In analoger Anwendung zur sog. fehlgeschlagenen GmbH liege dementsprechend keine rechtlich selbstständige Vor-Gesellschaft vor[720].
Nach dieser Auffassung haften daher die Mitgliedsgemeinden in direkter Weise nach den Grundsätzen der BGB-Gesellschaft.

---

[712] Kohlhosser NJW 1997, 3265(3271)
[713] BGHZ 134, 333
[714] OLG Brandenburg LKV 1999, 243(246)
[715] BGH NJW-RR 1996, 853; VGH München BayVBl. 1956, 279; OLG Jena OLG-NL 1995, 105(106); LG Potsdam LKV 1997, 430(432)
[716] zum Beispiel infolge Unwilligkeit der beteiligten Kommunen zur vollständigen Erfüllung der Gründungsvoraussetzungen
[717] Wellmann LKV 1997, 402(403); Haug DÖV 1965, 119(119)
[718] OLG Brandenburg LKV 1997, 426(428); vgl. auch Kohlhosser NJW1997, 3265(3271)
[719] OLG Brandenburg LKV 1999, 243(246)
[720] OLG Brandenburg , s. o., unter Verweis auf Baumbach/Hueck, GmbHG, § 11 Rz. 29

Letztere Auffassung überzeugt schon deshalb nicht weil, es sich bei fehlerhaft gegründeten Zweckverbänden nicht um eine „fehlgeschlagene Vorgesellschaft" in dem vom Zivilrecht übertragenen Sinne handelt. Denn um eine fehlgeschlagene Vorgesellschaft handelt es sich nur, wenn die Gründung der eigentlichen Gesellschaft von vornherein nicht beabsichtigt war oder später aufgegeben worden ist[721].
Aus der Feststellung von Gründungsfehlern kann jedoch weder angenommen werden, dass die Gründung eines rechtsfähigen Zweckverbandes von vornherein nicht beabsichtigt war, wenn es zu Gründungsfehlern kam, noch kann daraus abgeleitet werden, dass die Bildung eines Zweckverbandes deswegen aufgegeben wurde.

Allgemein lässt sich für nicht rechtsfähige Zusammenschlüsse zunächst folgendes feststellen:
Sowohl für die Verbände auf privatrechtlicher Natur als auch öffentlichrechtlicher Natur ist mittlerweile anerkannt, dass sich die Ausgestaltung dieser Zusammenschlüsse - soweit diese von vornherein mit der Folge der Nichtrechtsfähigkeit beabsichtigt waren - nach dem Recht der Gesellschaft bürgerlichen Rechts oder dem Recht des nicht rechtsfähigen wirtschaftlichen Vereins richtet[722].
Die für den nicht rechtsfähigen Zusammenschluss öffentlich rechtlicher Natur erfolgte analoge Anwendung der o.g. Regeln beruht auf dem Fehlen von öffentlich rechtlichen Regeln für die nähere Ausgestaltung[723]. Soweit jedoch zivilrechtliche Regeln und Grundsätze Ausdruck eines allgemeinen Rechtsgedankens sind oder nach allgemeinen Analogieregeln der Lückenfüllung dienlich sind, ist eine Anwendung zivilrechtlicher Vorschriften nach allgemeinen Grundsätzen anerkannt[724].
Das bedeutet, dass für nicht rechtsfähige Zusammenschlüsse zivil- und öffentlichrechtlicher Natur grundsätzlich das Recht der GbR oder des nicht rechtsfähigen wirtschaftlichen Vereins gilt[725].
Aus der fehlenden Rechtsfähigkeit ergibt sich die Konsequenz, keine hoheitlichen Befugnisse und Aufgaben wahrnehmen zu können[726].
Soweit im Rahmen des Gründungsverfahrens zu einem nicht rechtsfähigen Zusammenschluss Fehler auftreten, gilt folgendes: Wenn ein solcher nicht rechts-

[721] vgl. Baumbach/Hueck, GmbHG; § 11 Rz. 28
[722] Kohlhosser NJW1997, 3265(3267)
[723] Kohlhosser NJW1997, 3265(3267)
[724] Kohlhosser NJW1997, 3265(3267)
[725] BGHZ 58, 386(392); LG Potsdam LKV 1997, 430; Kohlhosser NJW1997, 3265(3267)
[726] Kohlhosser NJW1997, 3265(3267); Dierksmeier, S. 116

fähiger Zusammenschluss schon am Rechtsleben teilgenommen hat, richtet sich dessen rechtliche Behandlung nach den Grundsätzen des fehlerhaften Verbandes[727]. Zwar sind diese Grundsätze zunächst für fehlerhaft gegründete Verbände entwickelt worden[728]. Allerdings ist die Geltung dieser Regeln nicht von der zivilrechtlichen Natur der Verbände abhängig[729]. Hintergrund dieser richterlichen Rechtsfortbildung ist der Verkehrsschutz[730]. Da dieser Gedanke jedoch auch auf öffentlich-rechtliche, nicht rechtsfähige Verbände anwendbar ist, spricht kein sachlicher Grund gegen eine Anwendung der o.g. Grundsätze[731].
Die Anwendung dieser Grundsätze setzt voraus, dass die Beteiligten auf den Abschluss eines Gesellschaftsvertrages (Gründungssatzung) gerichtete Willenserklärungen abgegeben haben[732].
Hinzu treten müssen des Weiteren die Fehlerhaftigkeit dieses Gesellschaftsvertrages (nach allgemeinen bürgerlich rechtlichen Regeln)[733] und die In-Vollzug-Setzung, d.h. ein nach außen wirkendes Tätigwerden (beispielsweise durch den Abschluss von Verträgen mit Dritten)[734].
Als Rechtsfolge ist ein fehlerhafter, in Vollzug gesetzter nicht rechtsfähiger Verband nach innen und außen als existent zu behandeln[735]. Anfechtungs- und Nichtigkeitsgründe können daher grundsätzlich nur mit Wirkung für die Zukunft geltend gemacht werden[736]. Im Übrigen gelten auf zivilrechtlicher Ebene die oben aufgeführten Feststellungen hinsichtlich der Anwendung des Rechts der GbR bzw. des nicht rechtsfähigen wirtschaftlichen Vereins.

Die Anwendung von Regeln zur GbR bzw. des nicht rechtsfähigen Vereins auf fehlerhaft gegründete Zweckverbände ist jedoch nicht sinnvoll. Im übrigen besteht im Verhältnis zu fehlerhaft gegründeten Verbänden nicht rechtsfähiger Art keine vergleichbare Ausgangssituation: Denn im Unterschied zu einem Zusam-

---

[727] BGHZ 13, 320(324); Kohlhosser NJW1997, 3265(3267); Hachenburg-Ulmer, GmbHG, § 2 RZ. 93; a. A. Meyer-Landrut in Meyer-Landrut/Niehus; GmbHG, § 2 Rz. 4
[728] Kohlhosser NJW1997, 3265(3267)
[729] BGH NJW 1992, 1502; Goette DStR 1996, 266(266); Karsten Schmidt, GesR, S. 143 f.;
[730] BVerwGE 7, 30(37); Kohlhosser NJW1997, 3265(3268)
[731] Goette DStR 1996, 266 unter Verweis auf RGZ 51, 33(39) u. a.
[732] so auch Kohlhosser NJW1997, 3265(3268); Wellmann LKV 1997, 402(403)
[733] BGHZ 11, 190(191); Goette DStR 1996, 266(268)
[734] BGH DStR 1991, 622 (Formmangel; BGH DStR 1992, 437 (Dissens); BGH DStR 1993, 1152 (Sittenverstoß); BGH DStR 1995, 1764 (Täuschung); BGH DStR 1995, 1722 (Unmöglichkeit)
[735] BGHZ 3, 285(288); BGH DStR 1992, 437(438): wenn Rechtstatsachen geschaffen worden sind, an denen die Rechtsordnung nicht vorbeigehen kann; MüKo-Ulmer, § 705 Rz. 249
[736] Goette DStR 1996, 266(269)

menschluss, der von Anfang an keine Rechtsfähigkeit erlangen sollte, wird mit der Gründung eines Zweckverbandes nach allgemeinem Verständnis dessen Rechtsfähigkeit gerade bezweckt.
Durch Vergleich wird zudem deutlich, dass ein fehlerhaft gegründeter Zweckverband durchaus Ähnlichkeiten zu einem Vor-Zweckverband aufweist:
Denn unabhängig von der Frage, ob es sich um einen fehlerhaft gegründeten Zweckverband oder einen Vor-Zweckverband, der später aus anderen Gründen keine Rechtsfähigkeit erlangte, besteht jeweils das Bedürfnis, am Rechtsverkehr teilzunehmen.
In beiden Fällen ist dem Rechnung zu tragen[737].
Auch im Hinblick auf den Verkehrsschutz, insbesondere die Interessen der Vertragspartner, kann die Auffassung zur Anwendung der Regeln über den nicht rechtsfähigen Verein bzw. die GbR nicht überzeugen. Zwar ist auch der Vor-Verband, der später nicht zu einem rechtsfähigen Zweckverband erstarkt, keine juristische Person, jedoch ein Verband, der schon Rechte erwerben und Verpflichtungen übernehmen kann.
Es würde der Rechtssicherheit im Rechtsverkehr geradezu entgegen stehen, einem Vor-Zweckverband im Nachhinein dessen rechtliche Stellung wieder zu nehmen, weil die Rechtsfähigkeit eines Zweckverbandes nicht erlangt werden konnte.
Nach den o. g. Grundsätzen hat also nicht eine aus den Vertretern der Gemeinden (Bürgermeister) bestehende GbR, sondern der fehlerhaft gegründete Zweckverband für seine Schulden einzustehen[738].
Die Mitglieder eines fehlerhaft gegründeten Zweckverbandes, mithin die Mitgliedsgemeinden, haften unbeschränkt und gesamtschuldnerisch zumindest im Innenverhältnis gegenüber dem fehlerhaft gegründeten Zweckverband, sofern nicht durch Gesetz oder Vereinbarung mit einem Vertragspartner etwas anderes bestimmt ist[739].
In Anlehnung an die vom BGH[740] für die Vor-GmbH entwickelten Grundsätze kann jedoch grundsätzlich auch eine unbeschränkte Außenhaftung möglich sein. Wenn beispielsweise ein fehlerhaft gegründeter Zweckverband kein Vermögen mehr hat oder nicht mehr am Rechtsleben teilnimmt, kann entsprechend dem

---

[737] BGH NJW-RR 1996, 853(854); LG Potsdam LKV 1997, 430(432); vgl. auch Kohlhosser NJW1997, 3265(3271)
[738] vgl. dazu aktuell BGH NJW 2001, 748
[739] vgl. Kohlhosser NJW 1997, 3265(3271)
[740] BGH NJW 1997, 1507

berechtigten Bedürfnis der Gläubiger eine unbeschränkte Außenhaftung der Mitglieder des fehlerhaft gegründeten Zweckverbandes in Betracht kommen[741].

## 2. Kapitel Mitgliedschaft

Soeben wurde festgestellt, dass auch der mit Gründungsfehlern behaftete Zweckverband nach den Grundsätzen zum Vor-Verbandes mit einer Rechtsnatur sui generis rechtlich existent ist. Wie für den rechtsfähigen Zweckverband gilt auch für den rechtsfehlerhaft gegründeten Zweckverband das Prinzip der Mitgliedschaft. Grundsätzlich lässt sich die Mitgliedschaft der jeweiligen Gemeinden und sonstigen kommunalen Gebietskörperschaften sowie natürlicher und juristischer Personen aus der Verbandssatzung entnehmen[742]. Aus der Verbandssatzung lassen sich neben den Verbandsmitgliedern normalerweise auch der Beitrittszeitpunkt des jeweiligen Mitglieds entnehmen.
Kann die Verbandssatzung diese Information nicht erbringen, weil beispielsweise im Rahmen der Neuaufnahme von Mitgliedern keine Verbandssatzungsänderung vollzogen wurde, kann u. U. die Heranziehung des Beschlusses der Verbandsversammlung bzw. des Verbandsvorstandes zur Mitgliedsaufnahme hilfreich sein[743].
Jedoch kann es vorkommen, dass auch derartige Beschlüsse bzw. dazugehörige Beschlussprotokolle nicht die Mitgliedschaft bzw. den Beginn oder das Ende der Mitgliedschaft aufzeigen. Sollte das der Fall sein, ist nach richtiger Ansicht aus den Umständen des Einzelfalles zu ermitteln, ob und seit wann die Mitgliedschaft besteht bzw. beendet wurde. Ähnlich wie im ZwStabG Bbg bzw. im 3. ÄndG KV - M-V geregelt, kann die mehrfache Teilnahme an den Verbandsversammlungen und die Beteiligung an Beschlussfassungen Anhaltspunkte für das Bestehen der Mitgliedschaft in diesem faktischen Zweckverband liefern[744].
Für kommunale Gebietskörperschaften gilt daher grundsätzlich, dass nicht deren Bürgermeister, sondern sie selbst Mitglieder dieser faktischen Zweckverbände sind. Denn auch nach den Vorschriften der KV - DDR und den Gesetzen über die kommunale Gemeinschaftsarbeit bzw. die kommunale Zusammenarbeit erfolgt die Gründung von Zweckverbänden durch Zusammenschluss von kommu-

[741] so auch Kohlhosser NJW 1997, 3265(3271); vgl. auch Pencereci/Bluhm LKV 1998, 172(174)
[742] Pencereci/Bluhm LKV 1998, 172(173)
[743] Pencereci/Bluhm LKV 1998, 172(173)
[744] Pencereci/Bluhm LKV 1998, 172(173)

nalen Gebietskörperschaften und nicht durch den Zusammenschluss von Bürgermeistern[745].

## 3. Kapitel Vertretungsmacht

Es wurde bereits darauf hingewiesen, dass auch der fehlerhaft gegründete Zweckverband wirksam am Rechtsleben teilnehmen kann.
Nach außen gelten die in der Gründungssatzung vertraglich festgehaltenen Abreden über die Geschäftsführung und Vertretung[746].
Im übrigen spricht nichts gegen eine analoge Anwendung der Vorschriften der Gesetze über die kommunale Gemeinschaftsarbeit bzw. kommunale Zusammenarbeit[747]. Denn zum einen besteht für fehlerhaft gegründete Zweckverbände eine Regelungslücke hinsichtlich der Geschäftsführung und Vertretung. Zum anderen sind die Rechtslagen - bis auf die Fehlerhaftigkeit des Gründungsverfahrens und dem deshalb fehlenden Status als Körperschaft des öffentlichen Rechts - durchaus miteinander vergleichbar. Unter praxisorientierten Gesichtspunkten erleichtert daher eine analoge Anwendung der Vorschriften der Gesetze über die kommunale Gemeinschaftsarbeit bzw. kommunale Zusammenarbeit die Teilnahme der sog. faktischen Verbände am Rechtsleben und trägt somit auch zur Rechtsklarheit bei.

## 4. Kapitel Öffentlich rechtliche Konsequenzen

Die Konsequenzen aus der Unwirksamkeit der Gründung von Zweckverbänden auf dem Gebiet des öffentlichen Rechts standen bislang wenig im Zentrum der juristischen Diskussion[748]. Allerdings und das darf nicht verkannt werden, haben sich die unwirksam gegründeten Zweckverbände in aller Regel schon vor Feststellung der fehlerhaften Gründung auch auf dem Gebiet des öffentlichen Rechts betätigt.
So wurden beispielsweise Satzungen beschlossen und Leistungsbescheide erlassen, um Anschlussbeiträge, Wasser- und Abwassergebühren zu erheben.

---

[745] vgl. OLG Brandenburg LKV 1999, 243(246); OLG Brandenburg LKV 1997, 426(428) LG Potsdam LKV 1997, 430(432)
[746] Goette DStR 1996, 266(269)
[747] Pencereci/Bluhm LKV 1998, 172(173)
[748] Pencereci/Bluhm LKV 1998, 172(174)

Das wirft zum einen die Frage auf, ob den fehlerhaft gegründeten Zweckverbänden hoheitliche Befugnisse einzuräumen sind. Und zweitens ist die Frage zu diskutieren, welche rechtliche Behandlung die bereits erlassenen Leistungsbescheide der faktischen Zweckverbände zu erfahren haben.

1. Fehlen hoheitlicher Befugnisse

Aus den Gesetzen über die kommunale Gemeinschaftsarbeit bzw. kommunale Zusammenarbeit folgt, dass mit der Bildung eines Zweckverbandes das Recht und die Pflicht der beteiligten kommunalen Gebietskörperschaften, die übertragenen Aufgaben zu erfüllen und die dazu notwendigen Befugnisse auszuüben, auf den Zweckverband übergehen[749].

Die Bildung eines Zweckverbandes - also die Entstehung einer rechtsfähigen juristischen Person des öffentlichen Rechts - bewirkt dann den Übergang hoheitlicher Befugnisse.
Das bedeutet aber auch, dass die hoheitlichen Rechte aus den Gesetzen zur kommunalen Gemeinschaftsarbeit bzw. kommunalen Zusammenarbeit, die einem Zweckverband zu seiner Aufgabenwahrnehmung übertragen werden, erst nach dessen rechtsfehlerfreien Errichtung zustehen[750]. Denn entsprechend dem „Grundsatz der Formstrenge des öffentlichen Rechts“[751] gehen hoheitliche Befugnisse und Aufgaben nur dann auf den Zweckverband über, wenn der Zweckverband auch den Status einer Körperschaft des öffentlichen Rechts erlangt hat[752].
Erst die Erlangung der Rechtsfähigkeit macht einen Zweckverband auch auf dem Gebiet des öffentlichen Rechts funktionsfähig[753]. Diese subjektbezogene Zuordnung des Rechts zu seinem Rechtsträger schafft die Voraussetzung, Rechte und Pflichten normativ zuzuordnen[754]. Dass diese Rechtsfähigkeit nicht einfach so angenommen werden kann, sondern von der Rechtsordnung verliehen wird, ist deshalb ein zwingender Schluss[755].

---

749 vgl. etwa § 9 GKG LSA
750 Dierksmeier, S. 128 m. w. N.
751 Kohlhosser NJW1997, 3265(3266)
752 Kohlhosser NJW1997, 3265(3266)
753 Loeser, S. 54
754 Loeser, S. 52
755 Schnapp Rechtstheorie 1978, 275(283 f.); Wolff/Bachof/Stober, Bd. I, S. 453

Aus dem soeben Aufgeführten lassen sich daher für die vorliegende Problematik zwei Schlüsse ziehen:
Erstens kann ein Zweckverband vor Abschluss des Gründungsverfahrens -also vor Genehmigung der Satzung durch die Kommunalaufsichtsbehörde (vgl. § 8 Abs. 4 GKG LSA) - in seinem Grundstadium nicht hoheitliche Befugnisse des erst entstehenden rechtsfähigen Zweckverbandes ausüben. Vor-Zweckverbände sind daher keine Träger hoheitlicher Gewalt[756].
Die zum Teil vertretene Auffassung, auch Vor-Zweckverbänden öffentlich rechtliche Befugnisse einzuräumen, birgt selbst unter dem Korrelativ der Bedingung einer späteren Genehmigung, Risiken in sich[757]. Denn die Idee, öffentlich rechtliche Handlungen im Falle der Nichtgenehmigung wieder auf die zivilrechtliche Ebene zu verlagern, ist nicht in allen Fällen, beispielsweise etwa bei der Vollstreckungsbefugnis bzw. der Rechtssetzung in Form von Satzungen und Verordnungen, durchführbar. Befürworter dieser Theorie müssen sich im übrigen dann auch fragen, warum Zweckverbände nicht von vornherein nur auf zivilrechtlicher Grundlage ihre Aufgabe wahrnehmen. Der Grund ist einleuchtend: Die hoheitlichen Befugnisse geben dem Zweckverband ein quantitativ und qualitativ höheres Niveau im Rahmen seiner Aufgabenwahrnehmung. Das beginnt bei der Möglichkeit, Verwaltungsakte zu erlassen, Beamte zu ernennen, Vollstreckungsbefugnisse auszuüben bis hin zur Möglichkeit, für die betreffenden Aufgaben Satzungen oder Verordnungen zu erlassen[758].
Ein zweiter Schluss ist die Feststellung, dass ebenso wie einem Vor-Zweckverband auch einem fehlerhaft gegründeten Zweckverband keine hoheitlichen Befugnisse zustehen[759]. Das bedeutet, dass den an den Gründungsfehlern leidenden Zweckverbänden mangels wirksamer Verleihung der Rechtsfähigkeit ebenso wenig die Satzungshoheit und Aufgabenzuständigkeit zusteht[760]. Soweit diese Zweckverbände auch keiner Heilung auf Grund der landesspezifischen Heilungsregelungen zugeführt werden konnten, stehen ihnen keine hoheitlichen Befugnisse zu.
Die Zuständigkeit der Aufgabenwahrnehmung, die erst mit der Bildung (Gründung) des Zweckverbandes auf diesen übergeht, ist in diesen Fällen bei den kommunalen Gebietskörperschaften verblieben.

---

[756] Dierksmeier, S. 128
[757] so Stuible-Treder DÖV 1987, 58(61)
[758] vgl. Zweiter Teil, 6. Kap.
[759] Kohlhosser NJW1997, 3265(3266)
[760] Kohlhosser NJW1997, 3265(3266); Wellmann LKV 1997, 402(403)

Des Weiteren fehlt fehlerhaft gegründeten Zweckverbänden die hoheitliche Befugnis, wirksame Gebühren- und Beitragssatzungen zu erlassen, um auf deren Grundlage in Form von Verwaltungsakten für die zum Teil erbrachten bzw. bereitgestellten Leistungen die Gebühren bzw. Beiträge zu erheben[761]. Dass insoweit ein enormes praktisches Bedürfnis besteht, diese fehlerhaft gegründeten Zweckverbände auf stabile rechtliche Grundlagen zu stellen, bedarf keiner weiteren intensiven Erörterung.

Die soeben geführten Erörterungen führen zu einer zweiten Frage, im Rahmen der Erörterung von Fragen der öffentlichen rechtlichen Konsequenzen der rechtsfehlerhaften Gründung von Zweckverbänden.
Es stellt sich die Frage, wie von fehlerhaft gegründeten Zweckverbänden bereits ausgeübte Hoheitsrechte rechtlich zu beurteilen sind. Mangels wirksamer Übertragung der für die Aufgabenwahrnehmung notwendigen Personalhoheit fehlt fehlerhaft gegründeten Zweckverbänden die Dienstherreneigenschaft und die Befugnis, Beamte zu ernennen[762]. Die bis dahin eingegangenen arbeitsrechtlichen Verpflichtungen sind insofern nicht hinfällig, sondern beurteilen sich nach den zivilrechtlichen Grundsätzen zum Dienstvertrag bzw. arbeitsrechtlichen Grundsätzen. Insbesondere die Frage einer rechtlichen Einordnung der bereits erlassenen Verwaltungsakte bedarf hier einer näheren Betrachtung.

### 2. Rechtliche Einordnung der bereits erlassenen Verwaltungsakte

Da mit Gründungsfehlern behafteten Zweckverbänden mangels Erlangung der Rechtsfähigkeit auch nicht die Satzungshoheit übertragen wurde, sind die bereits erlassenen Abgabensatzungen nichtig[763].
Damit zentriert sich der weitere Diskussionsschwerpunkt auf die Frage, ob und in welcher Form auf Grundlage von nichtigen Abgabensatzungen erlassenen Beitrags- und Gebührenbescheiden eine rechtliche Wirkung zukommt.

---

761 Kohlhosser NJW1997, 3265(3266); Wellmann LKV 1997, 402(403)
762 VGH München BayVBl. 1956, 279
763 OVG Magdeburg LKV 1997, 417(417); OVG Frankfurt (O.) LKV 1996, 377(378); OVG Bautzen LKV 1997, 418(418); OVG Bautzen LKV 1999, 61(61); Pencereci/Bluhm LKV 1998, 172(175); Kohlhosser NJW1997, 3265(3266); Wellmann LKV 1997, 402(403)

Ein Verwaltungsakt kann entsprechend der Vorschriften zu den jeweiligen Verwaltungsverfahrensgesetzen des Bundes[764] bzw. der Länder[765] bzw. gem. § 118 Abgabenordnung[766] nur von einer Behörde erlassen werden. Eine Behörde im Sinne dieser Vorschriften ist jede Stelle, die Aufgaben der öffentlichen Verwaltung unter Einsatz obrigkeitlicher Gewalt erfüllt[767].
Verschiedentlich ist daher die Auffassung vertreten worden, die von den rechtsfehlerhaft gegründeten Zweckverbänden erlassenen Gebühren- und Beitragsbescheide seien als Scheinverwaltungsakte und damit als Nicht-Akte einzustufen[768]. Denn mangels Rechtsträgerschaft und eigener hoheitlicher Befugnisse habe keine Berechtigung der fehlerhaft gegründeten Zweckverbände zum Erlass von Verwaltungsakten vorgelegen[769].
Nicht-Verwaltungsakte sind Akte, die überhaupt keine Verwaltungsakte im Sinne von § 35 VwVfG sind[770]. Hierzu zählen auch Akte, die überhaupt keiner Behörde zugerechnet werden können bzw. denen wegen fehlender Ernstigkeit des Gewollten oder mangelndem Bezug zur öffentlich rechtlichen Gewalt, jegliche öffentlich rechtliche Qualität fehlt[771]. Im Kern liegt dieser oben aufgeführten Annahme der Gedanke zugrunde, die fehlerhaft gegründeten Zweckverbände könnten nicht als Behörde im Sinne von § 35 VwVfG bzw. § 118 AO eingeordnet werden.

Das kann jedoch nicht überzeugen, denn dieser Lösung liegt ein Behördenbegriff zugrunde, der zu eng gefasst ist:

---

[764] Verwaltungsverfahrensgesetz ( VwVfG ) i. d. F. d. B. v. 21. 9. 1998 ( BGBl. I S. 3051)

[765] Verwaltungsverfahrensgesetz für das Land Brandenburg (VwVfG Bbg) i. d. F. v. 4. 8. 1998 (GVBL. I, S. 178)
Verwaltungsverfahrens- ,Zustellungs- und Vollstreckungsgesetz des Landes Mecklenburg-Vorpommern (VwVfG M-V)i. d. F. v. 10. 8. 1998 (GVOBl. S. 743)
Vorläufiges Verwaltungsverfahrensgesetz für den Freistaat Sachsen (SächsVwVfG) v. 21.1. 1993 (GVBl. S. 74) zul. geänd d. § 17 SorbenG v. 31. 3. 1999 ( GVBl. S. 161 )
Verwaltungsverfahrensgesetz für das Land Sachsen-Anhalt (VwVfG LSA) i. d. F. v. 7. 1. 1999 (GVBl. S. 2)
Thüringer Verwaltungsverfahrensgesetz (ThürVwVfG) i. d. F. v. 27. 11. 1997 (GVBl. 430)

[766] Abgabenordnung v. 16. 3. 1976 (BGBl. I, S. 613)

[767] BVerwGE 9, 182; 17, 41; Kopp, VwVfG, § 35 Rz. 14

[768] vgl. Wellmann LKV 1997, 402(403) unter Verweis auf Stelkens/Bonk/Sachs, VwVfG, § 44 Rz. 3

[769] Wellmann LKV 1997, 402(403)

[770] Kopp, VwVfG, 35 Rz. 28

[771] BVerwG NJW 1970, 2075; BVerwG DVBl. 1987, 629; Kopp, VwVfG, 43 Rz. 23; Obermayer, S. 103

Die Auffassung stellt eher auf die Frage der hoheitlichen Befugnis der Zweckverbände zum Erlass von Verwaltungsakten ab. Das ist aber erst im Rahmen der Rechtmäßigkeit des Verwaltungsaktes relevant und nicht für die Frage, ob ein Nicht-Verwaltungsakt vorliegt[772].
Sofern eine Stelle, die organisatorisch bzw. funktionell der Verwaltung zuzurechnen ist, Tätigkeiten ausübt, die die äußeren Merkmale öffentlicher Verwaltungstätigkeit erfüllen, ist aus Gründen der Rechtssicherheit davon auszugehen, dass es sich um ein Verhalten einer Behörde im Sinne der Vorschriften zum VwVfG bzw. zu § 118 AO handelt[773]. Für die Zuordnung als Behörde im Sinne o.g. Vorschriften ist es mithin unerheblich, ob die Errichtung oder Einrichtung der Behörde, die Begründung ihrer Zuständigkeit sowie die Übertragung hoheitlicher Befugnisse rechtswirksam erfolgt sind, sofern diese Einrichtung objektiv betrachtet der Exekutive zuzuordnen ist und ihre Tätigkeit die äußeren Merkmale öffentlicher Verwaltungstätigkeit erfüllt.

Die Mitgliedsgemeinden als auch die Gebühren- und Beitragsschuldner gingen in einem Zeitraum von mehreren Jahren von der Rechtswirksamkeit der Gründung der Zweckverbände und deren Rechtsfähigkeit aus[774]. Das ist auch nicht verwunderlich, denn sowohl unter organisatorischen als auch funktionellen Gesichtspunkten sind fehlerhaft gegründete Zweckverbände nicht von den rechtsfähigen Zweckverbänden zu unterscheiden. Die Ausübung und Wahrnehmung vermeintlich bereits übertragener Aufgaben entsprach äußerlich dem Tätigkeitsbild öffentlicher Verwaltungen. Zweifelsohne hätten die Verwaltungsakte einer Rechtsgrundlage in Form einer rechtswirksam entstandenen Abgabensatzung bedurft. Da den unwirksam gegründeten Zweckverbänden der Status der Rechtsfähigkeit fehlte, mangelte es aber an der Verleihung von hoheitlichen Befugnissen. Demzufolge fehlte die Satzungshoheit, um entsprechende Abgabensatzungen rechtswirksam erlassen zu können. Die erlassenen Verwaltungsakte sind daher mangels Rechtsgrundlage rechtswidrig[775].
Es handelt sich jedoch nicht um Nicht-Verwaltungsakte.
Auch eine zum Teil angenommene[776] Nichtigkeit der Verwaltungsakte liegt nicht vor:
Die Nichtigkeit von Verwaltungsakten bestimmt sich allgemein nach § 44 VwVfG[777] bzw. den entsprechenden Vorschriften der Verwaltungsverfahrens-

[772] Pencereci/Bluhm LKV 1998, 172(175)
[773] Kopp, VwVfG, § 35 Rz. 17
[774] so auch Pencereci/Bluhm LKV 1998, 172(175)
[775] Pencereci/Bluhm LKV 1998, 172(175); Klügel LKV 1997, 197(200)
[776] so aber VG Gera ThürVBl. 2000, 44(44)
[777] Verwaltungsverfahrensgesetz (VwVfG) i. d. F. d. B. v. 21. 9. 1998 ( BGBl. I S. 3051)

gesetze der Länder[778]. Nach Abs. 2 dieser Vorschrift ist die Nichtigkeit eines Verwaltungsaktes bei Vorliegen besonderer Nichtigkeitsgründe anzunehmen[779]. Von einer Erörterung dieser besonderen Fälle des Abs. 2 soll hier abgesehen werden, da die Problematik fehlender Rechtsfähigkeit der Zweckverbände davon grundsätzlich nicht erfasst wird.
Nach der allgemeinen Regel des § 44 Abs. 1 VwVfG ist eine Verwaltungsakt nichtig, soweit er an einem besonders schwerwiegenden Fehler leidet und dies bei verständiger Würdigung aller in Betracht kommenden Umstände offenkundig ist. Als besonders schwerwiegende Fehler im Sinne dieser Vorschrift sind Fehler einzustufen, die in einem so schwerwiegenden Widerspruch zur geltenden Rechtsordnung und den ihr zugrunde liegenden Wertvorstellungen der Gemeinschaft stehen, dass es unerträglich wäre, wenn der Verwaltungsakt die mit ihm intendierten Rechtswirkungen hätte[780]. Die fehlende Rechtsfähigkeit der faktischen Zweckverbände und darauf beruhende mangelnde Satzungshoheit und mangelnde Befugnis, Verwaltungsakte zu erlassen, wird man wohl als schwerwiegende Fehler der erlassenen Verwaltungsakte zu qualifizieren haben. Denn schwerwiegende Fehler sind auch Verstöße gegen zwingende gesetzliche Verbote und Gebote, mithin auch das Gebot, dass die hoheitliche Aufgabenwahrnehmung durch Zweckverbände erst mit Erlangung der Rechtsfähigkeit möglich ist[781].
Um im Sinne von § 44 Abs. 1 VwVfG von einer Nichtigkeit auszugehen bedarf es jedoch nicht nur des Vorliegens eines besonders schwerwiegenden Fehlers. Vielmehr muss dieser besonders schwerwiegende Fehler als zusätzliche zwingende Nichtigkeitsvoraussetzung auch offenkundig sein[782].
Offenkundigkeit im Sinne von § 44 Abs. 1 VwVfG bedeutet, dass die schwere Fehlerhaftigkeit des Verwaltungsaktes für einen unvoreingenommenen, mit den in Betracht kommenden Umständen vertrauten, verständigen Beobachter ohne

---

778 Verwaltungsverfahrensgesetz für das Land Brandenburg (VwVfG Bbg) i. d. F. v. 4. 8. 1998 (GVBL. I, S. 178)
Verwaltungsverfahrens-,Zustellungs- und Vollstreckungsgesetz des Landes Mecklenburg-Vorpommern (VwVfG M-V)i. d. F. v. 10. 8. 1998 (GVOBl. S. 743)
Vorläufiges Verwaltungsverfahrensgesetz für den Freistaat Sachsen (SächsVwVfG) v. 21.1. 1993 (GVBl. S. 74) zul. geänd d. § 17 SorbenG v. 31. 3. 1999 ( GVBl. S. 161 )
Verwaltungsverfahrensgesetz für das Land Sachsen-Anhalt (VwVfG LSA) i. d. F. v. 7. 1. 1999 (GVBl. S. 2)
Thüringer Verwaltungsverfahrensgesetz (ThürVwVfG) i. d. F. v. 27. 11. 1997 (GVBl. 430)

779 Kopp, VwVfG, § 44 Rz. 27

780 Kopp, VwVfG, § 44 Rz. 5 m. w. N.

781 Kopp, VwVfG, § 44 Rz. 7

782 Pencereci/Bluhm LKV 1998, 172(175)

Weiteres ersichtlich sein muss[783]. Die schwere Fehlerhaftigkeit des Verwaltungsaktes muss sich also geradezu aufdrängen[784]. Völlig richtig verweisen Pencereci/Bluhm darauf, dass die tatsächliche Situation genau umgekehrt war[785]. Denn alle Beteiligten - sowohl die Mitgliedsgemeinden, die Abgabenschuldner, die Kommunal- u. Fachaufsichtsbehörden, Kreditgeber und sonstigen am Rechtsleben der Zweckverbände beteiligten juristischen und natürlichen Personen - sind über Jahre hinweg von der ordnungsgemäßen Gründung und rechtlich abgesicherten Existenz von rechtsfähigen Zweckverbänden ausgegangen. Erst nachdem Jahre später erste gerichtliche Entscheidungen die Fehlerhaftigkeit der Zweckverbandsgründungen aufzeigten, konnte durch rechtliche Tiefenprüfungen das ganze Ausmaß der fehlerhaften Gründungen nachgewiesen werden. Bis dahin wurden die Zweckverbandsgründungen genehmigt, Gebühren- und Leistungsbescheide durch die Zweckverbände erlassen und zum Teil sogar vollstreckt, ohne dem begründeten Zweifel an der ordnungsgemäßen Gründung bzw. Rechtsfähigkeit ausgesetzt zu sein.
Aus den bis dato erlassenen Verwaltungsakten ist nicht erkennbar, dass fehlerhafte Gründungsverfahren durchgeführt worden sind, die eine Erlangung der Rechtsfähigkeit des jeweiligen Zweckverbandes verhinderten und dadurch eine schwere Fehlerhaftigkeit der einzelnen erlassenen Verwaltungsakte nach sich zogen.
Eine Nichtigkeit der erlassenen Abgabenbescheide der faktischen Zweckverbände ist von daher nicht anzunehmen.
Diese Lösung wird durch verschiedene Entscheidungen untermauert[786]. In einer Entscheidung des OVG Lüneburg vom 29. 04. 1976[787] wurde der Gebührenbescheid eines Zweckverbandes trotz formeller Mängel der Bekanntmachung des behördlichen Bildungs- und Satzungsfeststellungsbeschlusses ebenso als Verwaltungsakt qualifiziert, da dieser Fehler nicht offenkundig war. Auch das VG Meiningen geht mit seinem Urteil vom 03. 05. 1995[788] davon aus, dass mangels Übergang der Aufgaben und Befugnisse auf den Zweckverband lediglich die Rechtswidrigkeit der Bescheide vorliegt[789].
Es ist daher im Ergebnis festzustellen, dass die erlassenen Verwaltungsakte mangels Vorhandensein einer wirksamen Rechtsgrundlage (Gebühren- u. Bei-

---

[783] Kopp, VwVfG, § 44 Rz. 9
[784] OVG Lüneburg DÖV 1986, 382
[785] Pencereci/Bluhm LKV 1998, 172(175)
[786] OVG Lüneburg DÖV 1986, 382; OVG Lüneburg DVBl. 1977, 48
[787] OVG Lüneburg DÖV 1987, 382
[788] Az. 8 K 577/94 Me.
[789] Pencereci/Bluhm LKV 1998, 172(175; Klügel LKV 1997, 197(200)

tragssatzungen) keine Nicht-Verwaltungsakte oder nichtigen Verwaltungsakte, sondern rechtswidrige Verwaltungsakte sind[790].
Soweit Abgabenschuldner also entsprechend der in Art. 19 Abs. 4 GG enthaltenen Rechtsschutzgarantie gerichtlichen Rechtsschutz in Anspruch genommen haben, sind die angegriffenen Bescheide der nicht durch die Heilungsvorschriften geheilten faktischen Zweckverbände aufzuheben. Alle nicht angegriffenen Verwaltungsakte sind nach Überschreitung der gesetzlich festgeschriebenen Fristregelungen zur Einlegung von Rechtsmitteln bestandskräftig geworden und können aufgrund ihrer Titelfunktion vollstreckt werden.

## 5. Kapitel Steuerrechtliche Aspekte

Gem. § 2 Abs. 3 Satz 1 Umsatzsteuergesetz 1999[791] üben juristische Personen des öffentlichen Rechts grundsätzlich nur im Rahmen ihrer Betriebe gewerblicher (§ 1 Abs. 1 Nr. 6, 4 KStG 1999[792]) und land- oder forstwirtschaftlicher Art eine gewerbliche oder berufliche Tätigkeit aus. Nur insoweit sind sie Unternehmer (vgl. § 2 Abs.1 Satz 2 UStG 1999) und unterhalten ein Unternehmen (§ 2 Abs. 1 Satz 2 UStG 1999).
Soweit es sich nicht um Hoheitsbetriebe handelt, sind Betriebe gewerblicher Art von Personen des öffentlichen Rechts alle Einrichtungen, die einer nachhaltigen wirtschaftlichen Tätigkeit zur Erzielung von Einnahmen außerhalb der Land- und Forstwirtschaft dienen und die sich innerhalb der Gesamtbetätigung der juristischen Person wirtschaftlich herausheben[793]. Die Absicht Gewinn zu erzielen und die Beteiligung am allgemeinen wirtschaftlichen Verkehr sind gem. § 4 Abs.1 KStG 1999 nicht erforderlich.

Nicht zu den Betrieben gewerblicher Art gehören sog. Hoheitsbetriebe, die also überwiegend der Ausübung öffentlicher Gewalt dienen (vgl. § 4 Abs. 5 Satz 1 KStG 1999). Die Ausübung öffentlicher Gewalt im Sinne von § 4 Abs. 5 Satz 1 KStG 1999 erfolgt nach ständiger Rechtssprechung des Bundesfinanzhofs durch Tätigkeiten, die juristischen Personen des öffentlichen Rechts als Träger öffentlicher Gewalt „eigentümlich und vorbehalten" sind[794].
Damit gilt:

[790] vgl. auch VG Gera LKV 1997, 423(423); VG Dessau LKV 1998, 322(323); VG Dresden, U. v. 5. 7. 2000, Az. 14 K 3910/99
[791] Umsatzsteuergesetz 1999 (UStG 1999) v. 9. 6. 1999, BGBL. I, S. 1270
[792] Körperschaftssteuergesetz 1999 (KStG 1999) v. 22. 4. 1999, BGBl. I, S. 817
[793] BFH LKV 1998, 326(327)
[794] BFHE 154, 192; 158, 177; 181, 323

Rechtsfähige Zweckverbände, die klassische, der öffentlich rechtlichen Gewalt vorbehaltene Aufgabenbereiche wahrnehmen, sind keine Betriebe gewerblicher Art und unterfallen daher nicht der Umsatzsteuerregelung.
Das wirft die Frage auf, welche steuerrechtliche Beurteilung fehlerhaft gegründete Zweckverbände zu erfahren haben. Bei stringenter Anwendung der Grundsätze des Bundesfinanzhofs zur Ausübung öffentlicher Gewalt im Sinne von § 4 Abs. 5 Satz 1 KStG 1999 könnten fehlerhaft gegründete Zweckverbände nicht als Hoheitsbetriebe gewertet werden, denn sie sind keine juristischen Personen des öffentlichen Rechts und nicht Träger öffentlicher Gewalt.
Jedoch erscheint diese Lösung rechtssystematisch nicht überzeugend. Für den Vor-Zweckverband, dem es ebenso wie dem fehlerhaft gegründeten Zweckverband an der Rechtsfähigkeit und damit am Status einer Körperschaft des öffentlichen Rechts mangelt, wurde bereits vorgeschlagen, eine Gleichsetzung im Körperschafts- und Umsatzsteuerrecht zum rechtsfähigen Zweckverband vorzunehmen[795]. Unter Verweis auf die parallele Situation der Vor-GmbH im Vergleich zur GmbH, sei auch der Vor-Zweckverband unter steuerrechtlichen Gesichtspunkten der Rechtsform zuzuordnen, der er am nächsten steht[796]: Mithin also dem Zweckverband.
Soweit ein fehlerhaft gegründeter Zweckverband in einem Tätigkeitsbereich aktiv ist, der juristischen Personen des öffentlichen Rechts vorbehalten und diesen eigentümlich ist, unterscheidet ihn unter steuerrechtlichen Gesichtspunkten im Vergleich zum rechtsfähigen Zweckverband die Rechtsfähigkeit. Die rechtliche Stellung des fehlerhaft gegründeten Zweckverbandes ist insofern identisch zur Stellung des Vor-Zweckverbandes.
Unter Beachtung der Zielsetzung, dass der fehlerhaft gegründeter Zweckverband an sich als rechtsfähiger Zweckverband gegründet werden sollte und somit nicht nur rechtliche Nähe zum rechtsfähigen Zweckverband hergestellt werden sollte, sondern dessen Status eingenommen werden sollte, erscheint es unter steuerrechtlichen Gesichtspunkten auch gerechtfertigt, den faktischen Zweckverband wie einen rechtsfähigen Zweckverband zu behandeln. Je nach Tätigkeitsfeld ist damit ebenso wie der rechtsfähige Zweckverband der faktische Zweckverband als Hoheitsbetrieb oder als Betrieb gewerblicher Art einzustufen.
Denn für eine unterschiedliche steuerrechtliche Behandlung zwischen rechtsfähigem Zweckverband und fehlerhaft gegründete Zweckverband sprechen keine Gesichtspunkte. Auch der fehlerhaft gegründete Zweckverband kann also steuerrechtlich nur so einzuordnen sein, wie ein an dessen Stelle befindlicher rechtsfähiger Zweckverband.

---

795 Stuible-Treder DÖV 1987, 58(61)
796 Stuible-Treder DÖV 1987, 58(61) m. w. N.

Im Rahmen der Untersuchung eines Austrittsrechts für Mitglieder eines fehlerhaft gegründeten Zweckverbandes rücken zunächst die differenzierten länderspezifischen Regelungen und der uneinheitliche Meinungsstand in Rechtssprechung und Literatur zum Austrittsrecht von Mitgliedern eines rechtsfähigen Zweckverbandes in den Blickwinkel eines rechtlichen Interesses. Währenddessen die Länder Sachsen (vgl. § 69 SächsKomZG)[797], Sachsen-Anhalt (§ 14 Abs. 1 Satz 2 GKG LSA) und Thüringen (vgl. § 38 Abs. 5 ThürGKG) das Recht der Kündigung der Mitgliedschaft aus wichtigem Grund regeln bzw. zumindest anerkennen, gewähren die Länder Brandenburg (§ 20 Abs. 1 GKG Bbg) und Mecklenburg-Vorpommern (vgl. § 163 Abs. 1 i. V. m. § 152 Abs. 5 KV – M-V) ein Recht zur Beendigung der Mitgliedschaft im Zweckverband nur über die Vorschriften zur Änderung der Verbandssatzung[798].
Entsprechend dieser Vorschriften unterliegen Verbandssatzungsänderungen dem Erfordernis einer Mehrheit von 2/3 der Mitglieder der Verbandsversammlung (vgl. § 152 Abs. 5 i. V. m. § 152 Abs. 4 KV – M-V) bzw. 2/3 der satzungsmäßigen Stimmenanzahl der Verbandsversammlung (vgl. § 20 Abs.1 GKG Bbg). In diesen Ländern wird daher den Zweckverbandsmitgliedern die einseitige Beendigung der Mitgliedschaft - also ein Austrittsrecht - nicht zugestanden.
Dementsprechend unterschiedlich gestalten sich auch die Ansichten in der Literatur zur Frage des Kündigungsrechtes. Ein Teil des Schrifttums billigt den Mitgliedern von Zweckverbänden ein Kündigungsrecht praeter legem zu[799]. Im Wesentlichen ist danach eine Kündigung der Mitgliedschaft dann möglich, wenn die weitere Mitgliedschaft in einem Zweckverband den Beteiligten nicht mehr zumutbar ist[800].

---

[797] In Sachsen-Anhalt muß jeder Austritt unter Vorlegung einer Auseinandersetzungsvereinbarung von der Kommunalaufsicht genehmigt werden; vgl dazu Rd.-Erl MI v. 10. 7. 1996; MBl. LSA 64/96; S. 2422; Rd.-Erl. MI v. 14. 10. 1996; MBl. LSA 64/96, S. 2423

[798] Vgl. Letztentscheidungsbefugnis der Rechtsaufsichtsbehörde in Sachsen: § 69 S. 2 i. V. m. § 63 II SächsKomZG

[799] Oppenländer/Dolde DVBl. 1995, 637(642); Bielenberg in Darsow/Gentner/Glaser/Meyer, KV – M-V, § 163 Rz. 6

[800] Oppenländer/Dolde DVBl.1995, 637(644); Dietlein LKV 1999, 41(47): Anspruch auf Entlassung ist jedoch nur eine theoretische Größe

Zum Teil wird ein einseitiges Austrittsrecht durch Kündigung für Mitglieder gänzlich ausgeschlossen[801].
Auch die Rechtssprechung handhabt die gesetzlich eingeräumten Kündigungsrechte überwiegend in restriktiver Art und Weise[802] und bejaht im übrigen ein ungeschriebenes Austrittsrecht in Form einer Kündigung bzw. einen Anspruch auf Satzungsänderung nur in engen Grenzen[803]. Danach kommt eine Beendigung der Mitgliedschaft nur in Betracht, wenn das Verbandsmitglied durch den weiteren Verbleib existentiell gefährdet oder im Rahmen seiner Aufgabenerfüllung nachhaltig beeinträchtigt wird und alle Möglichkeiten des Interessenausgleichs, insbesondere über die Verbandsversammlung, ausgeschöpft sind[804].
Die Aufstellung dieser hohen Anforderungen zum Austrittsrecht in Form einer Kündigung für Mitglieder eines Zweckverbandes erscheinen indessen interessengerecht. Denn auch wenn einem Zweckverband insgesamt eine dynamische Struktur zuzuordnen ist, weil geänderte Aufgaben und Bedingungen angepasst werden können, besteht dennoch ein besonderes öffentliches Interesse sowohl der übrigen Mitglieder als auch des Rechtsverkehrs an der Dauerhaftigkeit der Gemeinschaftslösung und damit auch an einem möglichst vollständigen Mitgliederbestand[805].
Zurück zur Problematik eines Austrittsrechts für Mitglieder eines fehlerhaft gegründeten Zweckverbandes, fragt sich dementsprechend, ob derart hohe Anforderungen für ein Austrittsrecht in Form einer Kündigung auch hier zu stellen sind.
Im Ergebnis können an eine Kündigung der Mitgliedschaft in einem fehlerhaft gegründeten Zweckverband nicht derartige Anforderungen gestellt werden.
Denn wenn man sich vergegenwärtigt, dass es sich bei dem fehlerhaft gegründeten Zweckverband um ein nicht rechtsfähiges Gebilde in Folge eines fehlerhaften Gründungsverfahrens handelt, erscheint ein übermäßiges Festhalten der Mitglieder an dem Abbild des Scheiterns eines Gründungsverfahrens nicht sinnvoll.
In Anwendung der Grundsätze zum fehlerhaften Verband ist schon allein der Mangel der zur Fehlerhaftigkeit der Gründung führte, ein hinreichend wichtiger Grund für eine fristlose Kündigung der Mitgliedschaft im faktischen Zweckverband[806]. Dementsprechend ist auch durch das Landesverfassungsgericht Sach-

[801] Hofmann/Muth/Theisen, S. 560
[802] OVG Bautzen LKV 1997, 420; VG Gera ThürVBl. 1997, 187
[803] VGH Mannheim NVwZ-RR 1990, 215; VGH Mannheim VBl BW 1972, 90; OVG Koblenz NVwZ-RR 1994, 685
[804] OVG Bautzen LKV 1997, 420(421)
[805] vgl. auch VG Gera ThürVBl. 1997, 187(190); umfassend dazu Dietlein LKV 1999, 41
[806] Goette DStR 1996, 266(269)

sen-Anhalt in seinem Urteil vom 03. 07. 1997[807] anerkannt worden, dass die beteiligten Gemeinden „jederzeit und ohne Angabe von Gründen" aus dem fehlerhaft gegründeten Zweckverband austreten können[808].

Es ist auch der Fall denkbar, dass sämtliche Mitglieder nicht mehr an dem fehlerhaft gegründeten Zweckverband festhalten wollen. Eine Beendigung der Mitgliedschaft aller Mitglieder führt dann zur Auflösung des Zweckverbandes. Kommt es zur Auflösung eines fehlerhaft gegründeten Zweckverbandes, so gelten für die durchzuführende Abwicklung in Anwendung des Rechts des fehlerhaften Verbandes grundsätzlich die allgemeinen gesellschaftsrechtlichen Grundsätze, wobei die Auseinandersetzung vorrangig nach den in der Verbandssatzung enthaltenen Liquidationsbestimmungen zu führen ist[809]. Die Verteilung des Anlagevermögens erfolgt nach dem sog. Belegenheitsprinzip. Auch die dafür aufgenommenen Kredite und Fördermittel sind derartig auseinander zu setzen. Die übrigen vertraglichen Verpflichtungen sind, soweit sachgerechtere Möglichkeiten nicht vereinbart worden sind bzw. bestehen, nach dem Umlageschlüssel oder notfalls nach Einwohnergleichwerten bzw. Investitionsverhältnissen der jeweiligen Mitglieder zu splitten[810].

---

[807] LVerfG LSA, U. v. 12. 12. 1997, LVerfGE 7, 275

[808] vgl. hierzu auch VG Weimar ThürVBl. 1997, 12 (IX): Einräumung eines Sonderaustrittsrechts; Hüppe/Zwölfer LKV 1998, 436(438) zum erleichterten Austritt im Zuge der Heilungsvorschriften

[809] Pencereci/Bluhm LKV 1998, 172(176); Goette DStR 1996, 266(270)

[810] Pencereci/Bluhm LKV 1998, 172(176)

## Achter Teil: Ausblicke – Tendenzen – Alternativen

Schon die soeben dargestellten Grundsätze zum fehlerhaft gegründeten Zweckverband verdeutlichen den Handlungsbedarf für die Zukunft. Fehlerhaft gegründeten Zweckverbänden muss immer daran gelegen sein, rechtliche Stabilität zu erreichen.

Soweit die im Ergebnis als verfassungsmäßig zu bewertenden Heilungsgesetze diese rechtliche Stabilität für einzelne Zweckverbände nicht erreichen, kommt dann noch eine Neugründung in Betracht. Dass die Situation in den einzelnen fehlerhaft gegründeten Zweckverbänden jedoch nicht unbedingt immer für die Neugründung spricht, zeigen schon die zahlreichen Austrittsbestrebungen. Soweit eine effektive Arbeitsweise des fehlerhaft gegründeten Zweckverbandes in Folge der Beendigung der Mitgliedschaft einzelner Beteiligter nicht mehr gewährleistet werden kann, ist die Alternative zur Neugründung dann nur noch die Auflösung des fehlerhaft gegründeten Zweckverbandes und die Suche nach neuen Strukturen.

Bevor jedoch die Beendigung der Mitgliedschaft bzw. die Auflösung des Zweckverbandes betrieben wird, sollten die daran Beteiligten in jedem Fall nach effektiven Alternativlösungen suchen, um die ordnungsgemäße Aufgabenwahrnehmung zu gewährleisten. Hierzu wurden in letzter Zeit sowohl auf juristischer als auch politischer Ebene einige im Folgenden in Grundzügen darzustellende Alternativlösungen vorgeschlagen.

### 1. Kapitel: Privatisierung

Ein derzeit wohl mit am häufigsten vehement diskutierter Ansatz ist der des Privatisierungsmodells. Klarzustellen ist vorab jedoch, was unter dem stellenweise als Schlagwort verwendeten Begriff der Privatisierung zu verstehen ist.

Da mit einer Privatisierung keine Einheitsmaßnahme durchgeführt oder gar eine Einheitswirkung verbunden ist, sondern vielschichtige Formen und Auswirkungen zum Tragen kommen, wird grundsätzlich zwischen formaler und materieller Privatisierung von Vermögen und Aufgaben differenziert[811].

---

[811] Vitzthum AöR 1979, 581(587); Fuest/Kroker , S. 12; v. Loesch, S. 42; Klowait, S. 120

1. Privatisierungsbegriffe

Innerhalb der sog. Vermögensprivatisierung wird die materielle Vermögensprivatisierung dadurch gekennzeichnet, dass dingliche Verfügungsrechte über Eigentum der öffentlichen Hand auf private Personen ganz (Vollprivatisierung) oder teilweise (Teilprivatisierung) übertragen werden[812].
Im Gegensatz dazu erfolgt durch eine formale Vermögensprivatisierung kein Übergang von dinglichen Verfügungsrechten auf private Rechtsträger, jedoch eine Beteiligung von Privatpersonen an der Finanzierung öffentlicher Vorhaben[813].

Die materielle Aufgabenprivatisierung umfasst die Übertragung einer bisherigen öffentlichen Aufgabe auf eine staatlich bzw. kommunal unabhängiges Privatrechtssubjekt[814].
Im Gegensatz dazu ist die formale - unechte- Aufgabenprivatisierung dadurch gekennzeichnet, dass öffentliche Verwaltungsträger die ihnen zugewiesenen Aufgaben in privatrechtlicher Organisationsform erfüllen[815].

In dem hier vorgegebenen Zusammenhang interkommunaler Zusammenarbeit geht es letztlich um die Frage einer materiellen bzw. formalen Aufgabenprivatisierung anstelle einer Aufgabenwahrnehmung durch Zweckverbände.
Es ist zwischenzeitlich allgemein anerkannt, dass sich auch kommunale Gebietskörperschaften grundsätzlich auf privatrechtlicher Grundlage zusammenschließen können, soweit betreffende Aufgaben nicht hoheitlich erledigt werden müssen[816]. Diese materielle Privatisierung wird deshalb auch durch die Gesetze über die kommunale Zusammenarbeit im Grundsatz nicht eingeschränkt (vgl. § 2 Abs. 2 GKG LSA). Allerdings ergibt sich aus verschiedenen Gemeindeordnungen, dass die gewählte Unternehmensform eine Haftungsbegrenzung zu beinhalten hat (Kommanditgesellschaft und offene Handelsgesellschaft sind daher nicht möglich)[817]. Mögliche Unternehmensformen sind daher die Aktienge-

---

812 Reichel, S. 25
813 Reichel, S. 25
814 Reichel, S. 26; Ellwein/Buck, Privatisierung, S. 18; Bodanowitz, S. 24
815 Reichel, S. 26; Stober, S. 42; Kraft, HKWP, Bd. 5, S. 170; Schoch DÖV 1993, 377(381); Ehlers JZ 1990, 1089(1093)
816 Stober NJW 1984, 449(450); Püttner DÖV 1983, 697(703); Rengeling, HKWP, Bd. 2, S. 411
817 Hauser, S. 5; Rengeling; HKWP, Bd. 2, S. 411; vgl. etwa § 117 I Nr. 4 GO LSA

sellschaft, Gesellschaft mit beschränkter Haftung, der Verein, die eingetragene Genossenschaft mit beschränkter Haftung und die BGB-Gesellschaft[818].
Die Wahl der jeweiligen Unternehmensform muss von den beteiligten kommunalen Gebietskörperschaften stets durch eine Gesamtabwägung aller vorliegenden Einzelumstände erfolgen. Kriterien dabei sind vor allem die rechtliche Möglichkeit der jeweiligen Unternehmensform, die optimale Realisierbarkeit der in Rede stehenden Aufgabenwahrnehmung, der Kapitalbedarf, Fragen der Entscheidungsstruktur des Haushalts-, Rechnungs- und Prüfungswesen und steuerrechtliche Gesichtspunkte[819].

Eine Pauschalisierung, bestimmte Unternehmensformen generell vorzuziehen, kann daher selbstverständlich nicht vorgenommen werden[820]. Neben der Möglichkeit einer formalen oder materiellen Privatisierung kann auch die Variante der Einschaltung privater Dritter als Erfüllungsgehilfe in Betracht kommen (Produktionsprivatisierung)[821].
Zur Problematik der in letzter Zeit auf dem Gebiet der Abwasserentsorgung geführten Debatten einer Privatisierung erscheinen einige grundlegende Ausführungen notwendig[822].

2. Insbesondere Abwasserentsorgung

Sowohl der noch auf Jahre bestehende hohe Investitionsbedarf als auch die festgestellten fehlerhaften Zweckverbandsgründungen in den neuen Bundesländern haben in letzter Zeit wieder die Diskussion um Alternativen zu Zweckverbänden auf dem Gebiet der Abwasserentsorgung insbesondere die Frage einer Privatisierung entfacht[823]. Sieht man einmal von der teilweise polemisch geführten Behauptung ab, private Aufgabenerledigung sei generell kostengünstiger[824], führen die Befürworter einer Privatisierung im wesentlichen drei unterschiedliche Argumentationen an:

---

818 vgl. dazu umfassend Hauser, S. 5 f; Nisipeanu, Privatisierung, S. 58
819 hierzu Hauser, S. 197
820 Rengeling, HKWP, Bd. 2, S. 411;
821 Bodanowitz, S. 34; Reichel, S. 29; Hofmann VBl.BW 1994, 121(123);
822 MAZ v. .25. 10. 1999; Dierkes SächsVBl. 1996, 268(269); Dierkes SächsVBl. 1997, 166(166); Hüting/Koch LKV 1999, 132(133); Sponer LKV 2001, 161(162)
823 Ellwein/Buck, Wasserversorgung und Abwasserbeseitigung, S. 199; Nisipeanu, Privatisierung, S. 4;
vgl. dazu auch Wellenstein, Privatisierungspolitik in der Bundesrepublik Deutschland
824 so auch Ellwein/Buck, s. o., S. 195

Zum einen soll die Ausübung von Staatsgewalt möglichst auf ihre Kernfunktion begrenzt werden, um der Gefahr zu begegnen, eine durch staatliche Auftragsvergabe und Subventionierung hervorgerufene Bevorzugung staatlicher bzw. kommunaler Unternehmen zu statuieren[825]. Hintergründe dieses Arguments sind die Überlegungen, dass einerseits eine wirtschaftliche Betätigung ohne unternehmerisches Risiko Auswirkungen zum Nachteil Abgabepflichtiger haben kann und andererseits monopolartige Stellungen zu Marktverengungen führen können[826].

Zweitens wird die Effektivität der Arbeitsweise in Folge ständig wachsender Aufgabenzuständigkeiten, exekutiver Verflechtungen und komplizierter werdender exekutiver Arbeitsteilungen zunehmend zur Diskussion gestellt. Hier hinein spielen Fragen der sog. Bürokratiekritik und mangelnde Dienstleistungsqualität.

Und drittens wird insbesondere vor allem im Rahmen der Abwasserentsorgung die scheinbar stetig anwachsende Diskrepanz zwischen dem sehr hohen Investitionsbedarf der Abwasserentsorgung[827] und den immer schwieriger werdenden öffentlichen Haushaltslagen für eine Privatisierung ins Felde geführt[828].

Ohne in diese generalisierende Diskussion einzusteigen, sollte immer ausgehend von der Beurteilung des Einzelfalls eine Prämisse den Schwerpunkt der Privatisierungsdiskussion bilden: Dieser Schwerpunkt ist das Ziel des Verbrauchers, die Abwasserentsorgung entsprechend der gesetzlich vorgegebenen Standards zu einem möglichst niedrigen Preis nachzukommen[829].
Im Allgemeinen sollte daher die Möglichkeit einer Einschaltung Privater im Rahmen der Erfüllung kommunaler Aufgaben, wie etwa der Abwasserentsorgung, nicht von vornherein ausgeschlossen werden. Ob jedoch die Privatisierung der günstigere Weg ist, muss immer der Beurteilung des konkreten Einzelfalles überlassen bleiben[830]. Hierzu sind notwendigerweise auch die gesetzlichen Vorgaben an eine Privatisierung mit in die Überlegungen für Alternativen zu Zweckverbandslösungen einzubeziehen.

---

[825] Ellwein/Buck, s. o., S. 199
[826] Ellwein/Buck, s. o., S. 199
[827] vgl. dazu Erster Teil, 1. Kap.
[828] Ellwein/Buck, s. o., S. 201; Nisipeanu, Privatisierung, S. 4
[829] Ellwein/Buck, s. o., S. 210
[830] Schoch DVBl. 1994, 1(2); Nisipeanu, Privatisierung, S. 18

## 2.1. Rechtliche Rahmenbedingungen für Privatisierungsmodelle

Unter Berücksichtigung der Gesetzgebungskompetenz der Länder für das Kommunalrecht statuiert § 18 a Abs. 2 Satz 1 WHG[831] die Abwasserbeseitigungspflicht für die nach dem jeweiligen Landesrecht zuständigen Körperschaften des öffentlichen Rechts. Der Wortlaut stellt damit klar, dass grundsätzlich eine Körperschaft des öffentlichen Rechts zur Abwasserbeseitigung verpflichtet ist[832]. Die entsprechenden Landeswassergesetze bestimmen dabei die Gemeinden als zuständige Körperschaften[833]. Zum Teil wurde dieser Vorschrift früher entnommen, dass eine materielle Privatisierung der Abwasserbeseitigung auf Grund des Charakters der Abwasserentsorgung als Pflichtaufgabe rechtlich ausgeschlossen ist[834].

§ 18 a WHG hat durch das sechste Gesetz zur Änderung des Wasserhaushaltsgesetz vom 11. 11. 1996[835] insbesondere mit dem neu eingefügten Absatz 2 a eine Ergänzung erfahren.

Durch die Neueinfügung von § 18 a Abs. 2 a WHG wird grundsätzlich die Möglichkeit eingeräumt, durch Schaffung landesrechtlicher Voraussetzungen, die Abwasserbeseitigungspflicht der öffentlich rechtlichen Körperschaften (Gemeinde) auf Dritte ganz oder teilweise zu übertragen[836].

Allerdings ist diese „weitergehende" Möglichkeit, nicht nur die Erfüllung sondern die Trägerschaft selbst auf Dritte zu übertragen, auch schon vor Einfügung des Abs. 2 a nach Abs. 2 S. 1 möglich gewesen. Denn danach konnten die Länder regeln, unter welchen Vorraussetzungen anderen als Körperschaften des öffentlichen Rechts die Abwasserbeseitigung obliegt. Diese Regelungsmöglichkeit umfasste auch die Möglichkeit der Übertragung der Aufgabe selbst auf andere als Körperschaften des öffentlichen Rechts[837]. Insofern handelt es sich nicht um eine wirkliche Erweiterung der Möglichkeiten.

---

[831] Wasserhaushaltsgesetz (WHG) v. 23. 9. 1986 BGBl. I, S. 1695

[832] Gieseke, WHG, § 18 a Rz. 12; Brüning, S. 32; Nisipeanu, Abwasserrecht, S. 199

[833] vgl. § 66 I Brandenburgisches Wassergesetz (BbgWG) v. 13. 7. 1994 (GVBl. I, S. 302), zul. geänd. d. ÄndG v. 22. 12. 1997 (GVBl. I, S. 168)
§ 40 I Wassergesetz des Landes Mecklenburg-Vorpommern (LWaG) v. 30. 11. 1992 (GVOBl. S. 669), geänd. d. EnteigG v. 2. 3. 1993 (GVOBl. S. 178)
§ 63 II Sächsisches Wassergesetz (SächsWG) i. d. F. v. 21. 7. 1998 (GVBl. S. 393)
§ 151 I Wassergesetz für das Land Sachsen-Anhalt (WG LSA) i. d. F. v. 21. 4. 1998 (GVBl. S. 186)
§ 58 I Thüringer Wassergesetz (ThürWG) v. 10. 5. 1994 (GVBl. S. 445)

[834] vgl. dazu Gieseke, WHG, § 18 a Rz. 12 m. w. N.

[835] BGBl. I S. 1690

[836] vgl. Zur Ergänzung BT-Drs. 13/ 1207; 13/ 4788; 13/5254; 13/5641

[837] vgl. Dahme in Sieder/Zeitler/Dahme, WHG, § 18 a Rz. 14 a

Die meisten Landesgesetzgeber haben jedoch grundsätzlich nur die Kommunen oder Verbände als Abwasserbeseitigungspflichtige bestimmt und nur in engem Rahmen Ausnahmen ermöglicht[838]
Es ist festzustellen, dass sich in diesen Regelungen keine allgemeine Möglichkeit einer materiellen Privatisierung findet. Diese liegt im Ermessensspielraum der zuständigen Wasserbehörde und ist zudem in der Regel auf den Ausnahmefall der Ungeeignetheit der gemeinsamen Fortleitung oder Behandlung in einer öffentlichen Abwasseranlage beschränkt (vgl. § 66 Abs. 4 BbgWG, § 151 Abs. 5 WG LSA)[839].
Daraus folgt, dass weder aus § 18 a Abs. 2, 2 a WHG noch aus den landeswassergesetzlichen Vorschriften ein subjektiver Abwasserbeseitigungsanspruch Dritter hergeleitet werden kann[840].
Allerdings regeln die Wassergesetze der neuen Bundesländer, dass sich die Abwasserbeseitigungspflichtigen zur Erfüllung ihrer Aufgabe Dritter bedienen können[841]. Da Dritter im Sinne der Landeswassergesetze auch jede rechtsfähige Person des Privatrechts sein kann, wird den abwasserbeseitigungspflichtigen Gemeinden zum einen die Möglichkeit eingeräumt, sich einer kommunalen Eigengesellschaft oder eines privaten Entsorgungsunternehmens zu bedienen[842].
Auch bei letzterer Möglichkeit verbleibt die Aufgabenzuständigkeit bei der Gemeinde[843]. Die Landeswassergesetze gestatten daher sowohl eine formale Privatisierung - in Form von kommunalen Eigengesellschaften -[844] als auch eine Inanspruchnahme privater Dritter (sog. Produktionsprivatisierungen)[845].

---

[838] vgl. § 66 I S. 1, IV S. 2 BbgWG: Übertragung der Abwasserbeseitigungspflicht auf Gewerbebetrieb oder Betreiber einer Anlage widerruflich auf Antrag
§ 40 I S. 1, IV LWag M-V: Übertragung der Abwasserbeseitigungspflicht auf andere Körperschaften des öffentlichen Rechts
§ 63 II SächsWG: soweit in einem verbindlichen Abwasserbeseitigungsplan;
§ 63 IV SächsWG: Übertragung auf Person des Privatrechts ganz oder teilweise befristet und widerruflich, soweit keine überwiegenden öffentliche Interessen entgegen stehen
§ 151 I, V WG LSA: Übertragung der Abwasserbeseitigungspflicht auf Inhaber des gewerblichen Betriebes oder Betreiber einer Anlage auf Antrag befristet und widerruflich
§ 58 I, IV ThürWG: Übertragung auf andere Körperschaften des öffentlichen Rechts
[839] vgl. aber auch § 63 IV SächsWG
[840] Nisipeanu, Privatisierung, S. 45
[841] vgl. § 66 I S. 1 BbgWG; § 40 IV S. 2 LWag M-V ; § 63 III SächsWG; § 151 VII WG LSA; § 58 IV S. 2 ThürWG
[842] Reichel, S. 34
[843] Reichel, S. 34
[844] vgl. dazu Nisipeanu, Privatisierung, S. 32
[845] Reichel, S. 35

## 2.2. Entgeltgestaltung

Im Rahmen der Überlegung einer Privatisierung im oben beschriebenen Sinne kommt vorab der Frage der Entgeltgestaltung eine wesentliche Rolle zu. Denn im Gegensatz zu den auf Basis der jeweiligen Landeskommunalabgabengesetze erlassenen Beitrags- und Gebührenbescheide kommt der privatrechtlichen Entgeltforderung keine immanente Titelfunktion zu[846]. Eine Entgeltforderung auf privatrechtlicher Grundlage kann erst nach gerichtlicher Durchsetzung zu einem vollstreckbaren Titel führen. Bei einer Entscheidung zugunsten einer Privatisierung der Abwasserentsorgung kommt jedoch gegenüber dem Bürger dann auch nur eine privatrechtliche Entgeltforderung in Betracht.
Klarstellend sei hier auch auf Folgendes hingewiesen: Selbst im Rahmen eines hoheitlich gestalteten Leistungsverhältnisses, wie etwa bei Anschluss- und Benutzungszwang, kann eine privatrechtliche Regelung der Nutzungsbeziehungen erfolgen[847]. Denn der Anschluss- und Benutzungszwang einerseits und das Benutzungsverhältnis andererseits sind keine unteilbaren Bestandteile eines einheitlich zu beurteilenden Rechtsverhältnisses[848].
Die Ermächtigung zum Anschluss- und Benutzungszwang hat in erster Linie gefahrenabwehrende Funktion[849]. Sie soll Gefahren verhindern, die der Allgemeinheit beispielsweise aus einer privaten Grundstücksentwässerung drohen[850]. Die Regelungen der für die Leistungen der Kommune zu entrichtenden Entgelte dienen fiskalischen Zwecken[851]. Sie stehen auf Grund dessen in keinem notwendigen tatsächlichen und rechtlichen Zusammenhang mit dem Anschluss- und Benutzungszwang[852].
Nicht überzeugend ist in diesem Zusammenhang ein Beschluss des OVG Magdeburg vom 26. 01. 1998[853], wonach eine privatrechtliche Abgeltung der Kosten im Rahmen eines öffentlich rechtlichen Benutzungsverhältnisses im Bereich der Abwasserbeseitigung rechtlich unzulässig sei. Denn entgegen der Ansicht des OVG Magdeburg regeln die Vorschriften des § 151 Abs. 1 u. Abs. 2 WG LSA

---

[846] Nisipeanu, Privatisierung, S. 59
[847] BGHZ 91, 84(95); 115, 311(313); OLG Dresden LKV 2001, 142
[848] OVG Bautzen LKV 1997, 223(224); Nisipeanu, Privatisierung, S. 59
[849] OVG Bautzen LKV 1997, 223(224)
[850] OVG Lüneburg NJW 1977, 450, OVG Bautzen LKV 1997, 223(224)
[851] Nisipeanu, Privatisierung, S. 59 f.
[852] BGH NVwZ 1991, 606; OVG Bautzen LKV 1997, 223(224); OVG Lüneburg NVwZ-RR 1991, 322; Nisipeanu, Privatisierung, S. 60
[853] OVG Magdeburg LKV 1999, 150

kein Verbot einer Unzulässigkeit einer privatrechtlichen Ausgestaltung des Benutzungsverhältnisses[854].
Zum einen ist es zwischenzeitlich ganz herrschende Meinung, dass das öffentlich rechtliche Zwangsverhältnis von der Ausgestaltung des Benutzungsverhältnisses im Rahmen eines sog. Zweistufenverhältnisses zu unterscheiden ist[855].
Zum anderen regelt die Vorschrift des § 5 Abs. 1 Satz 1 KAG LSA[856], dass die Gemeinden als Gegenleistung für die Inanspruchnahme öffentlicher Einrichtungen die erforderlichen Benutzungsgebühren erheben, soweit nicht ein privatrechtliches Entgelt gefordert wird.
Daraus ergibt sich die Zulässigkeit einer privatrechtlichen Entgelterhebung für die Inanspruchnahme öffentlicher Einrichtungen. Denn wenn der Gesetzgeber eine solche privatrechtliche Entgelterhebung für den Bereich der Abwasserentsorgung hätte verhindern wollen, hätte er dies gesetzlich im WG LSA oder als Ausnahmeregelung zu § 5 KAG LSA festlegen müssen[857].

### 2.3. Privatisierungsmodelle

Da die oben aufgeführte Darstellung der rechtlichen Rahmenbedingungen ergeben hat, dass im Bereich der Abwasserentsorgung sowohl eine formale - unechte - Privatisierung als auch eine sog. Produktionsprivatisierung zulässig ist, soll im Folgenden eine Darstellung typischer Modelle beider Privatisierungsformen vorgenommen werden:

#### 2.3.1. Eigenbetrieb

Eine mögliche Variante der Organisationsprivatisierung der Abwasserbeseitigung kann das Entstehen einer Eigengesellschaft sein[858]. Die Organisationsform der Eigengesellschaft ist eine privatrechtlich konstituierte Gesellschaft, bei der sämtliche Gesellschaftsanteile in der Hand einer öffentlich rechtlichen Körper-

---

[854] so auch Hüting/Koch LKV 1999, 132(133)
[855] BGH MDR 1984, 558; BGHZ 115, 311; BGH NVwZ-RR 1992, 223; BGH NVwZ 1991, 606; BGH DVBl. 1978, 108; OVG Lüneburg NJW 1977, 450; OVG Münster NVwZ 1987, 727; OVG Bautzen LKV 1997, 223; Driehaus, KAG, § 6 Rz. 716; Forsthoff, § 22 II, S. 413; Kumanoff/Schwarz/Frose LKV 1998, 417(419); Waechter, Rz. 571; Dierkes SächsVBl. 1997, 166(167)
[856] Kommunalabgabengesetz für das Land Sachsen-Anhalt (KAG LSA) i. d. F. v. 13. 12. 1996 (GVBl. S. 405)
[857] so auch Hüting/Koch LKV 1999, 132(133); wohl auch Bluhm LKV 1999, 498(499) vgl. dazu auch OVG Lüneburg NJW 1977, 450(451)
[858] Nisipeanu, Privatisierung, S. 74; Reichel, S. 84

schaft liegen[859]. Eine Unterart der Eigengesellschaft ist das gemischt-öffentliche Unternehmen, bei dem die Gesellschaftsanteile von mehreren Trägern öffentlicher Verwaltung gehalten werden[860]. Die Eigengesellschaft ist unbeschränkt steuerpflichtig[861]. Hinsichtlich der Rechtsform der Eigengesellschaft sind vor allem die Aktiengesellschaft und die GmbH aufzuführen. Die Aktiengesellschaft unterscheidet im Vergleich zur GmbH die strikte Kompetenzabtrennung zwischen den einzelnen Organen (Vorstand, Geschäftsführung, Aufsichtsrat). Die GmbH ermöglicht dagegen eine umfassende und den spezifischen Erfordernissen des Einzelfalles angepasste Regelung des Gesellschaftsvertrages zugunsten der Gesellschafterversammlung[862].

### 2.3.2. Betreibermodell

Bei dem in 80-iger Jahren in Niedersachsen entwickelten Betreibermodell (Form der Produktionsprivatisierung) wird Planung, Finanzierung, Bau und Betrieb der Abwasseranlagen von einem privaten Unternehmen im Auftrag der Gemeinde wahrgenommen[863]. Dabei wird für den Betrieb der Anlagen eine langfristige Laufzeit (20 bis 30 Jahre) vereinbart[864]. Die Anlagen werden meist auf dem Grund und Boden der Gemeinden errichtet. Nach Beendigung oder Auflösung des Vertrages fällt der Grund und Boden mit den darin befindlichen Anlagen in das Eigentum der Gemeinde zurück[865].
Der Betreiber arbeitet auf eigenes Risiko und hat ein festes Abwasserentgelt anzubieten, das nur im Rahmen vereinbarter Preisgleitklauseln anpassbar ist[866]. Das Betreibermodell erfordert daher eine komplexe umfassende vertragliche Gestaltung, die nur dann problemlos funktioniert, wenn alle wesentlichen Erwägungen, Besonderheiten und Umstände berücksichtigt wurden. Das betrifft insbesondere Fragen zu den anzubietenden Dienstleistungen, Personalanstellung, Konfliktlösungsmechanismen und Nutzungsverhältnissen etwa übernommener Anlagen[867].
Denn das Risiko, nachteilige Auswirkungen auf Grund mangelnder vorheriger Abstimmung der beteiligten Kommune und des Betreibers tragen zu müssen,

---

[859] Nisipeanu, Privatisierung, S, 74, Reichel, S. 85
[860] Reichel, S. 85
[861] Nisipeanu, Privatisierung, S, 74
[862] Nisipeanu, Privatisierung, S. 74
[863] Bodanowitz, S. 34; Ellwein/Buck, Privatisierung, S. 36; Reichel, S. 90
[864] Reichel, S. 91; Bodanowitz, S. 35; Ellwein/Buck, Privatisierung, S. 36
[865] Nisipeanu, Privatisierung, S. 78; Ellwein/Buck, Privatisierung, S. 36
[866] Ellwein/Buck, Privatisierung, S. 36, Rudolph ZAU 1990, 248(251)
[867] Nisipeanu, Privatisierung, S. 78

besteht für beide Seiten. Zum einen für die Gemeinde im Falle des Ausfalls der Betreiberfirma (beispielsweise in Folge zu niedriger Kalkulation zu niedriger Entgelte), da die Abwasserbeseitigungspflicht auch weiterhin bei der Gemeinde verbleibt. Und zum anderen für den Betreiber, u. U. auf lange Sicht unwirtschaftlich zu arbeiten[868].
Den Gemeinden werden üblicherweise weitreichende Aufsichts- und Kontrollrechte eingeräumt, um die ordnungsgemäße Aufgabenerfüllung hinreichend überwachen zu können[869].
Im Verhältnis zur Gemeinde rechnet der Betreiber seine Leistungen ab, die ihrerseits die dadurch entstandenen Aufwendungen in ihre Gebühren- bzw. Entgeltkalkulation einbindet und dem Benutzer im Außenverhältnis in Rechnung stellt bzw. als Abgabenforderung geltend macht[870].

### 2.3.3. Kooperationsmodell

Im Unterschied zum Betreibermodell ist die Gemeinde mehrheitlich (meist 51%) unter zusätzlicher Einbindung eines privaten Investors und Betriebsführers an einer Gesellschaft für Abwasserentsorgung (meist GmbH) beteiligt[871].
Eine Unterart des Kooperationsmodells bildet das sog. Kombinationsmodell. Die Kommune ist in diesem Fall mehrheitlich auch an einer Eigentumsgesellschaft beteiligt, die ihrerseits eine 100%-ige private Betreibergesellschaft mit dem Anlagenbetrieb beauftragt[872].
Zwischen der Gemeinde und dieser Gesellschaft wird ein Ver- und/oder Entsorgungsvertrag geschlossen[873]. In aller Regel stellt diese Gesellschaft ihre Aufwendungen zuzüglich Umsatzsteuer der Kommune in Rechnung, die dieses Entgelt wiederum - ähnlich wie im Betreibermodell - auf die Nutzer in Form von Beiträgen und Gebühren bzw. Entgelten umlegt[874].
Das Kooperationsmodell kennzeichnet sich insbesondere durch eine Verbindung von privatem Kapital und technischem und organisatorischem Know how mit ausreichendem kommunalen Einfluss[875].

---

868 Rudolph ZAU 1990, 248(251)
869 Bodanowitz, S. 35; Ellwein/Buck, Wasserversorgung und Abwasserbeseitigung, S. 196
870 Ellwein/Buck, Privatisierung, S. 36; Reichel, S. 91
871 Reichel, S. 94; Ellwein/Buck, Privatisierung, S. 37; Nisipeanu, Privatisierung, S. 80
872 Rudolph ZAU 1990, 248(251); Ellwein/Buck, Privatisierung, S. 37
873 Ellwein/Buck, Privatisierung, S. 37
874 Nisipeanu, Privatisierung, S. 80; Ellwein/Buck, Privatisierung, S. 37
875 Reichel, S. 94; Ellwein/Buck, Privatisierung, S. 37; Nisipeanu, Privatisierung, S. 80

Hier ist beachtenswert, dass die Kommune in aller Regel nicht an der Betriebsgesellschaft beteiligt ist, was unter Umständen für die erforderliche Transparenz und Kontrolle hinderlich sein kann.
Die Darstellung dieser Privatisierungsmodelle verfolgt in diesem Rahmen nicht das Ziel der Vollständigkeit[876], sondern zeigt nur die in der Praxis verbreitetsten privaten Organisationsformen (andere Formen sind beispielsweise das Betriebsführungsmodell, Betriebsüberlassungsmodell, Verbundlösungen).
Ziel jeder Privatisierungsdiskussion muss letztlich das am Einzelfall orientierte Auffinden einer Lösung sein, wie die Aufgabe der Abwasserentsorgung möglichst effektiv, effizient, beständig und den rechtlichen Vorgaben entsprechend erfüllt werden kann. Um dieses Ziel zu erreichen, sind ausreichende Planung, Information und Vorbereitung von entscheidender Bedeutung.

## 2. Kapitel Hochzonung der Abwasserbeseitigungspflicht

Die derzeitige politische Diskussion bezieht sich neben der Privatisierungsfrage auch auf die Möglichkeit einer landesweiten sog. Hochzonung der Zuständigkeit für die Aufgabe der Abwasserbeseitigung auf die Ebene der Landkreise[877].
Hintergrund dieser Diskussion ist vor allem die schwierige und angespannte wirtschaftliche Situation im Bereich der Abwasserentsorgung, die nicht zuletzt auch durch zahlreiche Fehlinvestitionen, Überkapazitäten und fehlerhafte Zweckverbandskonzepte hervorgerufen wurde und deshalb auch in den nächsten Jahren noch einen enormen finanziellen Bedarf im Zuge der wirtschaftlichen Stabilisierung und Sanierung der Abwasserentsorgung verursacht.
Unter Beachtung der durch die Rastede-Entscheidung vorgegebenen Grundsätze erlauben auch wirtschaftliche Überlegungen den Entzug der durch Landesgesetze zugewiesenen Pflichtaufgabe, wenn ein Belassen der Aufgabe bei der Gemeinde zu einem unverhältnismäßigen Kostenanstieg führen würde[878].
Daraus lässt sich der Schluss ziehen, dass für eine Hochzonung auf Grund einer derartigen Kostenentwicklung grundsätzlich auf den Einzelfall abzustellen ist.
Eine landesweite Übertragung der Aufgabenträgerschaft auf die Ebene der Landkreise ist indessen unter verfassungsrechtlichen Gesichtspunkten als problematisch einzuordnen[879]. Denn dann müsste für den gesamten jeweiligen Lan-

[876] umfassend dazu Nisipeanu, Privatisierung der Abwasserbeseitigung
[877] MZ v. 18. 11. 1998 u. 1. 10. 1999; Millgramm SächsVBl. 1998, 125(129); LT-Drs. Bbg. 2/5597, S. 11; VG Halle, B. v. 13. 8. 1998, S. 48 des Beschlussumdrucks
[878] dazu BVerfGE 79, 127(153)
[879] vgl. LT-Drs. Bbg. 2/5597, S. 11

desbereich zur Rechtfertigung dieses Eingriffs in die kommunale Selbstverwaltung die Entörtlichung der Aufgabe der Abwasserentsorgung nachweisbar sein. Auf der gesamten Landesebene müsste aufgezeigt werden können, dass auf Grund der wasserrechtlichen- wasserwirtschaftlichen Rahmenbedingungen eine sachgerechte Aufgabenerfüllung durch Gemeinden nicht mehr gewährleistet ist bzw. im Vergleich zur Kreisebene mit einem unverhältnismäßigen Kostenaufwand verbunden ist. Im Hinblick auf die zwar angespannte, aber dennoch nicht aussichtslose (vgl. hierzu die Stabilisierungs- und Umschuldungsprogramme der Landesregierungen) wirtschaftliche Situation der Zweckverbände und der Gemeinden und die in Folge der Heilungsregelungen erreichte rechtliche und wirtschaftliche Stabilisierung der Abwasserzweckverbände erscheint eine landesweite Hochzonung der Abwasserbeseitigungspflicht auf die Ebene der Landkreise rechtlich nicht vertretbar.

Die mit einer Hochzonung verbundene Verringerung der Anzahl der Abwasserentsorgungsberechtigten und bezweckte Kosteneinsparung vermag den verbundenen Aufgabenentzug für sich nicht zu rechtfertigen.

Denn das kommunale Selbstverwaltungsrecht gebietet, die typischen Nachteile, die sich aus einer geringeren Übersichtlichkeit der grundsätzlich dezentralen Ausgabenerledigung ergeben, hinzunehmen[880]. Die in diesem Zusammenhang erst vor kurzem entfachte Diskussion einer Zusammenlegung von Zweckverbänden, um die mit Recht festgestellte teilweise bestehende Kleinstaaterei zu beenden und effektivere Lösungen herbeizuführen, ist im Grundsatz zu begrüßen[881].

Allerdings kann diese Zusammenlegung grundsätzlich nur auf freiwilliger Basis geschehen.

Dementsprechend gering ist auch die Diskussion zur Schaffung von Pflichtverbänden. Denn insbesondere auch bei der Schaffung von Pflichtverbänden sind die bestehenden verfassungsrechtlichen Kriterien für einen gesetzlichen Aufgabenentzug zu berücksichtigen. Auch die Länder sehen die Schaffung von Pflichtverbänden nicht als wirkliche Alternative zur derzeit hauptsächlich angewendeten Form des Freiverbandes an[882].

---

[880] BVerfGE 79, 127(153); Nisipeanu, Privatisierung, S. 29
[881] Sonntagsnachrichten v. 27. 9. 1998 u. 31. 1. 1999; MZ v. 1. 10. 1999 u. 26. 11. 1998
[882] MZ v. 25. 11. 1997

## Neunter Teil: Zusammenfassung

1. Die Arbeit befasst sich mit Zweckverbänden für Wasserversorgung und Abwasserbeseitigung der Bundesländer Brandenburg, Mecklenburg-Vorpommern, Sachsen, Sachsen-Anhalt und Thüringen. Sie hat mehrere Schwerpunkte. Zum einen stellt sie den Zweckverband als Form der interkommunalen Zusammenarbeit anhand der entsprechenden Vorschriften über die kommunale Gemeinschaftsarbeit bzw. Zusammenarbeit der o. g. Bundesländer dar (Zweiter Teil). Zum zweiten erfolgt als eigentlicher Schwerpunkt dieser Arbeit eine Auseinandersetzung mit dem zahlreich aufgetretenen Problem der fehlerhaften Gründung von Zweckverbänden der Wasserversorgung und Abwasserentsorgung und der Reaktion der Landesgesetzgeber durch den Erlass der Heilungsgesetze (Dritter – Sechster Teil) . Drittens befasst sich die Arbeit mit der grundsätzlichen Darstellung der Behandlung von fehlerhaften Zweckverbänden (Siebenter Teil). Und viertens werden mögliche Alternativen zum Zweckverband diskutiert, wobei hier der Schwerpunkt auf den Bereich der Abwasserentsorgung konzentriert wurde (Achter Teil).

2. An die fast zweihundertjährige Tradition von Zweckverbänden wurde auch in den neuen Bundesländern nach dem 3. 10. 1990 angeknüpft (Zweiter Teil, 1. Kap.).

3. Ein Zweckverband ist eine von kommunalen Gebietskörperschaften, sowie landesgesetzlich bestimmte Sekundärmitglieder getragene Körperschaft des öffentlichen Rechts zur gemeinsamen Wahrnehmung in der Regel einzelner kommunaler Aufgaben (Zweiter Teil, 2. Kap.).

4. Die Gründung eines Zweckverbandes in der Form des Freiverbandes erfolgt auf der Grundlage der Landesvorschriften über kommunale Gemeinschaftsarbeit bzw. Zusammenarbeit. Hierzu muß eine mit einem gesetzlich festgeschriebenen Mindestinhalt versehene Verbandsverfassung zwischen den zukünftigen Verbandsmitgliedern vereinbart werden und der Beitritt zum Zweckverband durch jedes zukünftige Zweckverbandsmitglied beschlossen werden. Die Entstehung des Zweckverbandes erfolgt, sobald nach Erfüllung der sonstigen gesetzlichen Normativvorgaben die erarbeitete Verbandssatzung von der jeweiligen Kommunalaufsichtsbehörde genehmigt und veröffentlicht wurde (Zweiter Teil, 4. Kap.).

5. Auch die Landesvorschriften der neuen Bundesländer zum Zweckverband sehen als obligatorische Organe die Verbandsversammlung und den Verbandsvorsitzenden (bzw. Verbandsvorsteher) vor (Zweiter Teil, 5. Kap.).

6. Mit der Entstehung wird dem Zweckverband im Rahmen der übertragenen Aufgabe das Recht der Selbstverwaltung übertragen. Dem Zweckverband steht die Satzungshoheit, Finanzhoheit und Personalhoheit zu. Im Rahmen der Finanzhoheit ist durch die neuen Bundesländer sowohl das Abgabenrecht als auch das Vollstreckungsrecht geregelt. Im Rahmen der Personalhoheit gibt es zwischenzeitlich zur grundsätzlich vorhandenen Dienstherrenfähigkeit in den Ländern Brandenburg und Sachsen abweichende Regelungen (Zweiter Teil, 6. Kap.).

7. Nach dem 3. 10. 1990 wurden in den neuen Bundesländern mit der Wiedereinführung der kommunalen Selbstverwaltung auf dem Gebiet der Wasserversorgung und Abwasserbeseitigung mehrere Hundert Zweckverbände gegründet. Ab August 1995 zeigte sich, dass mehr als 80 % dieser Zweckverbandsgründungen Gründungsfehler aufwiesen. Gründungsfehler waren formeller und materieller Art (Dritter Teil).

8. Formelle Fehler sind Verstöße gegen Form- und Verfahrensvorschriften. Form- und Verfahrensvorschriften sind Normen, die das für das ordnungsmäßige Zustandekommen eines inhaltlichen Aktes einzuhaltende Verfahren oder seine äußere Form regeln. (Dritter Teil, 2. Kap., 1.).

9. Materielle Fehler sind sowohl Verstöße gegen den Mindestinhalt der Verbandssatzung als auch sonstige Verstöße gegen den Gesetzesvorbehalt und Gesetzesvorrang (Dritter Teil, 2. Kap., 1.).

10. Mit den festgestellten Gründungsfehlern verbanden sich erhebliche rechtliche und wirtschaftliche Schwierigkeiten der Zweckverbände, die sich vor allem im Bereich der Wasserversorgung und Abwasserbeseitigung bemerkbar machten (Dritter Teil, 2. Kap., 2.).

11. Diesen Schwierigkeiten wurde in den Bundesländern Brandenburg, Mecklenburg-Vorpommern, Sachsen, Sachsen-Anhalt und Thüringen durch den Erlass der sog. Heilungsgesetze begegnet. Im späteren Verlauf haben die Länder Brandenburg, Mecklenburg-Vorpommern und Sachsen-Anhalt jeweils ein weiteres Heilungsgesetz erlassen (Vierter Teil).

12. Eine vergleichende Betrachtung der Heilungsgesetze zeigt sowohl Gemeinsamkeiten als auch Unterschiede auf (Vierter Teil, 1. Kap., 6., und 2. Kap., 4.).

13. Als Gemeinsamkeiten konnte festgestellt werden, das es sich um sog. Maßnahmegesetze handelt, die an einen in der Vergangenheit liegenden Sachverhalt anknüpfen und jeweils formelle Fehler für unbeachtlich erklären, wobei das Heilungsgesetz Thüringen die Rechtsfolge der Unbeachtlichkeit auf das Fehlen der oder fehlerhafte Ausfertigung der Verbandsatzung vor dem 1. 7. 1994 beschränkt. Eine Schaffung von Pflichtverbänden in Form von Neugründungsverpflichtungen ist nicht erfolgt. Die Entstehung der Zweckverbände als Körperschaften wird durch die Heilungsgesetze fingiert und auf den Tag nach der öffentlichen Bekanntmachung der Verbandssatzung und / oder deren Genehmigung bzw. des Beschlusses darüber oder eine entsprechende Abgabesatzung bestimmt, sofern kein späterer Zeitpunkt in der Verbandssatzung genannt ist (s. o.).

14. Unterschiede wurden in der Gesetzesform festgesellt, denn die Länder Mecklenburg-Vorpommern, Sachsen-Anhalt und Thüringen haben die Form eines Gesetzes zur Änderung der Vorschriften über die kommunale Gemeinschaftsarbeit gewählt, währenddessen die Länder Brandenburg und Sachsen Spezialgesetze erlassen haben. Weitere Unterschiede finden sich in der Einbeziehung des Zweckverbandsgesetzes vom 7. 6. 1939. Die Anwendbarkeit der Vorschriften dieses Gesetzes wurde durch die Heilungsgesetze der Länder Brandenburg, Mecklenburg-Vorpommern und Sachsen geregelt, während sich in den Heilungsgesetzen der Länder Sachsen-Anhalt und Thüringen dazu keine Regelung findet. Ein weiterer Unterschied besteht zwischen den Heilungsgesetzen hinsichtlich der Heilungsmöglichkeit von materiellen Gründungsfehlern und der Substituierbarkeit von fehlenden Willenserklärungen von Gemeinden zum Zweckverbandsbeitritt durch die 2. Heilungsgesetze der Länder Brandenburg und Mecklenburg-Vorpommern. Nur das sächsische Heilungsgesetz erfasst mit dem personellen Anwendungsbereich neben Zweckverbänden auch Verwaltungsverbände und Verwaltungs-gemeinschaften, währenddessen das 2. Heilungsgesetz Brandenburg – Zweckverbandsstabilisierungsgesetz – nur Zweckverbände der Wasserversorgung und Abwasserentsorgung erfasst. Die übrigen Heilungsgesetze der Länder Mecklenburg-Vorpommern, Sachsen-Anhalt und Thüringen erfassen generell Zweckverbände. Weitere Unterschiede finden sich in den Regelungen der Bekanntmachungserfordernisse, den Austrittsmöglichkeiten und zur Bekanntmachungsfiktion für bereits erlassene Verwaltungsakte.

Letztere findet sich nur in den Heilungsgesetzen der Länder Mecklenburg-Vorpommern und Sachsen (s. o.).

15. Heilungsgesetze sind von einem gewöhnlichen Gesetz nicht zu unterscheiden. Beweggründe für den Erlass von Heilungsgesetzen sind die politische Motivation, Lückenkompensation, Beseitigung unklarer Rechtslagen, verfahrensökonomische Hintergründe und die Wiederherstellung der Rechtssystematik. Die Art und Weise einer Heilung kann unterschiedlich erfolgen. (Fünfter Teil).

16. Im Zusammenhang mit der rechtlichen Bewertung wurde festgestellt, dass die Einbeziehung des Zweckverbandsgesetzes vom 7. 6. 1939 in die Heilungsgesetze der Länder Brandenburg, Mecklenburg-Vorpommern und Sachsen deklaratorischer Natur ist, da das Zweckverbandsgesetz in allen fünf neuen Bundesländern gemäß Art. 123 GG als Landesrecht bis zum Erlass der Landesvorschriften zur kommunalen Gemeinschaftsarbeit fortgalt
(Sechster Teil, 2. Kap., 2. 3.).

17. Die rechtliche Bewertung der Heilungsgesetze hat ausnahmslos deren Vereinbarkeit mit dem Grundgesetz ergeben.
Das Homogenitätsprinzip wird nicht durch die Heilungsgesetze verletzt, denn das darin enthaltene demokratische Legitimationserfordernis wird nicht umgangen. Durch die Heilungsgesetze der Länder Sachsen, Sachsen-Anhalt und Thüringen erfolgt keine Umgehung dieses Erfordernisses, da diese Gesetze tatbestandlich nicht fehlende Willenserklärungen der kommunalen Gebietskörperschaften zum Zweckverbandsbeitritt substituieren. Die 2. Heilungsgesetze der Länder Brandenburg und Mecklenburg-Vorpommern regeln zwar die Möglichkeit einer solchen Substitution, ermöglichen diese jedoch nur unter der Voraussetzung des späteren Auftretens der betreffenden kommunalen Gebietskörperschaft als Zweckverbandsmitglied. Da von diesem Auftreten Dritte betroffen sind, kann der kommunalen Gebietskörperschaft nicht mehr die Alleinzuständigkeit zur Entscheidung über eine Zweckverbandsmitgliedschaft zustehen. Die Regelung der Möglichkeit der Substitution fehlender Willenserklärungen von Gemeinden zum Zweckverbandsbeitritt ist durch die Landesgesetzgeber, die Landesparlamente der Länder Brandenburg und Mecklenburg-Vorpommern, demokratisch legitimiert und verstößt nicht gegen das Homogenitätsprinzip (Sechster Teil, 3. Kap.).
Die 2. Heilungsgesetze der Länder Brandenburg (ZwStabG) und Mecklenburg-Vorpommern (3. ÄndG KV – M-V) greifen in die kommunale Selbstverwaltung ein. Dieser Eingriff findet auf der Ebene der kommunalen Organisationshoheit,

insbesondere der negativen Kooperationshoheit, und der Ebene der Allzuständigkeit, durch die Möglichkeit des Entzugs der Zuständigkeit für eine sachliche Aufgabe statt. Der Eingriff wird durch die Möglichkeit der Substitution fehlender Willenserklärungen der kommunalen Gebietskörperschaften zum Zweckverbandsbeitritt bewirkt. Bei den übrigen Heilungsgesetzen konnte ein solcher Verstoß nicht festgestellt werden. Die festgestellten Eingriffe in den Vorfeldbereich der kommunalen Selbstverwaltung durch die Heilungsgesetze der Länder Brandenburg und Mecklenburg-Vorpommern sind verfassungsrechtlich vor dem Hintergrund von Gemeinwohlgründen gerechtfertigt. Diese Gemeinwohlgründe sind die Wiederherstellung der Rechtssicherheit, der Schutz natürlicher Lebensgrundlagen und die Beseitigung einer wirtschaftliche Ausnahmesituation (Sechster Teil, 4. Kap.).
Eine Verletzung der im Rechtsstaatsprinzip innewohnenden Grundsätze des Rückwirkungsverbotes und der Verhältnismäßigkeit liegt nicht vor. Den Regelungen zur Heilung von Gründungsfehlern kommt die Qualität einer echten Rückwirkung zu. Eine belastende Wirkung zum Nachteil der kommunalen Gebietskörperschaften ist lediglich dem ZwStabG Bbg und 3. ÄndG KV – M-V durch die Möglichkeit der Substitution fehlender Willenserklärungen zum Zweckverbandsbeitritt beizumessen. Den übrigen Heilungsgesetzen mangelt es an einer belastenden Wirkung, weshalb sich die Frage eines Verstoßes gegen das Rückwirkungsverbot nicht weiter stellt. Insbesondere für den Bürger geht von den Heilungsgesetzen keine belastende Wirkung aus. Die in dem ZwStabG Bbg und 3. ÄndG KV – M-V enthaltene belastende echte Rückwirkung ist anhand der vom Bundesverfassungsgericht entwickelten Ausnahmetatbestände gerechtfertigt. Mit dem ZwStabG Bbg und 3. ÄndG KV – M-V erfolgt im Hinblick auf die Erforderlichkeit von Willenserklärungen zwar keine Beseitigung einer unklaren Rechtslage, denn dieses Erfordernis ergibt sich sowohl aus der KV – DDR als auch aus dem GKGBbg bzw. der KV – M-V. Allerdings liegen zwingende Gründe des Allgemeinwohls mit dem Schutz natürlicher Lebensgrundlagen und der Beseitigung einer wirtschaftlichen Ausnahmesituation vor. Diese Gemeinwohlgründe rechtfertigen auch die Möglichkeit der Substitution fehlender Willenserklärungen von Gemeinden zum Zweckverbandsbeitritt, denn ein schutzwürdiges Vertrauen der betroffenen Gemeinden kann sich nicht bilden, wenn nachweislich ein späteres Auftreten als Zweckverbandsmitglied erfolgt ist (Sechster Teil, 5. Kap., 2.1.).

Das Prinzip der Verhältnismäßigkeit ist gewahrt, denn die Heilungsgesetze sind geeignet, die beabsichtigte Rechtssicherheit und Funktionsfähigkeit der Zweckverbände herzustellen. Sie waren auch erforderlich, denn alternative Lösungen,

wie etwa Neugründungen, Schaffung von Pflichtverbänden oder die Anordnung des vorläufigen Fortbestehens konnten das bezweckte Ergebnis nicht weniger einschneidend erreichen bzw. waren nicht dafür tauglich. Die Heilungsgesetze entsprechen im Ergebnis auch dem Prinzip der Angemessenheit, denn selbst die einschneidendsten Maßnahmen, die Möglichkeit der Substitution fehlender Willensbekundungen durch die Heilungsgesetze der Länder Brandenburg und Mecklenburg-Vorpommern, ist vor dem Hintergrund der zwingenden Allgemeinwohlgründe Schutz natürlicher Lebensgrundlagen und die Beseitigung der wirtschaftlichen Ausnahmesituation nicht außer Verhältnis zu einem – im übrigen nicht schützenswerten – Vertrauen der betreffenden Gemeinden, nicht Zweckverbandsmitglied geworden zu sein (Sechster Teil, 5. Kap., 2.2.).
Die Garantie der Gewährung effektiven Rechtsschutzes wird nicht beeinträchtigt, denn zum einen gewährt Art. 19 Abs. 4 GG keinen Schutz gegen Akte der Gesetzgebung, mithin auch nicht gegen die Heilungsgesetze. Zum zweiten wird auch den gegen die Abgabenbescheide klagenden Bürgern kein Rechtsschutz entzogen, denn die Rechtsposition zur Frage einer fehlerhaften Zweckverbandsgründung ist nicht schützenswert im Sinne von Art. 19 Abs. 4 GG. Denn ein schützenswertes Vertrauen in den Nichtbestand einer Körperschaft des öffentlichen Rechts kann sich nicht herausbilden, wenn gleichzeitig Leistungen von dieser „Scheinkörperschaft" erhalten und auch angenommen wurden (Sechster Teil, 6. Kap.).

18. Status- und haftungsrechtlich ist der am Rechtsleben teilnehmende, fehlerhaft gegründete Zweckverband nach den Grundsätzen zum Vorverband einzuordnen. Diese im Zivilrecht entwickelten Grundsätze vermitteln diesen Zweckverbänden eine Rechtsnatur sui generis. Der fehlerhaft gegründete Zweckverband ist von daher in der Lage Rechte zu erwerben und Verpflichtungen zu übernehmen. Im Innenverhältnis haften die Mitglieder unbeschränkt und gesamtschuldnerisch, sofern nicht durch Gesetz oder Vereinbarung mit einem Vertragspartner etwas anderes bestimmt ist. Eine unbeschränkte Außenhaftung der Mitglieder kann jedoch in Ansehung an die vom BGH entwickelten Grundsätze in Betracht kommen (Siebenter Teil, 1. Kap.).

19. Auch für fehlerhaft gegründete Zweckverbände gilt das Prinzip der Mitgliedschaft. Diese lässt sich anhand vorhandener Materialien, wie etwa die Verbandssatzung, oder im Einzelfall durch das tatsächliche Auftreten als Zweckverbandsmitglied bestimmen. Die Geschäftsführung und Stellvertretung richtet sich nach den vertraglich festgehaltenen Abreden, kann jedoch durch eine analoge

Anwendung der Vorschriften zum Zweckverband bestimmt werden (Siebenter Teil, 2. u. 3. Kap.).

20. Öffentlich- rechtliche Befugnisse stehen einem fehlerhaft gegründeten Zweckverband nicht zu. Bereits erlassene Verwaltungsakte sind rechtswidrig, können jedoch im Falle ihrer Bestandskräftigkeit vollstreckt werden. Steuerrechtlich sollte eine Gleichbehandlung zum rechtsfähigen Zweckverband erfolgen (Siebenter Teil, 4. u. 5. Kap.).

21. Die Fehlerhaftigkeit der Gründung des Zweckverbandes verschafft den Mitgliedern einen wichtigen Grund für eine fristlose Kündigung der Mitgliedschaft. Im Zuge einer Auflösung gelten grundsätzlich die allgemeinen gesellschaftsrechtlichen Grundsätze. Die Auflösung hat vorrangig nach den in der Verbandssatzung festgestellten Liquidationsbestimmungen bzw. nach dem Belegenheitsprinzip zu erfolgen. Gegebenenfalls ist auf den Umlageschlüssel oder Einwohnergleichwerte zurückzugreifen (Siebenter Teil, 6. Kap.).

22. Mögliche Alternative zum Zweckverband ist eine Privatisierung. Insbesondere im Bereich der Abwasserentsorgung verschaffen jedoch weder das Wasserhaushaltsgesetz noch die Landeswassergesetze einen subjektiven Abwasserbeseitigungsanspruch Dritter. Eine materielle Privatisierung – im Sinne der Übertragung einer bislang öffentlichen Aufgabe auf ein staatlich unabhängiges Privatrechtssubjekt – ist nur in engen Grenzen möglich. In Betracht kommen jedoch sowohl eine formelle Privatisierung – im Sinne einer Aufgabenerfüllung der öffentlichen Verwaltungsträger in privatrechtlicher Organisationsform – als auch eine Inanspruchnahme Dritter. Die Wahl der jeweiligen Organisationsform ist immer der Beurteilung des konkreten Einzelfalles zu überlassen (Achter Teil, 1. Kap.).

23. Die zum Teil vorgeschlagene landesweite Hochzonung der Abwasserbeseitigungspflicht auf die Ebene der Landkreise erscheint verfassungsrechtlich problematisch, da die vom BVerfG mit der Rastede-Entscheidung vorgegebenen Maßstäbe für einen landesweiten Entzug der Aufgabe der Abwasserbeseitigung in den neuen Bundesländern nicht vorliegt. Nicht zuletzt aufgrund der erlassenen Heilungsgesetze und der auf deren Basis eingesetzten wirtschaftlichen Stabilisierungs- und Umschuldungsprogramme der Landesregierungen ist es zu einer rechtlichen und wirtschaftlichen Stabilisierung gekommen, die eine Hochzonung der Zuständigkeit der Gemeinden auf die Ebene der Landkreise für die Abwasserentsorgung ausschließt (8. Teil, 2. Kap.).

## Anhang

**Brandenburg**
Gesetz zur Sicherung der Arbeitsfähigkeit von Zweckverbänden
Gesetz zur rechtlichen Stabilisierung der Zweckverbände für Wasserversorgung und Abwasserbeseitigung

**Mecklenburg-Vorpommern**
Zweites Gesetz zur Änderung der Kommunalverfassung für das Land Mecklenburg-Vorpommern
Drittes Gesetz zur Änderung der Kommunalverfassung für das Land Mecklenburg- Vorpommern

**Sachsen**
Gesetz zur Ordnung der Rechtsverhältnisse der Verwaltungsverbände, Verwaltungsgemeinschaften und Zweckverbände im Freistaat Sachsen

**Sachsen-Anhalt**
Gesetz zur Änderung des Gesetzes über kommunale Gemeinschaftsarbeit
Gesetz zur Änderung des Gesetzes über kommunale Gemeinschaftsarbeit sowie des Kommunalabgabengesetzes

**Thüringen**
Erstes Gesetz zur Änderung des Gesetzes über kommunale Gemeinschaftsarbeit

## Brandenburg

Gesetz zur Sicherung der Arbeitsfähigkeit von Zweckverbänden

Gesetz zur rechtlichen Stabilisierung der Zweckverbände für Wasserversorgung und Abwasserbeseitigung und zur Änderung des Gesetzes über kommunale Gemeinschaftsarbeit im Land Brandenburg

## Gesetz zur Sicherung der Arbeitsfähigkeit von Zweckverbänden (Zweckverbandssicherungsgesetz – ZwVerbSG)

Vom 4. Dezember 1996

Der Landtag hat das folgende Gesetz beschlossen:

### I. Teil
### Unbeachtlichkeit von Rechtsfehlern bei der Bildung von Zweckverbänden nach den Vorschriften des Gesetzes über kommunale Zusammenarbeit im Land Brandenburg

#### § 1
#### Unbeachtlichkeit der Verletzung von Vorschriften über die Vereinbarung der Verbandssatzung

(1) Verstöße gegen die Vertretungsberechtigung sowie Form- und Verfahrensfehler bei der Vereinbarung der Verbandssatzung zur Bildung eines Zweckverbandes nach den Vorschriften des Gesetzes über kommunale Gemeinschaftsarbeit im Land Brandenburg vom 19. Dezember 1991 (GVBl. S. 682, 685), zuletzt geändert durch Artikel 2 des Gesetzes vom 11. November 1996 (GVBl. I S. 306) gelten als von Anfang an unbeachtlich, wenn

1. die Verbandssatzung den nach § 9 Abs. 2 Satz 1 1. Halbsatz des Gesetzes über kommunale Gemeinschaftsarbeit im Land Brandenburg notwendigen Inhalt aufweist,

2. die Verbandssatzung und ihre Genehmigung nach § 11 Abs. 1 Satz 1 des Gesetzes über kommunale Gemeinschaftsarbeit im Land Brandenburg oder die Verbandssatzung nach § 2 bekanntgemacht worden sind und

3. die Beteiligten durch Entsendung von stimmberechtigten Vertretern für die Verbandsversammlung und durch deren mehrmalige Teilnahme an den Sitzungen und Beschlussfassungen der Verbandsversammlung als Verbandsversammlung aufgetreten sind.

(2) Weist die von der zuständigen Aufsichtsbehörde genehmigte und bekannt gemachte Satzung im Falle von Absatz 1 ein Verbandsmitglied auf, das nicht im

Sinne von Absatz 1 Nr. 3 aufgetreten ist, so gilt der Zweckverband mit den übrigen in der Verbandssatzung benannten Mitgliedern als entstanden, wenn diese den Zweckverband ohne Beteiligung des in der Verbandssatzung zu Unrecht benannten Verbandsmitglieds in Vollzug gesetzt haben. Die Satzung eines Zweckverbandes, der nach Satz 1 als entstanden gilt, ist innerhalb von 6 Monaten nach Inkrafttreten dieses Gesetzes entsprechend anzupassen, der Aufsichtsbehörde anzuzeigen und von dieser gemäß § 11 Abs. 1 des Gesetzes über kommunale Gemeinschaftsarbeit im Land Brandenburg bekanntzumachen.

§ 2
**Unbeachtlichkeit der Verletzung von Vorschriften über die Entstehung von Zweckverbänden**

(1) Einer Bekanntmachung der Verbandssatzung und deren Genehmigung nach § 11 Abs. 1 Satz 1 des Gesetzes über kommunale Zusammenarbeit im Land Brandenburg wird die bloße Bekanntmachung der Verbandssatzung im amtlichen Veröffentlichungsblatt der Aufsichtsbehörde gleichgestellt, wenn diese die Verbandssatzung zuvor schriftlich gegenüber den Beteiligten oder einem Bevollmächtigten der Beteiligten genehmigt hat und wenn die Verbandssatzung im vollen Wortlaut abgedruckt worden ist. Der Zweckverband gilt in diesem Fall als am Tage nach der öffentlichen Bekanntmachung der Verbandssatzung im Veröffentlichungsblatt der Aufsichtsbehörde entstanden, soweit nicht in der Verbandssatzung ein anderer Zeitpunkt bestimmt gewesen ist.

(2) Für die Bekanntmachung im Sinne des Absatzes 1 gilt es als unschädlich, wenn die Vorschriften unwirksam gewesen sind, nach denen die zuständige Aufsichtsbehörde ihre Bekanntmachungen vorzunehmen hatte. Für die Bekanntmachung im Sinne des Absatzes 1 gilt es ebenfalls als unschädlich, wenn die Bekanntmachung in mehreren Fortsetzungen erfolgt ist.

§ 3
**Unbeachtlichkeit der Verletzung von Vorschriften über den Beitritt und das Ausscheiden von Verbandsmitgliedern**

(1) Verstöße gegen die Vertretungsberechtigung sowie Form- und Verfahrensfehler beim Beitritt oder Ausscheiden von Verbandsmitgliedern gelten als von Anfang an unbeachtlich, wenn

1. die Verbandsversammlung auf Antrag des beitretenden oder ausscheidenden Mitgliedes mit der erforderlichen Stimmenzahl eine Änderungssatzung über den Beitritt oder das Ausscheiden nach § 20 Abs. 1 des Gesetzes über kommunale Zusammenarbeit im Land Brandenburg beschlossen hat.

2. die Änderungssatzung von der zuständigen Aufsichtsbehörde im vollen Wortlaut in ihrem Veröffentlichungsblatt bekanntgemacht worden ist und
3. das beitretende oder ausscheidende Verbandsmitglied sowie der Zweckverband den Beitritt oder das Ausscheiden tatsächlich vollzogen haben.

§ 2 Abs. 2 gilt entsprechend.

Hat die Verbandsversammlung einen Beschluss über den Beitritt oder das Ausscheiden von Verbandsmitgliedern gefasst, ohne eine Änderung der Verbandssatzung zu beschließen, so ist die Beschlussfassung über die Änderung der Verbandssatzung innerhalb von sechs Monaten nach Inkrafttreten dieses Gesetzes durch die Verbandsversammlung nachzuholen, wenn

1. die Beschlussfassung über den Beitritt oder das Ausscheiden der Verbandsmitglieder mit der Stimmenzahl gefasst worden ist, die für eine Satzungsänderung nach § 20 Abs. 1 Satz 1 des Gesetzes über kommunale Zusammenarbeit im Land Brandenburg erforderlich gewesen ist,

2. die Beschlussfassung auf einen Antrag des beitretenden oder ausscheidenden Verbandsmitgliedes hin erfolgt ist und

3. das beitretende oder ausscheidende Verbandsmitglied sowie der Zweckverband den Beitritt oder das Ausscheiden tatsächlich vollzogen haben.

Die Änderungssatzung hat den Zeitpunkt, zu dem der Beitritt oder das Ausscheiden erfolgt ist, zu benennen. Der Zeitpunkt richtet sich nach dem Zeitpunkt der Beschlussfassung der Verbandsversammlung, soweit nicht in der Beschlussfassung ein späterer Zeitpunkt bestimmt gewesen ist. Die Änderung der Verbandsatzung wird mit dem Zeitpunkt wirksam, zu dem der Beitritt oder das Ausscheiden erfolgt ist.

(3) Die Mitwirkung eines Nichtmitgliedes an einer Beschlussfassung nach Absatz 1 oder 2 hat die Unwirksamkeit des Beschlusses nur dann zur Folge, wenn seine Mitwirkung für das Abstimmungsergebnis entscheidend war.

(4) Änderungssatzungen über den Beitritt oder das Ausscheiden von Verbandsmitgliedern, die nicht oder nicht von der zuständigen Aufsichtsbehörde bekanntgemacht worden sind, sind der zuständigen Aufsichtsbehörde anzuzeigen und von dieser bei Vorliegen der gesetzlichen Voraussetzungen innerhalb von sechs Monaten nach Inkrafttreten dieses Gesetzes bekanntzumachen. Die Änderung der Verbandssatzung wird mit dem Zeitpunkt wirksam, zu dem der Beitritt oder das Ausscheiden erfolgt ist.

## II. Teil
## Unbeachtlichkeit von Rechtsfehlern bei der Bildung von Zweckverbänden nach den Vorschriften des Zweckverbandsgesetzes

### § 4
### Unbeachtlichkeit der Verletzung von Vorschriften über die Vereinbarung der Verbandssatzung

(1) Verstöße gegen die Vertretungsberechtigung sowie Form- und Verfahrensfehler bei der Vereinbarung der Verbandssatzung zur Bildung eines Zweckverbandes nach den Vorschriften des Zweckverbandsgesetzes vom 7. Juni 1939 (RGBl. I S. 979), geändert durch Verordnung vom 11. Juni 1941 (RGBL. I S. 464) gelten als von Anfang an unbeachtlich, wenn

1. die Verbandssatzung den nach § 24 Abs. 1 des Zweckverbandsgesetzes notwendigen Inhalt aufweist,

2. die Verbandssatzung und der Beschluss über die Bildung des Zweckverbandes unter Feststellung der Verbandssatzung nach § 11 Abs. 2 des Zweckverbandsgesetzes oder nach § 5 bekannt gemacht worden sind und

3. die Beteiligten durch Entsendung von stimmberechtigten Vertretern für die Verbandsversammlung und durch deren mehrmalige Teilnahme an den Sitzungen und Beschlussfassungen der Verbandsversammlung als Verbandsversammlung aufgetreten sind.

(2) Weist die von der zuständigen Aufsichtsbehörde genehmigte und bekannt gemachte Satzung im Falle von Absatz 1 ein Verbandsmitglied auf, das nicht im Sinne von Absatz 1 Nr. 3 aufgetreten ist, so gilt der Zweckverband mit den

übrigen in der Verbandssatzung benannten Mitgliedern als entstanden, wenn diese den Zweckverband ohne Beteiligung des in der Verbandssatzung zu Unrecht benannten Verbandsmitglieds in Vollzug gesetzt haben. Die Satzung eines Zweckverbandes, der nach Satz 1 als entstanden gilt, ist innerhalb von 6 Monaten nach Inkrafttreten dieses Gesetzes entsprechend anzupassen, der Aufsichtsbehörde anzuzeigen und von dieser gemäß § 11 Abs. 1 des Gesetzes über kommunale Gemeinschaftsarbeit im Land Brandenburg bekanntzumachen.

§ 5

**Unbeachtlichkeit der Verletzung von Vorschriften über die Entstehung von Zweckverbänden**

(1) Einem Beschluss über die Bildung eines Zweckverbandes unter Feststellung der Verbandssatzung nach § 11 Abs. 1 des Zweckverbandsgesetzes wird die Genehmigung der Zweckverbandssatzung durch die zuständige Aufsichtsbehörde gleichgestellt. Einer Bekanntmachung des Beschlusse über die Bildung eines Zweckverbandes unter Feststellung de Verbandssatzung und der Verbandssatzung nach § 11 Abs. 2 des Zweckverbandsgesetzes oder einer Bekanntmachung der nach Satz 1 gleichgestellten Genehmigung und der Verbandssatzung wird die bloße Bekanntmachung der Verbandssatzung im amtlichen Veröffentlichungsblatt der Aufsichtsbehörde, wenn diese den Beschluss oder die Genehmigung zuvor schriftlich gegenüber den Beteiligten oder einem Bevollmächtigten der Beteiligten bekannt gegeben hat und wenn die Verbandssatzung im vollen Wortlaut abgedruckt worden ist. Der Zweckverband gilt in diesem Fall als am Tage nach der öffentlichen Bekanntmachung der Verbandssatzung im Veröffentlichungsblatt der Aufsichtsbehörde entstanden, soweit nicht in der Verbandssatzung ein anderer Zeitpunkt bestimmt gewesen ist. Die Bestimmung eines späteren Zeitpunktes in der Verbandssatzung wird der Beschluss nach § 11 Abs. 3 des Zweckverbandsgesetzes gleichgestellt

(2) Für die Bekanntmachung im Sinne des Absatzes 1 gilt es als unschädlich, wenn die Vorschriften unwirksam gewesen sind, nach denen die zuständige Aufsichtsbehörde ihre Bekanntmachungen vorzunehmen hatte. Für die Bekanntmachung im Sinne des Absatzes 1 gilt es ebenfalls als unschädlich, wenn die Bekanntmachung in mehreren Fortsetzungen erfolgt ist.

§ 6

**Unbeachtlichkeit der Verletzung von Vorschriften über den Beitritt und das Ausscheiden von Verbandsmitgliedern**

(1) Verstöße gegen die Vertretungsberechtigung sowie Form- und Verfahrensfehler beim Beitritt oder Ausscheiden von Verbandsmitgliedern gelten als von Anfang an unbeachtlich, wenn

1. die Verbandsversammlung auf Antrag des beitretenden oder ausscheidenden Mitgliedes mit der erforderlichen Stimmenzahl eine Änderungssatzung über den Beitritt oder das Ausscheiden nach § 21 Abs. 2 des Zweckverbandsgesetzes beschlossen hat.

2. die Änderungssatzung von der zuständigen Aufsichtsbehörde im vollen Wortlaut in ihrem Veröffentlichungsblatt bekannt gemacht worden ist und
3. das beitretende oder ausscheidende Verbandsmitglied sowie der Zweckverband den Beitritt oder das Ausscheiden tatsächlich vollzogen haben.

§ 5 Abs. 2 gilt entsprechend.

Hat die Verbandsversammlung einen Beschluss über den Beitritt oder das Ausscheiden von Verbandsmitgliedern gefasst, ohne eine Änderung der Verbandssatzung zu beschließen, so ist die Beschlussfassung über die Änderung der Verbandssatzung innerhalb von sechs Monaten nach Inkrafttreten dieses Gesetzes durch die Verbandsversammlung nachzuholen, wenn

1. die Beschlussfassung über den Beitritt oder das Ausscheiden der Verbandsmitglieder mit der Stimmenzahl gefasst worden ist, die für eine Satzungsänderung nach § 21 Abs. 2 des Zweckverbandsgesetzes erforderlich gewesen ist,

2. die Beschlussfassung auf einen Antrag des beitretenden oder ausscheidenden Verbandsmitgliedes hin erfolgt ist und

3. das beitretende oder ausscheidende Verbandsmitglied sowie der Zweckverband den Beitritt oder das Ausscheiden tatsächlich vollzogen haben.

Die Änderungssatzung hat den Zeitpunkt, zu dem der Beitritt oder das Ausscheiden erfolgt ist, zu benennen. Der Zeitpunkt richtet sich nach dem

Zeitpunkt der Beschlussfassung der Verbandsversammlung, soweit nicht in der Beschlussfassung ein späterer Zeitpunkt bestimmt gewesen ist. Die Änderung der Verbandsatzung wird mit dem Zeitpunkt wirksam, zu dem der Beitritt oder das Ausscheiden erfolgt ist.

(3) Die Mitwirkung eines Nichtmitgliedes an einer Beschlussfassung nach Absatz 1 oder 2 hat die Unwirksamkeit des Beschlusses nur dann zur Folge, wenn seine Mitwirkung für das Abstimmungsergebnis entscheidend war.

(4) Auf Zweckverbände, deren Satzung nach § 29 Abs. 1 des Gesetzes über kommunale Zusammenarbeit im Land Brandenburg den Vorschriften des Gesetzes über kommunale Zusammenarbeit im Land Brandenburg angepasst worden ist, findet im Falle eines nach der Anpassung erfolgten Beitritts oder Ausscheidens eines Mitglieds § 3 entsprechende Anwendung.

## III. Teil
## Schlussvorschriften

### § 7
### Prüfbericht

(1) Ist ein Zweckverband tatsächlich in Vollzug gesetzt worde3n, so haben die daran Beteiligten der Aufsichtsbehörde binnen drei Monaten nach Inkrafttreten diese Gesetzes einen Bericht zur Prüfung vorzulegen, aus dem sich ergibt,

1. ob und mit welchen Mitgliedern der Zweckverband nach den für seine Entstehung geltenden Vorschriften in Verbindung mit den Vorschriften dieses Gesetzes wirksam gebildet worden ist und

2. welche Satzungsanpassungen oder Satzungsänderungen nach diesem Gesetz im Hinblick auf den Mitgliederbestand erforderlich sind.

(2) Nach dem Vollzug und der Bekanntmachung der nach diesem Gesetz erforderlichen Satzungsanpassungen und Satzungsänderungen hat die Aufsichtsbehörde die gültige Verbandssatzung der wirksam gebildeten Zweckverbände unter Hinweis auf deren Entstehungsdatum bekannt zu machen.

§ 8

**Aufsichtsrechtliche Maßnahmen**

Kommt ein Zweckverband den ihm durch dieses Gesetz auferlegten Pflichten nicht innerhalb der vorgeschriebenen Fristen nach, hat die zuständige Aufsichtsbehörde die erforderlichen aufsichtsrechtlichen Maßnahmen gegen den Zweckverband einzuleiten.

§ 9

**Inkrafttreten, Geltungsbereich**

(1) Dieses Gesetz tritt am Tage nach der Verkündung in Kraft.

(2) §§ 1 bis 6 gelten nur für solche Rechtsfehler, die vor dem Inkrafttreten dieses Gesetzes aufgetreten sind. §§ / und 8 finden keine Anwendung auf Zweckverbände, die nach Inkrafttreten dieses Gesetzes gebildet werden.

(3) Die Vorschriften des Gesetzes über die Bildung von Gewässerunterhaltungsverbänden vom 13. März 1995 (GVBL. I S.14) bleiben unberührt.

Potsdam, den 4. Dezember 1996

**Gesetz zur rechtlichen Stabilisierung der Zweckverbände für Wasserversorgung und Abwasserbeseitigung und zur Änderung des Gesetzes über kommunale Gemeinschaftsarbeit im Land Brandenburg**

Vom 6. Juli 1998

Der Landtag hat das folgende Gesetz beschlossen:

**Artikel 1**
**Gesetz zur rechtlichen Stabilisierung der Zweckverbände für Wasserversorgung und Abwasserbeseitigung**

§ 1
**Geltungsbereich**

(1) Dieses Gesetz gilt für die seit dem 3. Oktober 1990 bis zum Inkrafttreten dieses Gesetzes fehlerhaft gegründeten Zweckverbände, denen Aufgaben der Wasserversorgung und Abwasserbeseitigung oder eine der beiden Aufgaben übertragen worden sind.

(2) Wirksame Neugründungen von Zweckverbänden für Wasserversorgung und Abwasserbeseitigung vor Inkrafttreten dieses Gesetzes bleiben unberührt. Mit dem Zeitpunkt des Wirksamwerdens der Neugründung gilt der vorherige Zweckverband als aufgelöst und der neugegründete Zweckverband als sein Rechtsnachfolger, wenn der neugegründete Zweckverband die gleiche Aufgaben und Mitglieder aufweist; anderenfalls besteht der vorherige Zweckverband mit seinen verbliebenen Aufgaben und Mitgliedern fort. Ist eine Auseinandersetzung erforderlich und bisher unterblieben, ist sie unverzüglich nachzuholen.

(3) Zweckverbände für Wasserversorgung und Abwasserbeseitigung, die in der Zeit vom 3. Oktober 1990 bis zum Inkrafttreten des Gesetzes über kommunale Zusammenarbeit im Land Brandenburg gegründet worden sind, haben mit dem Zeitpunkt ihres Entstehens, gegebenenfalls aufgrund dieses Gesetzes, die Eigenschaft einer juristischen Person des öffentlichen Rechts erlangt; sie besitzen seit diesem Zeitpunkt die Rechtsfähigkeit eines Zweckverbandes nach den Zweckverbandsgesetz vom 7. Juni 1939 (RGBL. I S. 979), zuletzt geändert durch Verordnung vom 24. Juli 1941 (RGBL. I S. 461)

## § 2
## Form- und Verfahrensfehler

(1) Die Verletzung von Form- und Verfahrensvorschriften bei der Bildung und Entstehung von Zweckverbänden ist unbeachtlich. Form- und Verfahrensvorschriften im Sinne des Satzes sind insbesondere Vorschriften über

1. die Beschlussfassung der künftigen Verbandsmitglieder über die Bildung des Zweckverbandes,

2. die Vertretung der künftigen Verbandsmitglieder bei der Bildung des Zweckverbandes,

3. die Vereinbarung der Verbandssatzung zur Bildung des Zweckverbandes,

4. die Genehmigung der Verbandssatzung und

5. die öffentliche Bekanntmachung der Verbandssatzung und ihrer Genehmigung.

(2) Fehlende oder nicht feststellbare Beschlüsse der Vertretungskörperschaft zur Verbandsbildung mit dieser Gemeinde nicht entgegen, wenn die Gemeinde in der Folgezeit als Verbandsmitglied aufgetreten ist. Dies ist insbesondere der Fall, wenn stimmberechtigte Vertreter mit Kenntnis der Vertretungskörperschaft für die Gemeinde mehrmals an den Sitzungen der Verbandsversammlung teilgenommen und sich an den Beschlussfassungen beteiligt haben.

(3) Fehlende oder nicht feststellbare Willenserklärungen zur Bildung des Zweckverbandes stehen einer Verbandsbildung mit denjenigen Gemeinden nicht entgegen, die gemäß Absatz 2 als Verbandsmitglieder aufgetreten sind. Die Mitwirkung von Gemeinden an der Bildung des Zweckverbandes, die nicht oder erst zu einem späteren Zeitpunkt Verbandsmitglied geworden sind, steht einer Verbandsbildung der anderen Gemeinden nicht entgegen.
(4) Die Genehmigung der Verbandssatzung gilt als erteilt, wenn dic Aufsichtsbehörde von dem Zweckverband Kenntnis erlangt und nicht innerhalb von sechs Monaten der Verbandssatzung widersprochen hat. Ändert sich der Inhalt der Verbandssatzung aufgrund der §§ 7 bis 13, bleibt die Wirksamkeit der Genehmigung unberührt.

§ 3
## Zeitpunkt des Entstehens des Zweckverbandes

(1) Ist die öffentliche Bekanntmachung der Verbandssatzung vollständig oder in wesentlichen Teilen unterblieben, so gilt als Zeitpunkt des Entstehens des Verbandes der Tag nach der öffentlichen Bekanntmachung der Genehmigung, sofern in der Verbandssatzung kein späterer Zeitpunkt bestimmt ist.

(2) Ist die öffentliche Bekanntmachung der Genehmigung der Verbandssatzung unterblieben, so gilt als Zeitpunkt des Entstehens des Zweckverbandes der Tag, nach dem die Verbandssatzung vollständig oder in wesentlichen Teilen öffentlich bekannt gemacht worden ist, sofern diese keinen späteren Zeitpunkt bestimmt.

(3) Ist die öffentliche Bekanntmachung der Verbandssatzung und ihrer Genehmigung vollständig oder in wesentlichen Teilen unterblieben, so gilt als Zeitpunkt des Entstehens des Zweckverbandes der Tag nach der vollständigen Bekanntmachung einer Satzung zur Änderung der Verbandssatzung oder einer sonstigen Satzung des Verbandes. Diese Satzungen sind auch dann wirksam, wenn die Beschlussfassung und die öffentliche Bekanntmachung vor der Entstehung des Zweckverbandes erfolgt sind.

(4) Die öffentliche Bekanntmachung einer Satzung nach den Absätzen 1 bis 3 ist nicht deshalb fehlerhaft, weil sie durch eine unzuständige Behörde oder in einer anderen als der durch Rechtsvorschrift vorgeschriebenen Bekanntmachungsform erfolgt ist, sofern diese Bekanntmachung geeignet war, die Satzung allen betroffenen Einwohnern zur Kenntnis zu bringen. Ist der Tag der Bekanntmachung nicht bestimmbar, gilt der letzte Tag des Monats der Bekanntmachung als Tag der Bekanntmachung.

(5) Ist die öffentliche Bekanntmachung der Genehmigung und der Verbandssatzung vollständig oder in wesentlichen Teilen unterblieben, entsteht der Zweckverband zu dem in Absatz 3 bestimmten Zeitpunkt erst mit der Bekanntmachung nach § 14 Abs. 1.

## §4
## Beitritt und Ausscheiden von Verbandsmitgliedern

(1) Die §§ 2 und 3 gelten für den Beitritt und das Ausscheiden von Verbandsmitgliedern entsprechend, soweit in den Absätzen 2 und 3 keine abweichende Regelung getroffen wird.
(2) Fehlende oder nicht feststellbare Beschlüsse der Vertretungskörperschaft zum Verbandsbeitritt oder zum Ausscheiden aus dem Zweckverband, fehlende oder nicht feststellbare Anträge von beitretenden oder ausscheidenden Gemeinden sowie fehlende oder nicht feststellbare Satzungsänderungsbeschlüsse der Verbandsversammlungen zum Beitritt oder Ausscheiden sind unbeachtlich, wenn die Beteiligten den Beitritt oder das Ausscheiden tatsächlich vollzogen haben. Der Beitritt gilt als vollzogen, wenn die Gemeinde entsprechend § 2 Abs. 2 als Verbandsmitglied aufgetreten ist. Das Ausscheiden gilt als vollzogen, wenn die Auseinandersetzung der Beteiligten erfolgt ist oder die ausscheidende Gemeinde nach Kundgabe ihres Ausscheidungswillens ohne Widerspruch des Zweckverbandes über einen Zeitraum von einem Jahr nicht mehr als Zweckverbandsmitglied aufgetreten ist.

(3) Änderungen im Mitgliederbestand, die nicht bekannt gemacht worden sind, macht die Aufsichtsbehörde spätestens mit der Bekanntmachung nach § 14 Abs. 1 bekannt. Die Änderungen werden mit der Bekanntmachung nach § 14 Abs. 1 wirksam, zu dem der Beitritt oder das Ausscheiden vollzogen worden ist. Die Aufsichtsbehörde stellt in ihrer Bekanntmachung den Zeitpunkt fest.

## § 5
## Sonstige Änderungen der Verbandssatzung

Die §§ 2 und 3 Abs. 1,2,4 und 5 gelten für sonstige Änderungen der Verbandssatzung entsprechend. Ist die öffentliche Bekanntmachung der Änderungssatzung und, soweit erforderlich, ihrer Genehmigung vollständig oder in wesentlichen Teilen unterblieben, richtet sich der Zeitpunkt des Inkrafttretens der Änderungssatzung nach der Regelung in dieser Satzung Ist der Zeitpunkt des Inkrafttretens nach Satz 2 nicht bestimmbar, so gilt der Tag nach der Beschlussfassung der Änderungssatzung als Zeitpunkt ihres Inkrafttretens. Ist der Zeitpunkt des Inkrafttretens auch nach Satz 3 nicht bestimmbar, so gilt der Tag nach der vollständigen Bekanntmachung einer späteren Änderungssatzung oder sonstigen Satzung des Verbandes als Zeitpunkt des Inkrafttretens.

§ 6
**Inhalt der Verbandssatzung**

(1) Weist die Verbandssatzung eines Zweckverbandes einzelne Bestimmungen, die nach dem Gesetz über kommunale Gemeinschaftsarbeit im Land Brandenburg zum notwendigen Satzungsinhalt gehören, nicht auf oder sind diese Bestimmungen fehlerhaft, steht dies nach Maßgabe der §§ 7 bis 13 einer Verbandsbildung nicht entgegen.

(2) Für Zweckverbände, die nach dem Zweckverbandsgesetz gegründet worden sind, gilt Absatz 1 entsprechend. Entspricht die Verbandssatzung nicht den Vorschriften des Zweckverbandsgesetzes, die an den notwendigen Satzungsinhalt höhere Anforderungen stellen als das Gesetz über kommunale Gemeinschaftsarbeit im Land Brandenburg, gilt die tatsächliche Übung des Zweckverbandes als vereinbart. Ist eine tatsächliche Übung nach Satz 2 nicht feststellbar, gelten die Vorschriften des Gesetzes über kommunale Gemeinschaftsarbeit im Land Brandenburg als vereinbart.

(3) Abweichende Verfahrensweisen der Zweckverbände, deren Verbandssatzung aufgrund der §§ 7 bis 13 geändert wird, bleiben unberührt.

(4) Die Verbandssatzung eines Zweckverbandes wird aufgrund der §§ 7 bis 13 nur für den Zeitraum geändert, in dem die Regelung nach dem Gesetz über kommunale Gemeinschaftsarbeit im Land Brandenburg zum notwendigen Satzungsinhalt gehört.

§ 7
**Verbandsmitglieder**

(1) Fehlt in der Verbandssatzung ein Mitgliederverzeichnis oder ist das Mitgliederverzeichnis nicht vollständig, gelten als Verbandsmitglieder die Gemeinden, die in der Verbandssatzung oder einer späteren Satzung des Zweckverbandes aufgeführt werden. Neben den Verbandsmitgliedern nach Satz 1 gelten die Gemeinden als Verbandsmitglieder, die gemäß § 2 Abs. 2 als Verbandsmitglieder aufgetreten sind.

(2) Gemeinden, die keine Beschlüsse zur Verbandsbildung gefasst haben, keine Willenserklärung zur Verbandsbildung abgegeben haben und auch nicht gemäß § 2 Abs. 2 als Verbandsmitglieder aufgetreten sind, gelten nicht als

Verbandsmitglieder. Sind solche Gemeinden in der Verbandssatzung als Verbandsmitglieder aufgeführt, steht dies einer Verbandsbildung der anderen Gemeinden nicht entgegen.

### § 8
### Aufgaben, Name und Sitz des Zweckverbandes

(1) Fehlen in der Verbandssatzung wirksame Regelungen zu den Aufgaben des Zweckverbandes, gelten die von dem Zweckverband wahrgenommenen Aufgaben als vereinbart und übertragen.

(2) Fehlt in der Verbandssatzung eine wirksame Regelung zum Namen des Zweckverbandes, gilt der im Rechtsverkehr verwendete Name des Zweckverbandes als vereinbart.

(3) Fehlt in der Verbandssatzung eine wirksame Regelung zum Sitz des Zweckverbandes, gilt der Ort als vereinbarter Verbandssitz, an dem der Zweckverband seine Verwaltung oder die Geschäftsstelle unterhält. Ist der Sitz nach Satz 1 nicht bestimmbar, gilt der Ort als vereinbarter Verbandsitz, der in der Anschrift des Zweckverbandes angegeben wird.

### §9
### Form der öffentlichen Bekanntmachungen

(1) Fehlt in der Verbandssatzung eine wirksame Regelung zur Form der öffentlichen Bekanntmachungen, gilt die von dem Zweckverband verwendete Bekanntmachungsform als vereinbart, sofern sie geeignet war und ist, den Bekanntmachungsgegenstand allen Bewohnern zur Kenntnis zu bringen.

(2) Ist eine einheitliche wirksame Bekanntmachungsform nach Absatz 1 nicht feststellbar, gilt folgende Regelung als vereinbart:

Die öffentlichen Bekanntmachungen des Verbandes werden im Veröffentlichungsblatt der Aufsichtsbehörde bekannt gemacht. Die Verbandsmitglieder haben in der für ihre Bekanntmachungen vorgeschriebenen Form auf die Veröffentlichung hinzuweisen. Sind Pläne, Karten oder Zeichnungen Bestandteile einer Satzung, kann die öffentliche Bekanntmachung dieser Teile nach Satz 1 dadurch ersetzt werden, dass sie im Verwaltungsgebäude des Verbandes für mindestens zwei Wochen ausgelegt werden. Die Ersatzbekanntmachung ist nur zulässig, wenn der Inhalt dieser

Teile zugleich in der Satzung in groben Zügen umschrieben wird. Auf die Ersatzbekanntmachung ist unter Angabe des Ortes und der Dauer der Auslegung in der öffentlichen Bekanntmachung nach Satz 1 hinzuweisen.

(3) Öffentliche Bekanntmachungen des Zweckverbandes vor Inkrafttreten dieses Gesetzes sind nicht deshalb fehlerhaft, weil sie in einer anderen als der vereinbarten oder als vereinbart geltenden Bekanntmachungsform erfolgt sind, sofern diese Bekanntmachungen geeignet waren, den Bekanntmachungsgegenstand allen betroffenen Einwohnern zur Kenntnis zu bringen.

§ 10

**Umlagemaßstab**

(1) Fehlt in der Verbandssatzung ein wirksamer Umlagemaßstab, gilt der Umlagemaßstab als vereinbart, nach dem die Verbandsmitglieder seit Aufnahme der Verbandstätigkeit einvernehmlich zur Deckung des Finanzbedarfs beigetragen haben.

(2) Ist ein einheitlicher Umlagemaßstab nach Absatz 1 nicht bestimmbar, gilt folgender Umlagemaßstab als in der Verbandsatzung als vereinbart:

Soweit die Einnahmen des Zweckverbandes zur Deckung des Finanzbedarfs nicht ausreichen, wird von den Verbandsmitgliedern eine Umlage erhoben. Für die Berechnung der Umlage wird die Einwohnerzahl des einzelnen Verbandsmitgliedes zur Zahl de Einwohner aller Verbandsmitglieder ins Verhältnis gesetzt. Maßgeblich ist die vom Landesamt für Datenverarbeitung und Statistik veröffentlichte Einwohnerzahl zum 30. Juni des Vorjahres.

§ 11

**Satzungsmäßige Stimmenzahl und Zuständigkeiten der Verbandsversammlung**

(1) Fehlt in der Verbandssatzung eine wirksame Regelung zur Stimmenzahl der Verbandsmitglieder in der Verbandsversammlung, gilt das bei Abstimmungen in der Verbandsversammlung zugrunde gelegte Stimmenverhältnis als vereinbart.

(2) Fehlt in der Verbandssatzung eine wirksame Regelung zu den Zuständigkeiten der Verbandsversammlung, gelten die von der

Verbandsversammlung des Zweckverbandes wahrgenommenen Zuständigkeiten als vereinbart. Sind die Zuständigkeiten nach Satz 1 nicht bestimmbar, gilt die entsprechende Anwendbarkeit des § 35 Abs. 2 der Gemeindeordnung als vereinbart.

§ 12
**Vertretung des Verbandsvorstehers**

(1) Fehlt in der Verbandssatzung eine wirksame Regelung zur Vertretung des Verbandsvorstehers, gilt das Verfahren als vereinbart, nach dem die Vertretung des Verbandsvorstehers vereinbart wurde.
(2) Ist ein Verfahren nach Absatz 1 nicht bestimmbar, gilt folgendes Verfahren als vereinbart:

Die Verbandsversammlung wählt den Vertreter des Verbandsvorstehers.

§ 13
**Übernahmeregelung**

(1) Fehlt in der Verbandssatzung eine wirksame Regelung zur Übernahme der hauptamtlichen Beamten und Angestellten im Fall der Auflösung des Zweckverbandes oder der Änderung seiner Aufgaben, gilt die Regelung als vereinbart, die die Verbandsmitglieder bei der Auflösung des Zweckverbandes oder bei einer Änderung seiner Aufgaben einvernehmlich getroffen haben.

(2)
Ist eine Regelung nach Absatz 1 nicht bestimmbar, gilt folgende Regelung als vereinbart:

Die Bediensteten des Zweckverbandes sind im Fall seiner Auflösung oder einer Änderung seiner Aufgaben, soweit die Beschäftigungsverhältnisse nicht aufgelöst werden, von den Verbandsmitgliedern anteilig zu übernehmen. Die Regelung, von welchen Verbandsmitgliedern die einzelnen Bediensteten zu übernehmen sind, erfolgt gleichzeitig mit dem Beschluss über die Auflösung oder Aufgabenänderung des Zweckverbandes. Bei der Regelung ist das Verhältnis der Zahl der Einwohner des einzelnen Verbandsmitgliedes zur Zahl der Einwohner aller Verbandsmitglieder zugrunde zu legen, soweit nicht die Verbandsmitglieder einvernehmlich etwas anderes bestimmen. Maßgeblich ist die vom Landesamt für Datenverarbeitung und Statistik veröffentlichte Einwohnerzahl zum 30 Juni des Vorjahres.

§ 14

**Feststellung und Bekanntmachung der Zweckverbände und ihrer Verbandssatzung**

(1) Die zuständige Aufsichtsbehörde stellt unverzüglich nach Inkrafttreten dieses Gesetzes fest und macht in ihrem amtlichen Veröffentlichungsblatt bekannt:

1. die Zweckverbände, die nach den Vorschriften dieses Gesetzes als entstanden gelten, sowie den Zeitpunkt ihres Entstehens und, soweit erfolgt, ihrer Auflösung;

2. die Gründungssatzungen der Zweckverbände, ihre Änderungssatzungen sowie ihre im Zeitpunkt dieser Bekanntmachung geltenden Verbandssatzungen in der jeweils nach den Vorschriften dieses Gesetzes geltenden Fassung.

(2) Die Feststellungen nach Absatz 1 werden gegenüber den betroffenen Zweckverbänden und Gemeinden durch Verwaltungsakt getroffen, der ihnen bekannt zu geben ist. Der Verwaltungsakt kann unmittelbar mit der Klage im Verwaltungsstreitverfahren angefochten werden; die Klage hat keine aufschiebend Wirkung. Fehlerhafte Feststellungen zur Verbandsmitgliedschaft sowie zum Inhalt der Verbandssatzung berühren nicht die Entstehung des Zweckverbandes.

(3) Die Zweckverbände und die beteiligten Gemeinden sind verpflichtet, der zuständigen Aufsichtsbehörde sämtliche für die Feststellungen und Bekanntmachungen nach Absatz 1 erforderlichen Unterlagen, insbesondere die Änderungssatzungen, deren öffentliche Bekanntmachung ganz oder teilweise unterblieben ist, zur Verfügung zustellen. Die zuständige Aufsichtsbehörde kann für die Vorlage nach Satz 1 eine Frist bestimmen. Nach Ablauf der Frist und Anhörung der Beteiligten kann die zuständige Aufsichtsbehörde auf der Grundlage der ihr vorliegenden Unterlagen die Verfahren nach Absatz 1 und 2 durchführen.

(4) Zuständige Aufsichtsbehörde nach Absatz 1 bis 3 ist der Landrat des Landkreises, in dessen Gebiet der Verbandssitz im Zeitpunkt des Inkrafttreten dieses Gesetzes liegt.

§ 15
**Sonstige Satzungen der Zweckverbände**

Der Zeitpunkt des Inkrafttretens sonstiger Satzungen der Zweckverbände richtet sich nach den Regelungen in diesen Satzungen.

§ 16
**Erleichterter Austritt**

(1) Verbandsmitglieder, deren Vertretungskörperschaften keinen Beschluss zur Verbandsbildung gefasst haben, sowie Verbandsmitglieder, deren Verbandssatzung aufgrund § 10 Abs. 2 geändert wird, können innerhalb eines Monats nach der Bekanntmachung gemäß § 14 Abs. 1 ihren Austritt aus dem Zweckverband erklären.

(2) Der Austritt bedarf der Genehmigung der Aufsichtsbehörde. Die Genehmigung ist zu erteilen, wenn die Voraussetzungen nach Absatz 1 vorliegen, die Auseinandersetzung der Beteiligten geregelt ist und dringende Gründe des öffentlichen Wohls nicht entgegenstehen. Falls sich die Beteiligten über die Auseinandersetzung nicht einigen, entscheidet darüber die Aufsichtsbehörde.

(3) Ein Austritt nach den Vorschriften des Gesetzes über kommunale Gemeinschaftsarbeit im Land Brandenburg bleibt unberührt.

§ 17
**Gerichtliche Entscheidungen**

Rechtskräftige Entscheidungen bleiben unberührt.

§ 18
**Durchführungsbestimmungen**

Das Ministerium des Innern erlässt die zur Durchführung dieses Gesetzes erforderlichen Durchführungsbestimmungen.

## Artikel 2
## Änderung des Gesetzes über kommunale Gemeinschaftsarbeit im Land Brandenburg

Das Gesetz überkommunale Gemeinschaftsarbeit im Land Brandenburg vom 19. Dezember 1991 (GVBl. S. 682, 685), zuletzt geändert durch Artikel 2 des Gesetzes vom 11. November 1996 (GVBl. I S. 306) wird wie folgt geändert:

1. § 8 Abs. 2 Satz 1 wird wie folgt gefasst:

„Treffen diese Vorschriften unterschiedliche Regelungen für kreisfreie Städte und kreisangehörige Städte und Gemeinden, so finden bei der Mitgliedschaft von kreisfreien Städten die für diese maßgeblichen Regelungen Anwendung; in der Verbandssatzung kann eine abweichende Regelung getroffen werden."

2. § 9 wird wie folgt geändert:

a) Absatz 2 wird wie folgt gefasst:

„ (2) Die Verbandssatzung muß bestimmen

1. die Verbandsmitglieder und die Zahl ihrer Stimmen in der Verbandsversammlung,

2. die Aufgaben des Zweckverbandes,

3. den Namen des Zweckverbandes,

4. den Sitz des Zweckverbandes,

5. den Maßstab, nach dem die Verbandsmitglieder nach § 19 Abs. 1 zur Deckung des Finanzbedarfs beizutragen haben, und

6. die Form der öffentlichen Bekanntmachungen des Zweckverbandes."

b) Der bisherige Absatz 2 Satz 2 wird Absatz 3.

3. In § 11 Abs. 2 wird folgender Satz 2 angefügt:

„ Nach der Bekanntmachung können Rechtsfehler bei der Gründung des Zweckverbandes nur mit Wirkung für die Zukunft geltend gemacht werden.“

4. § 13 wird wie folgt geändert:

a) Die Absätze 1 und 2 werden wie folgt gefasst:

„ (1) Ist die Bildung eines Zweckverbandes oder der Anschluss an einen bestehenden Zweckverband zur Durchführung von Pflichtaufgaben, die den Gemeinden oder Gemeindeverbänden durch gesetzliche auferlegt sind, aus Gründen des öffentlichen Wohls dringend geboten, so kann die Aufsichtsbehörde den Beteiligten eine angemessene Frist zur Bildung des Zweckverbandes als Freiverband oder zum freiwilligen Beitritt zu einem bestehenden Zweckverband setzen.

(2) Kommt innerhalb der frist zur freiwilligen Durchführung der Freiverband oder der freiwillige Beitritt nicht zustande, so kann die Aufsichtsbehörde den Zusammenschluss der Beteiligten zu einem Zweckverband als Pflichtverband verfügen und gleichzeitig die Verbandssatzung oder im Fall des Anschlusses an einen bestehenden Zweckverband deren Änderung erlassen. Vor der Entscheidung muss den Beteiligten Gelegenheit gegeben werden, ihre Auffassung zur Bildung des Pflichtverbandes oder zum Anschluss an einen bestehenden Zweckverband und zur Verbandssatzung oder deren Änderung darzulegen. § 11 gilt entsprechend, wobei an die Stelle der Genehmigung der Verbandssatzung die Verfügung über die Bildung des Pflichtverbandes oder den Anschluss tritt.

b) Der bisherige Absatz 2 Satz 2 wird Absatz 3.

c) Nach Absatz 3 wird folgender Absatz 4 eingefügt:
„ (4) Für den Pflichtverband gelten die Vorschriften über Freiverbände, soweit nichts anderes bestimmt ist.“

d) Der bisherige Absatz 3 wird Absatz 5.

5. § 15 wird wie folgt geändert:

a) Die Absätze 2 und 3 werden wie folgt gefasst:

„ (2) Soweit Gemeinden und Gemeindeverbände Verbandsmitglieder sind, werden die Vertreter und deren Stellvertreter durch die Vertretungskörperschaft für deren Wahlzeit aus ihrer Mitte oder aus den Dienstkräften des Verbandsmitgliedes oder des Amtes oder der geschäftsführenden Gemeinde des Amtes, dem sie angehören, gewählt. Sind mehrere Vertreter und Stellvertreter zu entsenden, so werden diese nach den Vorschriften der Gemeindeordnung und Landkreisordnung über die Ausschüsse bestellt. Die Vertreter anderer Verbandsmitglieder werden für dieselbe Zeit in die Verbandsversammlung entsandt. Die Vertreter üben ihr Amt nach Ablauf der Zeit, für die sie bestellt worden sind, bis zum Amtsantritt der neubestellten Vertreter weiter aus. Die Mitgliedschaft in der Verbandsversammlung erlischt, wenn die Voraussetzungen der Wahl, Bestellung oder Entsendung des Mitglieds wegfallen. Die Verbandsmitglieder können ihren Vertretern Weisungen erteilen.

(3) Für jedes Mitglied der Verbandsversammlung ist ein Stellvertreter für den Fall der Verhinderung zu bestellen. Scheidet ein Mitglied oder stellvertretendes Mitglied der Verbandsversammlung vor Ablauf der Wahlzeit aus, findet auf die Bestimmung des Nachfolgers Absatz 2 entsprechende Anwendung."

b) Absatz 6 wird wie folgt gefasst:

„ (6) Die Verbandsversammlung entscheidet über alle Aufgaben, soweit gesetzlich oder durch die Verbandssatzung nichts anderes bestimmt ist."

6. § 16 wird wie folgt geändert:

a) Die Absätze 1 und 2 werden wie folgt gefasst:

„ (1) Der Verbandsvorsteher und sein Vertreter werden von der Verbandsversammlung gewählt. Die Verbandssatzung kann die Vertretung des Verbandsvorstehers abweichend regeln.

(2) Der Verbandsvorsteher ist ehrenamtlich oder, wenn die Verbandssatzung dies vorsieht, hauptamtlich tätig. Ein hauptamtlicher Verbandsvorsteher muß die erforderlichen fachlichen Voraussetzungen erfüllen ausreichende Erfahrung für die wahrzunehmende Aufgabe nachweisen. Die Stelle des hauptamtlichen Verbandsvorstehers ist öffentlich auszuschreiben."

b) die bisherigen Absätze 2 bis 5 werden die Absätze 3 bis 6.

7. § 17 wird wie folgt geändert:

Die Absätze 1 und 2 werden wie folgt gefasst:

„ (1) Die Mitglieder der Verbandsversammlung sind ehrenamtlich tätig. Sie haben nur Anspruch auf Ersatz ihrer Auslagen und des Verdienstausfalls; ihnen kann ein Sitzungsgeld gewährt werden. Dem ehrenamtlichen Verbandsvorsteher kann eine Aufwandsentschädigung gezahlt werden. Das Nähere regelt eine Entschädigungssatzung. Der Minister des Innern kann durch Rechtsverordnung Regelungen über die Anspruchsvoraussetzungen und die Höhe der Entschädigung treffen.

(2) Der Zweckverband darf Angestellte und Arbeiter beschäftigen, wenn die Verbandssatzung eine entsprechende Regelung enthält. Die Verbandssatzung kann in diesem fall auch Regelungen zur Übernahme der beschäftigten durch Verbandsmitglieder oder zur sonstigen Abwicklung der Beschäftigungsverhältnisse im Falle der Auflösung des Zweckverbandes oder der Änderung seiner Aufgaben treffen. Trifft die Verbandssatzung keine Regelungen, beschließt die Verbandsversammlung über die anteilige Übernahme der Beschäftigungsverhältnisse. § 20 Abs. 1 Satz 2 und 3 gilt entsprechend.

8. Nach § 20 wird folgender § 20 a eingefügt:

„ 20 a
Auflösung

(1) Die zuständige Aufsichtsbehörde kann nach Anhörung der beteiligten die Auflösung des Zweckverbandes oder den Ausschluss einzelner Verbandsmitglieder anordnen, wenn dies aus Gründen des öffentlichen Wohls dringend geboten ist. § 11 gilt entsprechend.

(2) Der Zweckverband ist aufgelöst, wenn seine Aufgaben durch Gesetz oder aufgrund eines Gesetzes vollständig auf eine andere Körperschaft des öffentlichen Rechts übergehen oder wenn er nur noch aus einem Mitglied besteht. Im letzteren Fall tritt das Mitglied an die Stelle des Zweckverbandes. Die Aufsichtsbehörde hat auf die Auflösung und den Übergang der Aufgaben in ihrem Veröffentlichungsblatt hinzuweisen.

## Artikel 3
## Übergangs- und Schlussvorschriften

Verbände, deren Verbandssatzung vor Inkrafttreten dieses Gesetzes die Beschäftigung von Beamten gemäß § 17 Abs. 2 des Gesetzes über kommunale Gemeinschaftsarbeit im Land Brandenburg vorgesehen haben, bleiben nach dieser Vorschrift nur dann dienstherrenfähig, wenn sie bis zum Inkrafttreten dieses Gesetzes Beamte tatsächlich berufen haben. Die übrigen Verbände haben ihre Verbandssatzung innerhalb eines Jahres nach Inkrafttreten dieses Gesetzes der Vorschrift des Artikel 2 Nr. 7 anzupassen; Beamte dürfen auf der Grundlage dieser Satzung nicht mehr berufen werden. § 3 Nr. 3 Landesbeamtengesetz bleibt unberührt.

## Artikel 4
## Neufassung des Gesetzes über kommunale Gemeinschaftsarbeit im Land Brandenburg

Der Minister des Innern kann den Wortlaut des Gesetzes über kommunale Gemeinschaftsarbeit im Land Brandenburg in der vom Inkrafttreten dieses Gesetzes an geltenden Fassung im Gesetz- und Verordnungsblatt für das Land Brandenburg Teil I bekannt machen.

## Artikel 5
## Inkrafttreten

Dieses Gesetz tritt am Tage nach der Verkündung in Kraft.

Potsdam, den 6. Juli 1998

## Mecklenburg-Vorpommern

Zweites Gesetz zur Änderung der Kommunalverfassung für das Land Mecklenburg-Vorpommern

Drittes Gesetz zur Änderung der Kommunalverfassung für das Land Mecklenburg-Vorpommern

**Zweites Gesetz zur Änderung der Kommunalverfassung für das Land Mecklenburg-Vorpommern (2. ÄndG KV - M-V)**

**Vom 22. Januar 1998**

Der Landtag hat das folgende Gesetz beschlossen:

Die Kommunalverfassung in der Fassung der Bekanntmachung vom 13. Januar 1998 (GVOBl. M-V S. 29) wird wie folgt geändert:

1. In dem Inhaltsverzeichnis wird nach § 170 die neue Überschrift „ § 170 a Unbeachtlichkeit von Rechtsfehlern bei der Bildung von Zweckverbänden“ eingefügt.

2. Nach § 170 wird folgender neuer § 170 a eingefügt:

**„ § 170 a**
**Unbeachtlichkeit von Rechtsfehlern bei der Bildung von Zweckverbänden**

(1) Für Zweckverbände, die in der Zeit vom 3. Oktober 1990 bis zum Ablauf des 11. Juni 1994 gebildet worden sind, haben bis zu dem zuletzt genannten Zeitpunkt die Vorschriften des Zweckverbandsgesetzes vom 7. Juni 1939 (RGBl. I S. 979), zuletzt geändert durch Verordnung vom 24. Juli 1941 (RGBl. I S. 464), gegolten. Eine Verletzung von Form- und Verfahrensvorschriften nach dem Zweckverbandsgesetz über die Bildung von Zweckverbänden ist unbeachtlich. Dies gilt insbesondere für die Verletzung von Vorschriften über die öffentliche Bekanntmachung.

(2) Einem Beschluss über die Bildung des Zweckverbandes unter Feststellung der Verbandssatzung nach § 11 Abs. 1 des Zweckverbandsgesetzes wird die Genehmigung der Zweckverbandssatzung gleichgestellt. Gleichgestellt wird auch die Genehmigung der Zweckverbandsbildung, sofern die Verbandssatzung der zuständigen Rechtsaufsichtsbehörde zuvor angezeigt worden war.

(3) Ist die öffentliche Bekanntmachung des Beschlusses nach § 11 Abs. 4 des Zweckverbandsgesetzes unterblieben, so gilt als Zeitpunkt des Entstehens des Verbandes der auf die öffentliche Bekanntmachung der Verbandssatzung folgende Tag, sofern diese keinen späteren Zeitpunkt bestimmt.

(4) Ist die öffentliche Bekanntmachung der Verbandssatzung vollständig oder teilweise unterblieben, so gilt als Zeitpunkt des Entstehens des Verbandes der auf die öffentliche Bekanntmachung des Beschlusses nach § 11 Abs. 1 des Zweckverbandsgesetzes folgende Tag, sofern in der Verbandssatzung oder in dem Beschluss kein späterer Zeitpunkt bestimmt ist.

(5) Ist die öffentliche Bekanntmachung des Beschlusses nach § 11 Abs. 1 des Zweckverbandsgesetzes und der Verbandssatzung vollständig unterblieben, so gilt als Zeitpunkt des Entstehens des Verbandes unbeschadet des Absatzes 6 der auf die öffentliche Bekanntmachung der ersten Satzung zur Änderung der Verbandssatzung oder der ersten sonstigen Satzung des Verbandes folgende Tag. Diese Satzungen sind auch dann wirksam, wenn die Beschlussfassung und die öffentliche Bekanntmachung vor der Entstehung des Verbandes erfolgt sind.

(6) Der Verband hat die vollständig oder teilweise unterbliebene öffentliche Bekanntmachung der Verbandssatzung und aller bis zum Inkrafttreten dieses Gesetzes erfolgten Änderungen auf eigene Kosten unverzüglich nachzuholen. Die Rechtsaufsichtsbehörde kann hierfür eine Frist bestimmen. Ist die öffentliche Bekanntmachung des Beschlusses und der Verbandssatzung vollständig unterblieben, entsteht der Zweckverband zu dem in Absatz 5 bestimmten Zeitraum erst mit der Nachholung der Bekanntmachung. Die Bekanntmachung erfolgt in dem allgemeinen amtlichen Bekanntmachungsblatt der zuständigen Rechtsaufsichtsbehörde

(7) Die Absätze 2 bis 6 gelten für die Aufnahme und das Ausscheiden einzelner Verbandsmitglieder sowie für sonstige Änderungen der Verbandssatzung entsprechend.

(8) Die öffentliche Bekanntmachung des Beschlusses nach § 11 Abs. 1 des Zweckverbandsgesetzes und der Verbandssatzung ist nicht deshalb fehlerhaft, weil sie nicht im amtlichen Bekanntmachungsblatt der zuständigen Rechtsaufsichtsbehörde erfolgt ist. Das gleiche gilt für den Fall, das die öffentliche Bekanntmachung nicht durch die Rechtsaufsichtsbehörde, sondern durch den Zweckverband veranlasst wurde.

(9) Ein Verwaltungsakt, der von einem ursprünglich nicht wirksam entstandenen Verband zu einem Zeitpunkt erlassen worden ist, in dem dieser verband nach Maßgabe der Absätze 1 bis 8 als entstanden gilt, gilt als bekanntgegeben mit dem Inkrafttreten dieses Gesetzes, im Falle des Absatzes 6 Satz 3 mit der

Nachholung der Bekanntmachung, soweit die Voraussetzungen für die Bekanntgabe im übrigen vorliegen. Rechtskräftige gerichtliche Entscheidungen bleiben unberührt.

Das vorstehende Gesetz wird hiermit verkündet.

Schwerin, den 22. Januar 1998

**Drittes Gesetz zur Änderung der Kommunalverfassung für das Land Mecklenburg-Vorpommern (3. ÄndG KV – M-V)**

**Vom 10. Juli 1998**

Der Landtag hat das folgende Gesetz beschlossen:

**Artikel 1**

Die Kommunalverfassung in der Fassung Bekanntmachung vom 13. Januar 1998 (GVOBl. M-V S. 29), geändert durch Gesetz vom 22. Januar 1998 (GVOBl. M-V S. 78), wird wie folgt geändert:

1. In der Inhaltsübersicht wird nach § 170 a die neue Überschrift „ § 170 b Unbeachtlichkeit von Rechtsfehlern beim Beitritt in einen Zweckverband und Fiktionen bei Unvollständigkeit der Verbandssatzung“ eingefügt.

2. § 170 a wird wie folgt geändert:

a) In Absatz 1 werden die Sätze 2 und 3 wie folgt gefasst:

„ Eine Verletzung von Form- und Verfahrensvorschriften bei der Bildung dieser Zweckverbände ist unbeachtlich. Form- und Verfahrensvorschriften nach Satz 2 sind insbesondere Vorschriften

über

1. die Beschlussfassung der künftigen Verbandsmitglieder über die Bildung des Zweckverbandes,
2. die Vertretung der künftigen Verbandsmitglieder bei der Bildung des Zweckverbandes,
3. die Vereinbarung der Verbandssatzung bei der Bildung des Zweckverbandes,
4. den Beschluss über die Bildung des Zweckverbandes unter Feststellung der Verbandssatzung und
5. die öffentliche Bekanntmachung.“

b) Nach Absatz 1 wird folgender neuer Absatz 2 eingefügt:

„(2) Fehlende oder nicht feststellbare Beschlüsse der Vertretungskörperschaft zur Verbandsbildung stehen einer Verbandsbi9ldung mit der kommunalen Körperschaft nicht entgegen, wenn die kommunale Körperschaft in der Folgezeit als Verbandsmitglied aufgetreten ist. Dies ist insbesondere der Fall, wenn stimmberechtigte mit Kenntnis der Vertretungskörperschaft für die kommunale Körperschaft mehrmals an den Sitzungen der Verbandsversammlung teilgenommen und sich an den Beschlussfassungen beteiligt haben. Fehlende oder nicht feststellbare Willenserklärungen zur Bildung des Zweckverbandes stehen einer Verbandsbildung mit denjenigen kommunalen Körperschaften nicht entgegen, die als Verbandsmitglieder aufgetreten sind. Die Mitwirkung von kommunalen Körperschaften an der Bildung des Zweckverbandes, die nicht oder erst zu einem späteren Zeitpunkt Verbandsmitglied geworden sind, steht einer Verbandsbildung der anderen kommunalen Körperschaften nicht entgegen."

c) Der bisherige Absatz 2 wird Absatz 3.

d) Nach Absatz 3 werden folgende Absätze 4 und 5 eingefügt:

„(4) Für die Feststellung der Verbandssatzung nach § 11 Abs. 1 des Zweckverbandsgesetzes ist es unerheblich, ob die Vertretungskörperschaften der Verbandsmitglieder oder von ihnen entsandte Vertreter die Verbandssatzung beschlossen haben, wenn die Verbandsmitglieder durch die Entsendung der Vertreter und deren Teilnahme an den Sitzungen und Beschlussfassungen der Verbandsversammlung an der Verbandstätigkeit mitgewirkt haben. Beschlüsse der Vertreter vor der Entstehung des Zweckverbandes sind wirksam, soweit sie von der der Feststellung umfasst waren oder im Fall des Absatzes 3 Satz 2 die zuständige Rechtsaufsichtsbehörde keine rechtlichen Bedenken geltend gemacht hat.

(5) Fehlende oder nicht feststellbare Genehmigungen nach § 11 Abs. 1 des Zweckverbandsgesetzes im Sinne des Absatzes 3 stehen einer Verbandsbildung nicht entgegen, wenn die Rechtsaufsichtsbehörde von dem Zweckverband Kenntnis erlangt und nicht innerhalb von sechs Monaten der Verbandssatzung widersprochen hat. Ändert sich der Inhalt der Verbandssatzung aufgrund des § 170 b Abs. 2 bis 9, bleibt die Wirksamkeit der Genehmigung dieser Verbandssatzung unberührt."

e) Der bisherige Absatz 3 wird Absatz 6.

f) Der bisherige Absatz 4 wird Absatz 7.

g) Der bisherige Absatz 5 wird Absatz 8. In Satz 1 wird die Zahl „6“ durch die Zahl“9“ ersetzt.

h) Der bisherige Absatz 6 wird Absatz 9. In Satz 3 wird die Zahl „5“ durch die Zahl „8“ ersetzt.

i) Der bisherige Absatz 7 wird Absatz 10. In Satz 1 wird die Zahl „6“ durch die Zahl „9“ ersetzt.

j) Der bisherige Absatz 8 wird Absatz 11.

k) Der bisherige Absatz 9 wird Absatz 12. In Satz 1 wird die Zahl „8“ durch die Zahl „11“ und die Zahl „6“ durch die Zahl „9“ ersetzt.

l) Nach Absatz 12 wird folgender neuer Absatz angefügt:

„ (13) Verbandsmitglieder, die bis zum 30. Juni 1997 beschlossen haben, aus einem Zweckverband auszutreten, können innerhalb eines Monats nach Bekanntmachung ihren Austritt aus dem Zweckverband erklären, wenn deren Vertretungskörperschaften keinen Beschluss zur Verbandsbildung gefasst haben oder sich der Umlagemaßstab für das betreffende Verbandsmitglied aufgrund der Änderung der Verbandssatzung nach § 170 b Abs. 7 Satz 2 zu Ungunsten des Verbandsmitgliedes geändert hat. Der Austritt bedarf der Genehmigung der Rechtsaufsichtsbehörde. Die Genehmigung ist zu erteilen, wenn die Voraussetzungen nach Satz 1 vorliegen und dringende Gründe des öffentlichen Wohls nicht entgegenstehen. Ein Austritt nach dem Teil 4 der Kommunalverfassung bleibt unberührt.“

3. Nach § 170 a wird folgender neuer § 170 b eingefügt:

**„ § 170 b**

**Unbeachtlichkeit von Rechtsfehlern beim Beitritt in einen Zweckverband und Fiktionen bei der Unvollständigkeit der Verbandssatzung**

(1) Fehlende oder nicht feststellbare Beschlüsse der Vertretungskörperschaft zum Verbandsbeitritt, fehlende oder nicht feststellbare Anträge von beitretenden kommunalen Körperschaften sowie fehlende oder nicht feststellbare

Satzungsänderungsbeschlüsse der Verbandsversammlung zum Beitritt sind unbeachtlich, wenn die Beteiligten den Beitritt tatsächlich vollzogen haben. Der Beitritt gilt als tatsächlich vollzogen, wenn die kommunale Körperschaft entsprechend § 170 a Abs. 2 als Verbandsmitglied aufgetreten ist.

(2) Weist die Verbandssatzung eines Zweckverbandes einzelne Bestimmungen, die nach § 24 Abs. 1 des Zweckverbandsgesetzes zum notwendigen Satzungsinhalt gehören, nicht auf, steht dies nach Maßgabe der Absätze 3 bis 9 einer Verbandsbildung nicht entgegen.

(3) Fehlt in der Verbandssatzung ein Mitgliederverzeichnis oder ist das Mitgliederverzeichnis nicht vollständig, gelten als Verbandsmitglieder die kommunalen Körperschaften, die in der Verbandssatzung oder einer späteren Satzung des Zweckverbandes aufgeführt werden. Neben den Verbandsmitgliedern nach Satz 1 gelten die kommunalen Körperschaften als Verbandsmitglieder, die gemäß § 170 a Abs. 2 als Verbandsmitglieder aufgetreten sind.

(4) Fehlen in der Verbandssatzung wirksame Regelungen zu den Aufgaben des Zweckverbandes, gelten die von dem Zweckverband wahrgenommenen Aufgaben als vereinbart und übertragen.

(5) Fehlt in der Verbandssatzung eine wirksame Regelung zum Namen des Zweckverbandes, gilt der von dem Zweckverband im Rechtsverkehr verwendete Name als vereinbart. Fehlt in der Verbandssatzung eine wirksame Regelung zum Sitz des Zweckverbandes, gilt der Ort als vereinbarter Verbandssitz, an dem der Zweckverband seine Verwaltung oder die Geschäftsstelle unterhält. Ist der Sitz nach Satz 2 nicht bestimmbar, gilt der Ort als vereinbarter Verbandssitz, der in der Anschrift des Zweckverbandes angegeben wird.

(6) Fehlt in der Verbandssatzung eine Wirksame Regelung zur Verwaltung und Vertretung, so gelten, vorbehaltlich der Regelungen des Zweckverbandsgesetzes, die Vorschriften der Gemeindeordnung entsprechend als vereinbart. Fehlt in der Verbandssatzung eine Wirksame Regelung zur Stimmenzahl der Verbandsmitglieder in der Verbandsversammlung, gilt das bei Abstimmungen zugrunde gelegte Stimmenverhältnis als vereinbart.

(7) Fehlt in der Verbandssatzung ein wirksamer Umlagemaßstab, gilt der Umlagemaßstab als vereinbart, nach dem die Verbandsmitglieder seit Aufnahme der Verbandstätigkeit einvernehmlich zur Deckung des Finanzbedarfs

beigetragen haben. Ist ein einheitlicher Umlagemaßstab nach Satz 1 nicht bestimmbar, gilt folgender Umlagemaßstab in der Verbandssatzung als vereinbart: Soweit die Einnahmen des Zweckverbandes zur Deckung des Finanzbedarfes nicht ausreichen, wird von den Verbandsmitgliedern eine Umlage erhoben. Die Bemessung der Umlage bestimmt sich nach der dem einzelnen Verbandsmitglied zuzurechnenden Einwohnerzahl. Maßgeblich sind die vom statistischen Landesamt zum 30. Juni fortgeschriebenen Einwohnerzahlen vom 1. Januar des folgenden Jahres an.

(8) fehlt in der Verbandssatzung eine wirksame Regelung zur Form der öffentlichen Bekanntmachungen, gilt die von den Zweckverband verwendete Bekanntmachungsform als vereinbart, sofern sie geeignet war und ist, den Bekanntmachungsgegenstand allen betroffenen Einwohnern zur Kenntnis zu bringen. Ist eine einheitliche wirksame Bekanntmachungsform danach nicht feststellbar, gilt die öffentliche Bekanntmachung im Veröffentlichungsblatt der Aufsichtsbehörde als vereinbart. Öffentliche Bekanntmachungen des Zweckverbandes vor Inkrafttreten dieses Gesetzes sind nicht deshalb fehlerhaft, weil sie in einer anderen als der vereinbarten oder als vereinbart geltenden Bekanntmachungsform erfolgt sind, sofern diese Bekanntmachungsform geeignet waren, den Bekanntmachungsgegenstand allen betroffenen Einwohnern zur Kenntnis zu bringen.

(9) Fehlt in der Verbandssatzung eine wirksame Regelung zur Abwicklung im Fall der Auflösung des Zweckverbandes oder der Änderung seiner Aufgaben, insbesondere hinsichtlich der Übernahme der hauptamtlichen Beamten und Angestellten, gilt die Regelung als vereinbart, die die Verbandsmitglieder bei der Auflösung des Zweckverbandes oder bei einer Änderung seiner Aufgaben einvernehmlich getroffen haben. Ist eine Regelung danach nicht bestimmbar, gilt folgende Regelung in der Verbandssatzung als vereinbart: Die Bediensteten des Zweckverbandes sind im falle einer Auflösung oder einer Änderung seiner Aufgabe, soweit die Beschäftigungsverhältnisse nicht aufgelöst werden, von den Verbandsmitgliedern anteilig zu übernehmen. Die Regelung, von welchen Verbandsmitgliedern die einzelnen Bediensteten zu übernehmen sind, erfolgt gleichzeitig mit dem Beschluss über die Auflösung oder Aufgabenänderung des Zweckverbandes. Bei der Regelung ist das Verhältnis der Einwohnerzahlen zugrunde zu legen, soweit nicht die Verbandsmitglieder einvernehmlich etwas anderes bestimmen. Maßgeblich sind insoweit die vom Statistischen Landesamt zum 30. Juni fortgeschriebenen Einwohnerzahlen vom 1. Januar des folgenden Jahres an."

**Artikel 2**

Dieses Gesetz tritt am Tag nach der Verkündung in Kraft

Das vorstehende Gesetz wird hiermit verkündet.

Schwerin, den 10. Juli 1998

## Sachsen

Gesetz zur Ordnung der Rechtsverhältnisse der Verwaltungsverbände, Verwaltungsgemeinschaften und Zweckverbände im Freistaat Sachsen

## Gesetz zur Ordnung der Rechtsverhältnisse der Verwaltungsverbände, Verwaltungsgemeinschaften und Zweckverbände im Freistaat Sachsen

**Vom 15. Januar 1998**

Der Sächsische Landtag hat am 11. Dezember 1997 das folgende Gesetz beschlossen:

### Artikel 1
### Änderung des Sächsischen Gesetzes über kommunale Zusammenarbeit

Das Sächsische Gesetz über kommunale Zusammenarbeit (SächsKomZG) vom 19. August 1993 (SächsGVBl. S. 815, 1103) zuletzt geändert durch Artikel 3 des Kommunalrechtsänderungsgesetzes in der Fassung vom 4. Oktober 1996 (SächsGVBl. S. 417) wird wie folgt geändert:

1. § 5 Abs. 3 wird wie folgt gefasst:
„ Soweit keine besonderen Rechtsvorschriften bestehen, finden auf den Verwaltungsverband die für Gemeinden geltenden Vorschriften entsprechende Anwendung. Abweichende Regelungen kann die Verbandssatzung nur insoweit treffen, als die ausdrücklich zugelassen ist.“

2. Dem § 11 Abs. 1 wird folgender Satz 2 angefügt:
„ Die Vereinbarung bedarf der Schriftform.“

3. § 13 wird wie folgt geändert:
a) Absatz 1 erhält folgende Fassung:
„(1) Die Genehmigung der Verbandssatzung ist mit der Verbandssatzung von der Rechtsaufsichtsbehörde im Sächsischen Amtsblatt bekanntzumachen.“
b) Nach Absatz 2 wird folgender Absatz 3 angefügt:
„ (3) Ist die Bekanntmachung nach Absatz 1 ordnungsgemäß erfolgt, kann eine Verletzung von Form- und Verfahrensvorschriften bei der Bildung des Verwaltungsverbandes nur von den Mitgliedsgemeinden und nur mit Wirkung für die Zukunft geltend gemacht werden; dies gilt nicht bei Gemeinden, die an der Bildung des Verbandes nicht mitgewirkt haben. Die Geltendmachung kann nur binnen eines Jahres nach der Bekanntmachung erfolgen.“

4. § 47 Abs. 2 wird wie folgt gefasst:

„ (2) Soweit keine besonderen Rechtsvorschriften bestehen, finden auf den Zweckverband, die für Verwaltungsverbände geltenden Vorschriften entsprechende Anwendung. Abweichende Regelungen kann die Verbandssatzung nur insoweit treffen, als die ausdrücklich zugelassen ist."

5. In § 48 wird nach Satz 1 folgender Satz 2 eingefügt:
„ Die Vereinbarung bedarf der Schriftform."

6. § 57 Abs. 2 wird wie folgt gefasst:
„ (2) Einem Zweckverband kann das recht, Dienstherr von Beamten zu sein, von der obersten Rechtsaufsichtsbehörde verliehen werden. Die Verleihung darf nur erfolgen, wenn dies wegen der Wahrnehmung hoheitsrechtlicher Aufgaben zwingend geboten ist und wenn dem Zweckverband nur juristische Personen des öffentlichen rechts mit Dienstherrenfähigkeit angehören."

7. § 59 wird wie folgt gefasst:

**„ § 59**
**Prüfungswesen**

(1) Die Verbandssatzung kann bestimmen dass der Zweckverband
1. ein eigenes Rechnungsprüfungsamt einrichtet, wenn die Größe des Zweckverbandes dies rechtfertigt, oder
2. sich eines anderen kommunalen Rechnungsprüfungsamtes bedient.
(2) Trifft die Verbandssatzung keine Regelung nach Absatz 1, so ist ein geeigneter Bediensteter des Zweckverbandes oder eines Verbandsmitgliedes im Sinne des§44 Abs. 1 oder Abs. 2 Satz 1 zum Rechnungsprüfer zu bestellen.
(3) Im übrigen gelten §§ 103 bis 110 SächsGemO entsprechend."

8. § 61 wird wie folgt gefasst:

**„§ 61**
**Änderungen der Verbandssatzung**
(1) Für Änderungen der Verbandssatzung gilt § 26 mit der Maßgabe entsprechend, dass die Genehmigung zu erteilen ist, wenn Gründe des öffentlichen Wohls nicht entgegenstehen und die Änderung entsprechend beschlossen worden ist.
(2) Für die Übertragung weiterer Aufgaben und die Rückübertragung einzelner Aufgaben gelten § 7 Abs. 2 und § 49 Abs. 1 Satz 3 entsprechend".

9. § 75 wird wie folgt gefasst:

„§ 75
**Aufsicht über Verwaltungsverbände und Zweckverbände**

Verwaltungsverbände und Zweckverbände unterstehen der Rechtsaufsicht, bei Erfüllung von Weisungsaufgaben der Fachaufsicht. Die §§ 111 und 113 bis 123 SächsGemO gelten entsprechend.“

10. Dem § 78 wird folgender Absatz 4 angefügt:

„ (4) Zweckverbände, die am 1. Februar 1998 die Dienstherrnfähigkeit besessen haben, bleiben dienstherrnfähig im Hinblick auf die zu diesem Zeitpunkt bestehenden Beamtenverhältnisse.“

**Artikel 2**
**Heilungsregelung**

(1) Eine Verletzung von Verfahrens- oder Formvorschriften bei der Bildung und Entstehung eines Verwaltungsverbandes, einer Verwaltungsgemeinschaft oder eines Zweckverbandes (Verband), die in der Zeit vom 3. Oktober 1990 bis zum Inkrafttreten dieses Gesetzes erfolgt ist, ist unbeachtlich. Verfahrens- oder Formvorschriften im Sinne des Satzes 1 sind insbesondere Vorschriften über

1. die Beschlussfassung der künftigen Verbandsmitglieder über die Bildung des Verbandes und ihre Bekanntmachung;
2. die Vertretung der Verbandsmitglieder bei der Bildung des Verbandes;

den Abschluss der dem Verband zugrundeliegenden Vereinbarung über die Bildung des Verbandes zwischen den künftigen Verbandsmitgliedern;

4. die Ausfertigung der Verbandssatzung oder der Gemeinschaftsvereinbarung (Verbandssatzung);
5. die Genehmigung der Verbandssatzung;
6. die öffentliche Bekanntmachung der Genehmigung;
7. die öffentliche Bekanntmachung der Verbandssatzung.

Ein Zweckverband, der vor dem Inkrafttreten des Sächsischen Gesetzes über kommunale Zusammenarbeit gegründet worden ist, hat mit dem Wirksamwerden seiner Gründung, gegebenenfalls auf Grund dieses Artikels, die Eigenschaft einer juristischen Person des öffentlichen Rechts erlangt; er besitzt seit diesem Zeitpunkt die Rechtsstellung eines Zweckverbandes nach dem Zweckverbandsgesetz vom 7. Juni 1939 (RGBl. I S. 979), zuletzt geändert durch Verordnung vom 24. Juli 1941 (RGBl. I S. 464).

(2) Ist die öffentliche Bekanntmachung der Genehmigung der Verbandssatzung unterblieben, so gilt als Zeitpunkt des Entstehens des Verbandes der Tag, an

dem die Verbandssatzung vollständig oder in wesentlichen Teilen öffentlich bekanntgemacht worden ist, sofern diese keinen späteren Zeitpunkt bestimmt.

(3) Ist die öffentliche Bekanntmachung der Verbandssatzung vollständig oder in wesentlichen Teilen unterblieben, so gilt als Zeitpunkt des Entstehens des Verbandes der Tag nach der öffentlichen Bekanntmachung der Genehmigung, sofern in der Verbandssatzung oder in der Genehmigung kein späterer Zeitpunkt bestimmt ist.

(4) Ist die öffentliche Bekanntmachung der Genehmigung und der Verbandssatzung vollständig oder in wesentlichen Teilen unterblieben, so gilt als Zeitpunkt des Entstehens des Verbandes der Tag nach der vollständigen öffentlichen Bekanntmachung einer Satzung zur Änderung der Verbandssatzung oder einer Abgabensatzung, sofern hierdurch die Aufgaben des Verbandes und die Mitglieder des Verbandes erkennbar sind. Diese Satzung ist nicht deshalb rechtsfehlerhaft, weil Beschlussfassung und öffentliche Bekanntmachung vor der Entstehung des Verbandes erfolgt sind.

(5) Der Verband hat die vollständig oder teilweise unterbliebene öffentliche Bekanntmachung der Verbandssatzung und aller bis zum Inkrafttreten dieses Gesetzes erfolgten Änderungen auf eigene Kosten unverzüglich nachzuholen. Die Rechtsaufsichtsbehörde kann hierfür eine Frist bestimmen. Ist die öffentliche Bekanntmachung der Genehmigung und der Verbandssatzung vollständig oder in wesentlichen Teilen unterblieben, tritt die Heilungswirkung zu dem in Absatz 4 bestimmten Zeitpunkt erst mit der Nachholung der vollständigen Bekanntmachung ein. Die Bekanntmachung erfolgt in dem allgemeinen Bekanntmachungsorgan der Rechtsaufsichtsbhörde.

(6) Die Absätze 1 bis 5 gelten für die Aufnahme, den Ausschluss und das Ausscheiden einzelner Verbandsmitglieder sowie für Änderungen der Verbandssatzung entsprechend.

(7) Die öffentliche Bekanntmachung einer Satzung eines Verbandes, die in der Zeit vom 3. Oktober 1990 bis zum Inkrafttreten dieses Gesetzes erfolgt ist, ist nicht deshalb fehlerhaft, weil sie von einer unzuständigen Behörde oder in einer anderen als der durch Rechtsvorschrift vorgeschriebenen Bekanntmachungsform erfolgt ist, sofern diese andere Bekanntmachung geeignet war, die Satzung im gesamten Verbandsgebiet den Einwohnern zur Kenntnis zu bringen.

(8) Ein Verwaltungsakt, der von einem ursprünglich nicht wirksam entstandenen Verband zu einem Zeitpunkt erlassen worden ist, in dem dieser Verband nach Maßgabe der Absätze 1 bis 6 als entstanden gilt, gilt als bekanntgegeben mit dem Inkrafttreten dieses Gesetzes, im Falle des Absatzes 5 Satz 3 mit der Nachholung der Bekanntmachung, soweit die Voraussetzungen für die

Bekanntgabe im übrigen vorliegen. Rechtskräftige gerichtliche Entscheidungen bleiben unberührt.

**Artikel 3**
**Inkrafttreten**

Dieses Gesetz tritt am 1. Februar 1998 in Kraft.

Das vorstehende Gesetz wird hiermit ausgefertigt und ist zu verkünden.

Dresden, den 15. Januar 1998

**Sachsen-Anhalt**

Gesetz zur Änderung des Gesetzes über kommunale Gemeinschaftsarbeit

Gesetz zur Änderung des Gesetzes über kommunale Gemeinschaftsarbeit sowie des Kommunalabgabengesetzes

**Gesetz**
**zur Änderung des Gesetzes über kommunale Gemeinschaftsarbeit**

**Vom 4. Juli 1996.**

Das Gesetz über kommunale Gemeinschaftsarbeit vom 9. Oktober 1992 (GVBl. LSA S. 730), geändert durch Artikel 1 des Gesetzes zur Änderung des Gesetzes über kommunale Gemeinschaftsarbeit und anderer kommunalrechtlicher Vorschriften vom 3. Februar 1994 (GVBl. LSA S. 164), wird wie folgt geändert:

**Artikel 1**

1. § 19 Abs. 5 erhält folgende Fassung:

„(5) Die Rechtsaufsichtsbehörde hat die Verbandssatzung und ihre Genehmigung in ihrem amtlichen Veröffentlichungsblatt bekanntzumachen. Die Gemeinden und Landkreise haben in der für ihre Bekanntmachungen vorgeschriebenen Form auf die Veröffentlichung hinzuweisen. Der Zweckverband entsteht am Tage nach der öffentlichen Bekanntmachung der Verbandssatzung und der Genehmigung im Veröffentlichungsblatt der Rechtsaufsichtsbehörde, soweit nicht in der Verbandssatzung ein späterer Zeitpunkt bestimmt ist."

2. Nach § 19 wird folgender § 19 a eingefügt:

„§ 19 a

Rückwirkende Bildung von Zweckverbänden

(1) Wegen Gründungsfehlern nicht gebildete Zweckverbände gelten rückwirkend ab dem Tage nach der öffentlichen Bekanntmachung ihres Status oder ihrer Verbandssatzung als gebildet, sofern nicht ein späterer Zeitpunkt bestimmt ist. Sind Statut oder Verbandssatzung nicht öffentlich bekanntgemacht, gilt als Zeitpunkt der Bildung des Verbandes der Tag nach öffentlichen Bekanntmachung der Genehmigungsverfügung, spätestens der Tag nach der öffentlichen Bekanntmachung der ersten Abgabesatzung des Verbandes. Diese Abgabesatzung ist nicht deshalb rechtswidrig, weil Beschlussfassung und öffentliche Bekanntmachung zu einem Zeitpunkt vor Bildung des Verbandes liegen.

(2) Kommunale Gebietskörperschaften, die Statut oder Verbandssatzung des Zweckverbandes nicht durch das zuständige Organ beschlossen haben, sind berechtigt innerhalb von drei Monaten nach Inkrafttreten dieser Vorschrift ihren Austritt zu erklären. Verfahrens- oder Formfehler im Zusammenhang mit der Beschlussfassung über Statut oder Verbandssatzung sind hierbei unbeachtlich. § 16 Abs. 4 gilt entsprechend.

(3) Das Regierungspräsidium stellt den Austritt fest, wenn die gesetzlichen Voraussetzungen vorliegen und die Abwicklung des Austritts geregelt ist. Die Feststellung kann aus wichtigem Grund verweigert werden. § 140 der Gemeindeordnung für das Land Sachsen-Anhalt findet keine Anwendung. § 25 Abs. 3 sowie § 19 Abs. 5 gelten sinngemäß.

(4) Die Absätze 1 und 2 finden auf Zweckverbände, die nach Inkrafttreten dieser Vorschrift gebildet worden sind keine Anwendung."

**Artikel 2**

Dieses Gesetz tritt am Tage nach seiner Verkündung in Kraft.

Magdeburg, den 4. Juli 1996

**Gesetz**
**zur Änderung des Gesetzes über kommunale Gemeinschaftsarbeit sowie des Kommunalabgabengesetzes**

**Vom 6. Oktober 1997.**

**Artikel 1**
**Änderung des Gesetzes über kommunale Gemeinschaftsarbeit**

Das Gesetz über kommunale Gemeinschaftsarbeit vom 9. Oktober 1992 (GVBl. LSA S. 730) zuletzt geändert durch Artikel 3 des Kommunalrechtsänderungsgesetzes vom 31. Juli 1997 (GVBl. LSA S. 721, 733), wird wie folgt geändert:

1. In § 7 wird folgender Satz 2 angefügt:

„ Als Körperschaften öffentlichen Rechts entstanden gelten rückwirkend auch diejenigen Zweckverbände, die vor dem 16. Oktober 1992 gegründet worden sind; dabei aufgetretene Gründungsfehler gelten nach Maßgabe von § 8 a Abs. 1 als geheilt.“

2. § 8 Abs. 5 wird wie folgt geändert:

a) In Satz 1 wird das Wort „Rechtsaufsichtsbehörde“ durch das Wort „Kommunalaufsichtsbehörde“ ersetzt.

b) In Satz 3 wird das Wort „ Rechtsaufsichtsbehörde“ durch das Wort „Kommunalaufsichtsbehörde“ ersetzt.

3. § 8 a wird wie folgt geändert:

a) In Absatz 1 wird folgender Satz 4 angefügt:

„Die öffentliche Bekanntmachung einer Satzung nach den Sätzen 1 und 2 ist nicht deshalb fehlerhaft, weil sie in einer anderen als der durch Rechtsvorschrift vorgeschriebenen Bekanntmachungsform erfolgt ist.“
b) In Absatz 2 Satz 3 wird die Zahl „16“ durch die Zahl „5“ ersetzt.

c) In Absatz 3 Satz 4 werden die Zahl „25“ durch die Zahl „14“ und die Zahl „19“ durch die Zahl „8“ ersetzt.

d) Nach Absatz 3 wird folgender neuer Absatz 4 eingefügt:

„ (4) Absatz 1 gilt für fehler bei der Anpassung von Verbandssatzungen nach dem bis zum 5. August 1997 geltenden § 29 entsprechend, auch wenn die darin genannte Frist versäumt wurde oder die Anpassung von einem nicht zuständigen Gremium der Gemeinde oder des Verbandes beschlossen wurde. Entsprechendes gilt für Änderungen von Verbandssatzungen.“

e) Der bisherige Absatz 4 wird Absatz 5; im neuen Absatz 5 werden die Worte „Die Absätze 1 und „ durch die Worte „Die Absätze 1, 2 und 4“ ersetzt.

4. In § 9 Abs. 1 wird folgender Satz 3 angefügt:

„Der Übergang von Rechten und Pflichten gilt auch für diejenigen Zweckverbände als von Anfang an eingetreten, die nach § 7 Satz 2 als Körperschaften des öffentlichen Rechts entstanden gelten.“

5. In § 13 Abs. 2 wird Angabe „§27 Abs. 2“ durch die Angabe „16 Abs. 2“ ersetzt.

6. In § 16 Abs. 2 werden die Worte „Abs.1“ gestrichen.

7. In § 17 Abs. 1 wird das Wort „Rechtsaufsichtsbehörde“ durch das Wort „Kommunalaufsichtsbehörde“ ersetzt.

## Artikel 2

## Änderung des Kommunalabgabengesetzes

Das Kommunalabgabengesetz in der Fassung der Bekanntmachung vom 13. Dezember 1996 (GVBl. LSA S. 405) wird wie folgt geändert:

1. In § 6 Abs. 6 werden folgende Sätze 2, 3 und 4 angefügt:

„Wird ein Anschlussbeitrag erhoben, entsteht die Beitragspflicht, sobald das Grundstück an die Einrichtung angeschlossen werden kann, frühestens jedoch mit dem Inkrafttreten der Satzung. Investitionen, die vor Inkrafttreten der Satzung abgeschlossen werden, fallen nicht unter diese Regelung. Die Satzung kann einen späteren Zeitpunkt bestimmen.“

2. § 6 c wird wie folgt geändert:

a) Absatz 1 Satz 2 wird aufgehoben.

b) Absatz 2 erhält folgende Fassung:

„(2) Übergroße Grundstücke, die nach der tatsächlichen Nutzung vorwiegend Wohnzwecken dienen oder dienen werden, sind nur begrenzt zu veranlagen oder heranzuziehen. Als übergroß gelten mindestens solche Wohngrundstücke, die 30 v. H. oder mehr über der Durchschnittsgröße liegen. Die Begrenzungsregelung soll ausgehend von der Durchschnittsgröße der Wohngrundstücke unter Berücksichtigung der örtlichen Verhältnisse in der Satzung festgelegt werden.“

**Artikel 3**
**Neubekanntmachung**

Das Ministerium des Innern wird ermächtigt, den nach Inkrafttreten dieses Gesetzes geltenden Wortlaut des Gesetzes über kommunale Gemeinschaftsarbeit neu bekanntzumachen.

**Artikel 4**
**Inkrafttreten**

Dieses Gesetz tritt am Tage nach seiner Verkündung in Kraft.

Magdeburg, den 6. Oktober 1997

**Thüringen**

Erstes Gesetz zur Änderung des Gesetzes über die kommunale Gemeinschaftsarbeit

**Erstes Gesetz zur Änderung des Gesetzes über die kommunale Gemeinschaftsarbeit**
**Vom 10. November 1995**

Der Landtag hat das folgende Gesetz beschlossen:

**Artikel 1**

Das Gesetz über kommunale Gemeinschaftsarbeit vom 11. Juni 1992 (GVBl. S. 232) wird wie folgt geändert:

§ 19 Abs. 1 wird wie folgt geändert:

1. Satz 4 erhält folgende Fassung:

„Nach der Bekanntmachung können Rechtsverstöße bei der Gründung des Zweckverbandes nur mit Wirkung für die Zukunft geltend gemacht werden."

2. Nach Satz 4 wird folgender Satz 5 angefügt:

„Ist eine Verbandssatzung nicht oder nicht ordnungsgemäß ausgefertigt worden, ist dies unbeachtlich, wenn diese Verbandssatzung vor dem 1. Juli 1994 bekanntgemacht worden ist."

**Artikel 2**

Dieses Gesetz tritt am Tage nach seiner Verkündung in Kraft.

Erfurt, den 10. November 1995

Dieter Dörr

# Sport im Fernsehen

**Die Funktionen des öffentlich-rechtlichen Rundfunks bei der Sportberichterstattung**

Frankfurt/M., Berlin, Bern, Bruxelles, New York, Oxford, Wien, 2000. 74 S.
Studien zum deutschen und europäischen Medienrecht. Herausgegeben von Dieter Dörr. Bd. 8
ISBN 3-631-37387-2 · br. DM 30.–*

Ist der öffentlich-rechtliche Rundfunk zur Sportberichterstattung verpflichtet? Das Ob und Wie dieser Frage ist hochaktuell und umstritten. Im Mittelpunkt der Diskussion stehen meist Probleme der zuschauerattraktiven Sportarten wie Fußball, Formel 1 und Boxen. So stellt sich die Frage nach der Übertragung wichtiger Sportereignisse exklusiv im Pay-TV. Daneben geht es aber auch um die Breite des Sportspektrums, etwa Freizeitsport, Behindertensport oder Sportpolitik. Dabei interessiert vor allem, ob der öffentlich-rechtliche Rundfunk berechtigt oder gar verpflichtet ist, über den Sport in seiner gesamten Bandbreite zu berichten. In dieser Untersuchung klärt der Autor, inwieweit der öffentlich-rechtliche Rundfunk gehalten ist, im Sinne des klassischen Programmauftrags ein umfassendes Bild der Sportwirklichkeit zu vermitteln. Eine spezielle Funktion bei der Sportberichterstattung wäre zugleich eine weitere Legitimationsgrundlage für die Gebührenfinanzierung und die starke Rolle der Öffentlich-Rechtlichen im dualen System. Der Autor kommt zu dem Ergebnis, dass der Sport ganz zweifellos zu dem Bereich gehört, über den umfassend berichtet werden muss. Dies lässt sich nicht unter Verzicht auf sportliche Großereignisse verwirklichen. Im Rahmen seiner Programmautonomie hat der öffentlich-rechtliche Rundfunk aber darüber hinaus selbst zu befinden, wie er seine Aufgabe erfüllt.

*Aus dem Inhalt*: Die Rolle des öffentlich-rechtlichen Rundfunks im dualen System · Die besonderen Aufgaben des öffentlich-rechtlichen Rundfunks im dualen Rundfunksystem · Die Funktionen des öffentlich-rechtlichen Rundfunks bei der Sportberichterstattung · Die Pflicht zur umfassenden Sportberichterstattung und mögliche Ansprüche der Rundfunkteilnehmer bzw. der Sportverbände

Frankfurt/M · Berlin · Bern · Bruxelles · New York · Oxford · Wien
Auslieferung: Verlag Peter Lang AG
Jupiterstr. 15, CH-3000 Bern 15
Telefax (004131) 9402131
*inklusive Mehrwertsteuer
Preisänderungen vorbehalten

MIX
Papier | Fördert gute Waldnutzung
FSC® C083411

Kolibri 360 GmbH
Ferdinand-Jühlke-Straße 7
99095 Erfurt, Deutschland
produktsicherheit@kolibri360.de

Druck:
CPI Druckdienstleistungen GmbH
im Auftrag der
Kolibri 360 GmbH
Ferdinand-Jühlke-Str. 7
99095 Erfurt